过套管地层电阻率测井

匡立春　孙中春　周继宏　罗兴平　编著

石油工业出版社

内 容 提 要

本书较系统地介绍了过套管地层电阻率测井的基本理论、基本方法、仪器的测量原理、资料的处理方法以及过套管地层电阻率测井资料在石油勘探和开发中的应用。

本书适合从事油气勘探和开发的测井、地质及油藏工作者参考使用，也可作为高等院校相关专业师生的参考书。

图书在版编目（CIP）数据

过套管地层电阻率测井 / 匡立春等编著 .
北京：石油工业出版社，2013.5
ISBN 978-7-5021-9532-8

Ⅰ. 过…
Ⅱ. 匡…
Ⅲ. 电阻率测井
Ⅳ. P631.8

中国版本图书馆 CIP 数据核字（2013）第 048004 号

出版发行：石油工业出版社
（北京安定门外安华里 2 区 1 号 100011）
网　址：http://www.petropub.com.cn
编辑部：（010）64523736　发行部：（010）64523620
经　销：全国新华书店
印　刷：北京中石油彩色印刷有限责任公司

2013 年 6 月第 1 版　2013 年 6 月第 1 次印刷
787×1092 毫米　开本：1/16　印张：11.5
字数：281 千字

定价：85.00 元
（如出现印装质量问题，我社发行部负责调换）

前　言

在裸眼井中，电阻率测井是发现和评价油气层不可或缺的方法。如果在套管井中也能进行电阻率测井，将对储层重新评价、油藏开发的动态监测及油藏剩余油气资源的评价等诸多方面有重要意义。直到十几年前过套管地层电阻率测井仪正式投入油田服务以前，在套管井中测量地层的电阻率还一直是个梦想。过套管地层电阻率测井是一种新的测井方法，它突破了金属套管的制约，能在普通的套管井中测量地层的电阻率。

二十多年来，国内外关于过套管地层电阻率测井技术的研究，无论是理论、方法、仪器研发方面，还是资料处理与解释方法和地质应用方面，都十分活跃。有关过套管地层电阻率测井技术的文献资料散见于专利文献、学术期刊、研究报告和技术资料中。

本书是产、学、研结合的产物。新疆油田公司孙中春在担任中国石油天然气集团公司“过套管地层电阻率测井技术研究及推广应用”项目测井解释岗位技术专家的三年期间(2009—2011)，针对过套管地层电阻率测井在新疆油田的应用问题，组织新疆油田公司与长江大学的有关研究人员共同研究。长江大学周继宏负责过套管地层电阻率测井资料的处理和解释方法研究。新疆油田公司罗兴平负责过套管地层电阻率测井资料的地质应用研究。理论密切联系实际，大学和油田优势互补。本书展现了作者三年来的研究成果，主要体现在：过套管地层电阻率测井资料的预处理方法及环境影响校正方法，推广过套管地层电阻率测井技术应用到探井的流体识别。

本书的撰写历时近三年，由匡立春、孙中春策划、组织撰写。2010 年 1 月确定编写提纲，落实编写人；2011 年 6 月申报出版计划；2012 年 10 月，完成全部书稿。全书共分为五章，第一章、第三章、第四章由周继宏编写，第二章由孙中春编写，第五章由匡立春、罗兴平编写，罗兴平负责全书统稿。

在本书的撰写过程中得到了众多单位和个人的支持与帮助。提供资料的单位和个人主要有：中国石油新疆油田公司（王晓光、范小秦）、中国石油西部钻探测井公司（陈斌、姜涛）、中国石油集团测井有限公司（秦民君、刘东明）及吐哈事业部、吐哈油田鄯善采油厂、武汉海阔科技有限公司。新疆油田公司勘探开发研究院潘拓、王振林、樊海涛、王刚和张全等人参与了过套管地层电阻率测井资料及其相关资料的收集和整理。长江大学研究生姜明亮、王雷和袁瑞参与了书稿的整理及图件绘制。同时，还得到了新疆油田公司勘探开发研究院、长江大学地球物理与石油资源学院及石油工业出版社等单位许多专家同行的支持和帮助，作者对他们表示衷心的感谢！另外，还有许多单位和个人未能一一提及，在此，作者向他们表示真诚的歉意！

由于作者水平所限，错误之处请读者不吝指正！

2012 年 10 月

CONTENTS 目录

第一章　过套管地层电阻率测井的基本理论与基本原理……………………………… (1)

第一节　套管井中的电场……………………………………………………………… (1)

第二节　过套管地层电阻率测井的基本原理………………………………………(14)

第二章　过套管地层电阻率测井仪器的测量方法…………………………………(28)

第一节　单极供电测量方法…………………………………………………………(28)

第二节　双极供电测量方法…………………………………………………………(34)

第三节　仪器的探测特性分析………………………………………………………(49)

第三章　过套管地层电阻率测井资料预处理………………………………………(53)

第一节　过套管地层电阻率测井资料特点…………………………………………(53)

第二节　测量值选点方法……………………………………………………………(55)

第三节　数据插值方法………………………………………………………………(61)

第四节　深度校正方法………………………………………………………………(66)

第四章　过套管地层电阻率测井资料的环境校正…………………………………(70)

第一节　测井资料的主要影响因素及其分析方法…………………………………(70)

第二节　套管的影响分析与套管接箍校正方法……………………………………(77)

第三节　水泥环的影响分析与校正方法……………………………………………(85)

第四节　围岩的影响与校正方法……………………………………………………(95)

第五节　仪器的 *K* 因子影响与校正方法 ……………………………………………(99)

第五章　过套管地层电阻率测井资料的应用……………………………………… (104)

第一节　油层注水开发过程中电阻率的变化特征………………………………… (105)

第二节　水淹层识别与剩余油饱和度评价………………………………………… (115)

第三节　油层动用情况与油水界面变化监测……………………………………… (135)

第四节　油藏剩余油分布研究……………………………………………………… (143)

第五节　套管井储层流体识别方法探究…………………………………………… (148)

参考文献……………………………………………………………………………… (175)

第一章　过套管地层电阻率测井的基本理论与基本原理

早在 1939 年，苏联科学家 L. M. Alpin 就提出了过套管地层电阻率测井的初步设想，并申请了专利。半个世纪之后，美国卡罗拉多矿业学院地球物理系 A. A. Kaufman 教授提出了一种在套管井中测量地层电阻率的方法，并申请了专利（专利于 1989 年获得批准）。1990 年，他发表了套管井中电场分析的研究成果。他通过分析直流电源在套管井中产生的电场，认为电场可分为三个场区：近场区、中场区和远场区。其中，中场区是测量地层电阻率的理想区域，套管可类比于传输线。1993 年，他又提出了过套管地层电阻率测井基本理论——传输线模型及基本测井原理。本章以 Kaufman 等的理论研究成果为基础，介绍了过套管地层电阻率测井的基本理论与基本原理。

第一节　套管井中的电场

套管井中的电场分析是过套管地层电阻率测井的理论基础。为了便于理解，本节采用循序渐进的方法对套管井中的电场进行了分析。首先，将套管简化为无限长的圆柱导体，分析其电场的分布特征；然后，分析实际条件下套管井中的电场分布特征。

一、地层中无限长圆柱状良导体的电场特性

为了讨论方便，简化套管井模型。将金属套管简化为一个无限长的圆柱状良导体，如图 1−1−1 所示。

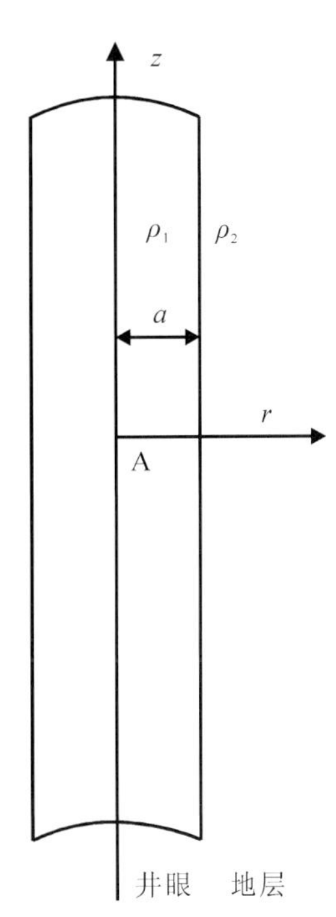

图 1−1−1　简化的套管井模型

设圆柱体的半径为 a，电阻率为 ρ_1，电导率为 σ_1；圆柱体周围地层的电阻率为 ρ_2，电导率为 σ_2。供电电极 A 位于圆柱体的轴线上，并将此轴线设为 z 轴。由于轴的对称性，引入柱坐标系（r，φ，z），设供电电极 A 位于坐标原点。由此，距 A 电极为 r 处电场中的电位 U 可表达为：

$$E=-\text{grad}U \qquad (1-1-1\text{a})$$

或

$$E_z=-\frac{\partial U}{\partial z},\quad E_r=-\frac{\partial U}{\partial r} \qquad (1-1-1\text{b})$$

式中　E_z——电场强度的垂直分量；

E_r——电场强度的水平分量。

由于轴对称性，电位 U 仅与坐标 r 和 z 有关，并且关于平面 z=0 对称，即：

$$U(r,z)=U(r,-z) \tag{1-1-2}$$

要满足库仑定律，电位 U 必须满足以下条件：

（1）圆柱体和地层中的电位 U 满足柱坐标下的拉普拉斯方程：

$$\frac{\partial^2 U}{\partial r^2}+\frac{1}{r}\cdot\frac{\partial U}{\partial r}+\frac{\partial^2 U}{\partial z^2}=0 \tag{1-1-3}$$

（2）在供电电极附近，电位 U 趋向于由一个点电荷引起的电位，即：

$$U\to\frac{\rho_1 I_0}{4\pi R} \tag{1-1-4}$$

式中 I_0——供电电极 A 流出的恒定电流；

R——供电电极到观察点之间的距离。

（3）在远离供电电极处，即 $R\to\infty$ 时，电位趋近于 0，即：

$$U\to\frac{\rho_2 I_0}{4\pi R}\to 0 \tag{1-1-5}$$

（4）在圆柱体和地层界面上，电位 U 和电流密度 J_r 的法向分量为连续函数，即：

$$\begin{cases}U_1=U_2\\ \sigma_1\dfrac{\partial U_1}{\partial r}=\sigma_2\dfrac{\partial U_2}{\partial r}\end{cases} \tag{1-1-6}$$

式中 U_1——圆柱体的电位；

U_2——地层中的电位；

σ_1——圆柱体的电导率；

σ_2——地层电导率。

由唯一性原理可知，这四个唯一性条件决定了电位 U 及电场强度 E。运用变量分离法，考虑到圆柱体表面上的电荷引起的电位为一个有限值，且关于 z 轴对称，则拉普拉斯方程的解为：

$$\begin{cases}U_s^{(1)}=\int_0^\infty A_m^{(1)}I_0(mr)\ \cos(mz)\mathrm{d}m & (r\leqslant a)\\ U_s^{(2)}=\int_0^\infty B_m^{(1)}K_0(mr)\ \cos(mz)\mathrm{d}m & (r\geqslant a)\end{cases} \tag{1-1-7}$$

式中 $U_s^{(1)}$——由圆柱体表面电荷引起的井眼内部的电位；

$U_s^{(2)}$——由圆柱体表面电荷引起的井眼外部的电位；

I_0（mr），K_0（mr）——修正的贝塞尔函数；

$A_m^{(1)}$，$B_m^{(1)}$——由电流 I_0 确定的待定系数。

由供电电极表面上的电荷引起的主电场的电位可以写成如下形式（J. R. Wait，1982）：

$$\frac{\rho_1 I_0}{4\pi R}=\frac{\rho_1 I_0}{4\pi}\left(\frac{2}{\pi}\right)\int_0^\infty K_0(mr)\ \cos(mz)\mathrm{d}m \tag{1-1-8}$$

其中：

$$R=\sqrt{r^2+z^2}$$

相应地，就可方便地表示出圆柱体内和地层中电位分别为：

$$\begin{cases} U_1=\dfrac{\rho_1 I_0}{2\pi^2}\displaystyle\int_0^\infty \left[K_0(mr)+A_m I_0(mr)\right]\cos(mz)\mathrm{d}m \\ U_2=\dfrac{\rho_2 I_0}{2\pi^2}\displaystyle\int_0^\infty B_m K_0(mr)\cos(mz)\mathrm{d}m \end{cases} \tag{1-1-9}$$

无论 A_m 和 B_m 如何取值，式（1−1−9）均满足以上四个条件中的（1）、（2）和（3）。由式（1−1−7）和式（1−1−9）的傅里叶变换，可得：

$$\begin{cases} K_0(ma)+A_n I_0(ma)=\mu B_m K_0(ma),\mu=\rho_2/\rho_1 \\ K_0'(ma)+A_m I_0'(ma)=B_m K_0'(ma) \end{cases} \tag{1-1-10}$$

式中 I'_0（ma），K'_0（ma）——修正的贝赛尔函数的一阶导数。

考虑到 I'_0（ma）$=I_1$（ma）和 K'_0（ma）$=-K_1$（ma），解这个方程组，得系数 A_m 为：

$$A_m=\frac{(\mu-1)K_0(ma)K_1(ma)}{I_0(ma)K_1(ma)+\mu I_1(ma)K_0(ma)}$$

当 $r\to 0$ 时，I_0（ma）$\to 0$，利用下式：

$$I_0(x)K_1(x)+I_1(x)K_0(x)=\frac{1}{x}$$

可得圆柱体中轴的电位表达式为：

$$U_1(\alpha)=\frac{\rho_1 I_0}{4\pi a}\left[\frac{1}{\alpha}+\frac{2}{\pi}\int_0^\infty \frac{(\mu-1)K_0(x)K_1(x)}{1+(\mu-1)I_1(x)K_0(x)}\cos(\alpha x)\mathrm{d}x\right] \tag{1-1-11}$$

式中，$\alpha=z/a$，即观察点到供电电极的距离 z 被井眼半径 a 归一化值，称为归一化源距。

由式（1−1−11）可得电场强度和电位的二阶导数：

$$E_z=\frac{\rho_1 I_0}{4\pi a^2}\left[\frac{1}{\alpha^2}+\frac{2}{\pi}(\mu-1)\int_0^\infty \frac{x^2 K_0(x)K_1(x)}{1+(\mu-1)I_1(x)K_0(x)}\sin(\alpha x)\mathrm{d}x\right] \tag{1-1-12}$$

$$\frac{\partial^2 U}{\partial\alpha^2}=\frac{\rho_1 I_0}{4\pi a}\left[\frac{2}{\alpha^3}-\frac{2}{\pi}(\mu-1)\int_0^\infty \frac{x^3 K_0(x)K_1(x)}{1+(\mu-1)I_1(x)K_0(x)}\cos(\alpha x)\mathrm{d}x\right] \tag{1-1-13}$$

函数（$1/C_1$）E_z 和 $(1/C_2)(\partial^2 U/\partial\alpha^2)$ 的图解结果如图 1−1−2 和图 1−1−3 所示，其中 $C_1=\rho_1 I_0/4\pi a^2$，$C_2=\rho_1 I_0/4\pi a$。

通过对图解结果的分析，可得出如下结论：

（1）存在三个场区，即近场区、中场区和远场区。在每一个场区，电场的特性各不相同。

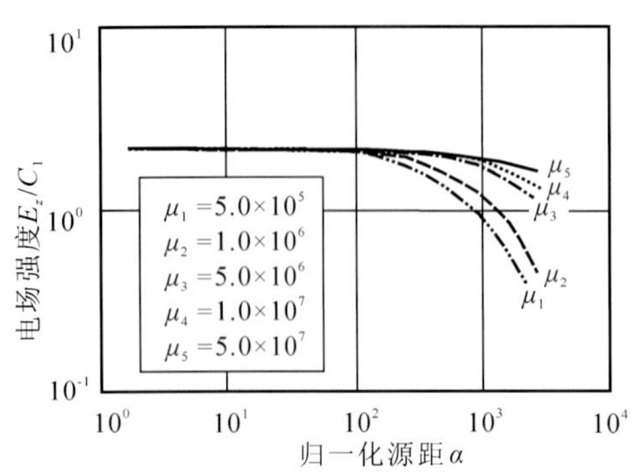

图 1–1–2　不同电导率比值时井轴上的电场强度

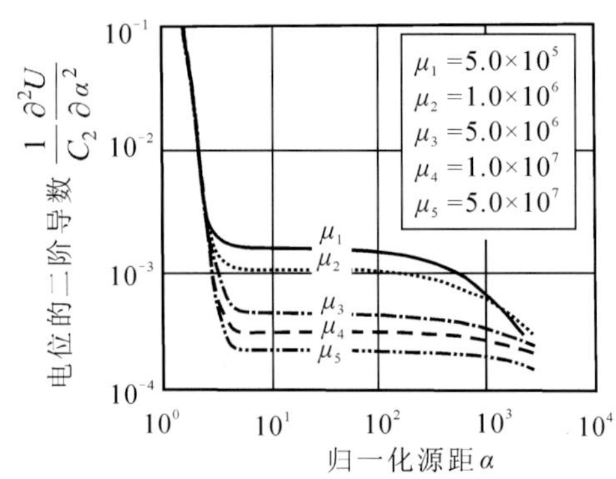

图 1–1–3　不同电导率比值时井轴上电位二阶导数

（2）在近场区，电场特性随着观察点与供电电极 A 的距离变化而变化。在供电电极附近，电场与点电荷引起的电场特性一致，电场沿径向方向。随着归一化源距 α 的进一步增大，该区域的电场强度的大小快速接近渐近线 $I_0/2S_1$（S_1 为圆柱体电导，为 $\sigma_1\pi a^2$），电场沿井轴方向。在近场区，电场强度可以近似表示为：

$$E_z \approx \frac{I_0}{2S_1} - \frac{3.0I_0}{S_1}\mathrm{e}^{-3.83\alpha}\text{，}\ \alpha < 10 \tag{1–1–14}$$

当距离为圆柱体半径的若干倍时，等式右边的第二项可以忽略。

（3）若 μ 取值合适，中场区的范围相对较大，并随着地层电阻率和圆柱体电阻率比值的增加而增大。例如，当 $\mu=10^7$ 时，中场区的归一化源距 α 可达到 1000 甚至更大。如图 1–1–2 和图 1–1–3 所示，从曲线上可以看出，在中场区的主要部分，电场强度和电位 U 的二阶导数的变化相当缓慢，仅当 α 相对较大时，E_z、$\partial^2 U/\partial\alpha^2$ 才开始迅速减小。

（4）式（1–1–12）表明，中场区内的电场强度可以表示为：

$$E_z \approx \frac{I_0}{2S_1}\mathrm{e}^{-z/\sqrt{\rho_2 S_1}} \tag{1–1–15}$$

其中：

$$S_1=\sigma_1\pi a^2$$

特别地，如果距供电电极的距离满足如下条件：

$$z<\sqrt{\rho_2 S_1} \tag{1–1–16}$$

则式（1–1–15）可以近似表示为：

$$E_z \approx E_z^{(1)} + E_z^{(2)} \tag{1–1–17}$$

式中，$E_z^{(1)}=I_0/2S_1$ 表示当井眼周围介质为绝缘体时的电场强度，并且与距离无关。但是：

$$E_z^{(2)} \approx -\frac{I_0 z}{2S_1^{3/2}}\sqrt{\sigma_2} \tag{1–1–18}$$

随距离的变化而变化，它取决于地层的电阻率。因此，如果满足条件式（1–1–16），那么在中场区内的电场强度为：

$$E_z \approx \frac{I_0}{2S_1} - \frac{I_0 z}{2S_1^{3/2}}\sqrt{\sigma_2} \tag{1-1-19}$$

相应地，当$z<\sqrt{\rho_2 S_1}$时，电位的二阶导数为：

$$\frac{\partial^2 U}{\partial z^2} \approx \frac{I_0}{2S_1^{3/2}}\sqrt{\sigma_2} \tag{1-1-20}$$

从而，通过测量表征地层中泄漏电流的电位二阶导数，可以基本确定井眼周围介质的电阻率。

（5）在距供电电极较远处，即当：

$$z \gg \sqrt{\rho_2 S_1} \tag{1-1-21}$$

时，电场趋向于均匀介质中的电场。

（6）由式（1-1-21）可知，中场区的外边界随电导 S_1 的变化而改变。当 S_1 下降时，中场区的范围会大大地缩小。

二、套管井中的电场特性

现假设套管可以用导电性良好的圆柱面模拟。该圆柱面介于井眼与地层之间，如图1-1-4所示。首先用公式表示出边界条件。在井眼内、外，电场均满足稳恒场的麦克斯韦方程组为：

$$\begin{cases} \text{curl}\,\boldsymbol{H} = \sigma E,\ \text{div}\,\boldsymbol{E} = 0 \\ \text{curl}\,\boldsymbol{E} = 0,\ \text{div}\,\boldsymbol{H} = 0 \end{cases} \tag{1-1-22}$$

在分界面 $r=a$ 上，边界条件为：

$$E_\varphi^{(1)} = E_\varphi^{(2)},\quad E_z^{(1)} = E_z^{(2)} \tag{1-1-23}$$

$$H_\varphi^{(2)} - H_\varphi^{(1)} = S^* E_z \tag{1-1-24}$$

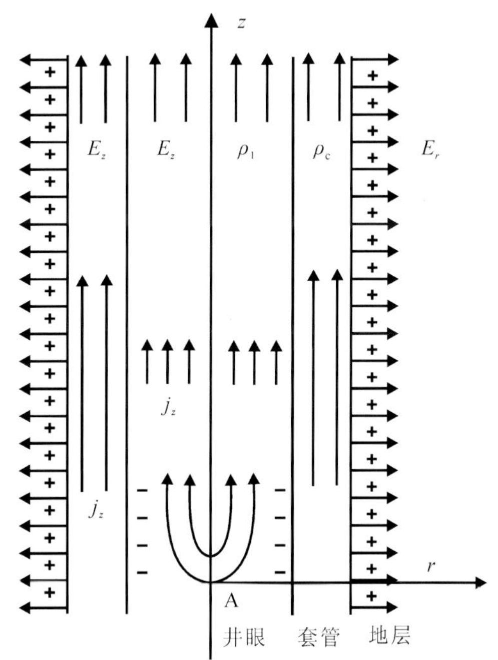

图 1-1-4　套管存在的电荷分布图

A—供电电极；ρ_1—井眼电阻率；ρ_c—套管电阻率；E_z—电场垂向分量；E_r—电场径向分量；j_z—垂向电流密度

式中　$\boldsymbol{E}^{(1)}$——套管内电场强度；

$\boldsymbol{H}^{(1)}$——套管内磁场强度；

$\boldsymbol{E}^{(2)}$——套管外电场强度；

$\boldsymbol{H}^{(2)}$——套管外磁场强度；

E_z——套管内电场垂向分量。

套管电导 S_c 和参数 S^* 的关系为：

$$\begin{cases} S_c = 2\pi a S^* \\ S^* = \sigma_c \Delta a \end{cases} \tag{1-1-25}$$

式中 σ_c——套管的电导率；

Δa——套管的厚度。

从而，根据式（1−1−23）和式（1−1−24）可得：电场强度的切向分量是连续函数；由于套管表面存在电流，磁场强度 H_φ 的切向分量是不连续的。

为了简化求解，引入标量电位 U 和矢量电位 $\boldsymbol{A}$，由方程组（1−1−22）可得：

$$\begin{cases}\boldsymbol{E}=-\text{grad}\ U\\ \boldsymbol{H}=\text{curl}\ \boldsymbol{A}\end{cases} \tag{1−1−26}$$

将式（1−1−26）代入方程组（1−1−22）中的第一个方程，可得：

$$\text{curl curl}\ \boldsymbol{A}=\text{grad div}\ \boldsymbol{A}-\nabla^2\boldsymbol{A}=-\sigma\ \text{grad}\ U$$

令 div $\boldsymbol{A}=-\sigma U$，则有：

$$\nabla^2\boldsymbol{A}=0 \tag{1−1−27}$$

假设矢量电位 $\boldsymbol{A}$ 仅有一个垂向分量，即：

$$\boldsymbol{A}=(0,\ 0,\ \boldsymbol{A}_z)$$

此时：

$$\begin{cases}\dfrac{\partial A_z}{\partial z}=-\sigma U\\ \nabla^2 A_z=0\end{cases} \tag{1−1−28}$$

利用无限长圆柱体的结论，除在导体表面外，井眼内、外的电位可用下式表示：

$$\begin{cases}U_1=\dfrac{\rho_1 I_0}{4\pi}\dfrac{2}{\pi}\displaystyle\int_0^\infty\left[K_0(mr)+B_1 I_0(mr)\right]\cos(mz)\,\mathrm{d}m\\ U_2=\dfrac{\rho_2 I_0}{4\pi}\dfrac{2}{\pi}\displaystyle\int_0^\infty B_2 K_0(mr)\cos(mz)\,\mathrm{d}m\end{cases} \tag{1−1−29}$$

由方程组（1−1−26）的第一个方程可得：

$$\begin{cases}A_{1z}=-\dfrac{1}{2\pi^2}\displaystyle\int_0^\infty\left[K_0(mr)+B_1 I_0(mr)\right]\frac{\sin(mz)}{m}\mathrm{d}m & (r<a)\\ A_{2z}=-\dfrac{1}{2\pi^2}\displaystyle\int_0^\infty B_2 K_0(mr)\frac{\sin(mz)}{m}\mathrm{d}m & (r>a)\end{cases} \tag{1−1−30}$$

由方程组（1−1−26）可得：

$$\begin{cases}E_z=-\dfrac{\partial U}{\partial z}\\ H_\varphi=-\dfrac{\partial A_z}{\partial r}\end{cases} \tag{1−1−31}$$

值得注意的是，如果电位 U 是一个连续函数，则电场强度的切向分量也是连续的。

因此，当 $r=a$ 时，式（1−1−23）和式（1−1−24）可以改写成以下形式：

$$\begin{cases} U_1 = U_2 \\ \dfrac{\partial A_{2z}}{\partial r} - \dfrac{\partial A_{1r}}{\partial r} = S^* \dfrac{\partial U}{\partial z} \end{cases} \tag{1−1−32}$$

将式（1−1−29）和式（1−1−30）代入式（1−1−32）中，可得：

$$\begin{cases} K_0(ma) + B_1 I_0(ma) = \mu B_2 K_0(ma) \\ B_2 K_1(ma) - K_1(ma) + B_1 I_1(ma) = -S^* \rho_2 m B_2 K_0(ma) \end{cases}$$

相应地，描述井眼中电场的系数 B_1 为：

$$B_1 = \frac{(\mu-1)K_0(x)K_1(x) - \mu \mathrm{d}x^2 K_0^2(x)}{1+(\mu-1)I_1(x)K_0(x) + \mu \mathrm{d}x^2 I_0(x)K_0(x)} \tag{1−1−33}$$

其中：

$$\mu = \frac{\rho_2}{\rho_1}, \quad S_0^* = \sigma_1 a, \quad d = \frac{S^*}{S_0^*} = \frac{\sigma_c}{\sigma_1}\frac{\Delta a}{a} \tag{1−1−34}$$

由式（1−1−29）可得，在井轴上的电场强度和电位的二阶导数为：

$$\begin{cases} E_z = C_1 \left[\dfrac{1}{\alpha^2} + \dfrac{2}{\pi} \displaystyle\int_0^\infty x B_1(x)\ \sin(\alpha x) \mathrm{d}x \right] \\ \dfrac{\partial^2 U}{\partial \alpha^2} = C_2 \left[\dfrac{2}{\alpha^3} - \dfrac{1}{\pi} \displaystyle\int_0^\infty x^2 B_1(x)\ \cos(\alpha x) \mathrm{d}x \right] \end{cases} \tag{1−1−35}$$

这些函数的特性同无限长圆柱体中讨论过的函数类似。图 1−1−5 为二阶导数 $(1/C_2)(\partial^2 U/\partial\alpha^2)$ 的曲线。

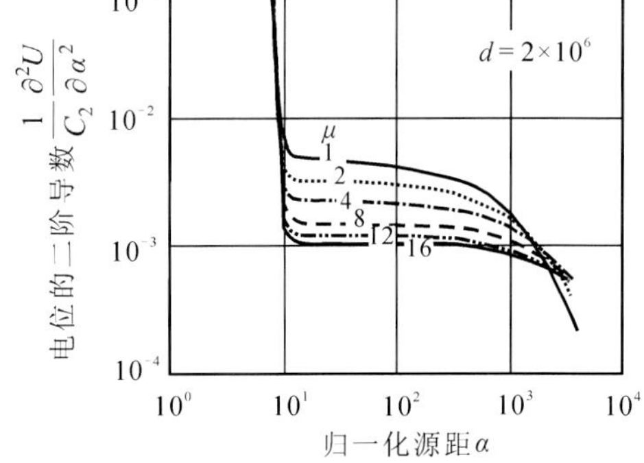

图 1−1−5　井轴上的电位二阶导数

不同的是，式（1−1−35）的计算结果表明，中场区的电场强度和电位的二阶导数可以更为准确地用以下形式描述：

$$\begin{cases} E_z \approx \dfrac{I_0}{2S_c} \mathrm{e}^{-z/\sqrt{\rho_2 S_c}} \\ \dfrac{\partial^2 U}{\partial z^2} \approx \dfrac{I_0}{2S_c^{3/2}} \sqrt{\sigma_2} \mathrm{e}^{-z/\sqrt{\rho_2 S_c}} \end{cases} \quad (10 < \alpha < 10^3) \tag{1−1−36}$$

对比式（1−1−15）和式（1−1−36）可得，如果井眼的电导和套管的电导相等，则电场强度 E_z 在这两种情况下是一致的，函数 $\mathrm{d}^2U/\mathrm{d}z^2$ 也近似一致。

应当特别指出的是，当套管存在时，井眼内的电流密度比套管内部的电流密度小几个数量级，但电场强度仍相同。这就使得只需要分析井轴上的电场即可。

由式（1−1−36）可得，当 $z<\sqrt{\rho_2 S_c}$ 时，在中场区内电位的二阶导数几乎是一个常数：

$$\frac{\partial^2 U}{\partial z^2} \approx \frac{I_0}{2S_c^{\ 3/2}}\sqrt{\sigma_2} \tag{1-1-37}$$

从而中场区内电场强度和电位的二阶导数满足极其简单的方程，而不用求解复杂的积分和修正的贝塞尔函数。这种简化也反映了中场区内电场和电流的简单特性。在井眼中和套管内电场仅有垂向分量 E_z，其提供了沿井轴方向传播的电流；相反地，在套管外，甚至在足够远的距离，径向分量 E_r 起主导作用，它提供了地层中的泄漏电流。因此，分别对待电场的垂向分量 E_z 和径向分量 E_r 是有用的。电场的这种几何特性即可把在中场区内的套管看作由导电介质包围的传输线。理解这个电场的特性对理解过套管地层电阻率的测量方法是至关重要的。

三、传输线模型

把套管内的井眼当作传输线，如上述讨论一样，仍将供电电极 A 位置设为坐标系原点。根据欧姆定律，电流流过一段微小长度的套管 dz，电位相应的变化量 dU 为：

$$\mathrm{d}U = -I(z)\frac{\mathrm{d}z}{S_c} \tag{1-1-38}$$

式中 S_c——套管的电导；

$\mathrm{d}z/S_c$——dz 长度套管的电阻；

$I(z)$ ——通过 z 点处套管横截面的电流。

式（1-1-38）取负号是因为 $\mathrm{d}U=U(z+\Delta z)-U(z)$，且 $U(z) > U(z+\Delta z)$，$U(z)$ 为 z 点的电位。

由于泄漏电流的存在，沿套管流动的电流将发生变化。把套管周围电阻率为 ρ_2 的介质看作与套管并联。因此在 dz 内，泄漏电流 $\mathrm{d}I_r=-\mathrm{d}I(z)$，并且与电位 U 有如下关系：

$$U = -\frac{T}{\mathrm{d}z}\mathrm{d}I \tag{1-1-39}$$

式中 T——单位长度介质径向电流的电阻。

由式（1-1-38）和式（1-1-39）可得：

$$\begin{cases} \dfrac{\mathrm{d}U}{\mathrm{d}z} = -\dfrac{1}{S_c}I(z) \\ \dfrac{\mathrm{d}I}{\mathrm{d}z} = -\dfrac{1}{T}U(z) \end{cases} \tag{1-1-40}$$

对式（1-1-40）求导数可得：

$$\begin{cases} \dfrac{\mathrm{d}^2U}{\mathrm{d}z^2} = n^2U \\ \dfrac{\mathrm{d}^2I}{\mathrm{d}z^2} = n^2I \end{cases} \tag{1-1-41}$$

其中：

$$n = \frac{1}{\sqrt{S_c T}} \tag{1-1-42}$$

这样，只要中场区内的电场特性的假设是正确的，电位和电流的分布就由参数 n 确定。$U(z)$ 为套管上任意一点电位，在套管无穷远处电位为 0。与套管同轴、半径足够大的圆柱面的电位实际上为 0，这样式（1−1−41）的解的形式为：

$$Ae^{nz}+Be^{-nz} \tag{1−1−43}$$

式中　A，B——系数，由边界条件决定。

假设套管周围为均匀介质。由于泄漏电流的存在，套管无穷远处电位趋于 0，从而方程组（1−1−41）中第二个方程的解的形式为：

$$I(z)=Be^{-nz} \tag{1−1−44}$$

由于套管和地层是关于电极 A 对称的，因此一半电流流向一个方向，而另一半电流则向相反的方向流动。同时，又因供电电极附近的泄漏电流可以忽略，从而在 z=0 处有初始条件：

$$I(z)=\frac{I_0}{2} \tag{1−1−45}$$

因此：

$$I(z)=\frac{I_0}{2}e^{-nz} \tag{1−1−46}$$

利用欧姆定律，套管内与井眼中的电场可以表示为：

$$\begin{cases} E_z=\rho_c j_z=\rho_c\dfrac{I}{2\pi a\Delta a}=\dfrac{I}{S_c}，\text{或 } E_z=\dfrac{I_0}{2S_c}e^{-nz}=\dfrac{I_0}{2S_c}e^{-z/\sqrt{TS_c}} \\ \dfrac{d^2U}{dz^2}=\dfrac{I_0}{2S_c^{3/2}}\dfrac{1}{\sqrt{T}}e^{-z/\sqrt{TS_c}} \end{cases} \tag{1−1−47}$$

令：

$$T=\rho_2 \tag{1−1−48}$$

即可得式（1−1−36）。

也就是说，如果套管周围为均匀介质，当传输线的电导等于套管的电导，以及横向电阻等于地层的电阻率时，中场区内的电流和电位的特性可由简化传输线模型描述。

由于过套管地层电阻率测量的是地层的电阻率 T，需对其进行更为详尽的讨论。为此，需进一步考察套管外电位（为距离 r 的函数）的特性。为了讨论方便，选择一个小层。该层被一个坐标为 z 和 $z+\Delta z$ 的水平面和一个半径为 a 的圆柱面所包围，如图 1−1−6 所示。

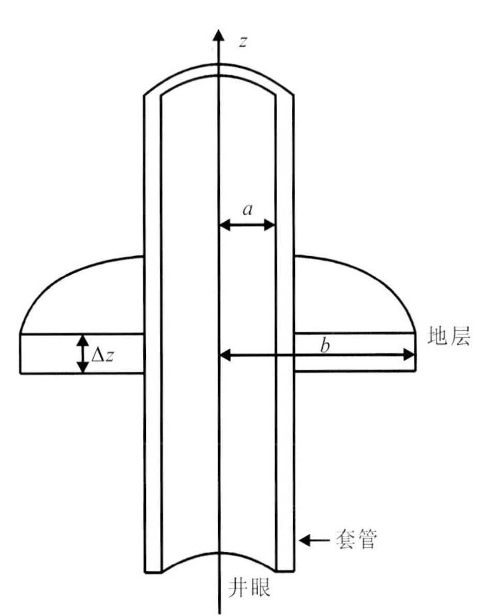

图 1−1−6　含一个圆柱面的套管井模型

在径向距离 $r=b$ 处，电位为 0，分布在套管表面上的电荷为：

$$e_s = \varepsilon_0 \rho_2 I_r \tag{1-1-49}$$

式中 I_r——厚度为 Δz 的圆柱体介质中的径向电流；

ε_0——自由空间的介电常数。

假设圆柱体的外半径为 r，当 $a \leqslant r \leqslant b$ 时，由高斯定理可得：

$$\begin{cases} \oint E\mathrm{d}l = \dfrac{e_s}{\varepsilon_0} \\ E_r = \dfrac{\rho_2 I_r}{2\pi r\Delta z} \end{cases}$$

或

$$\frac{\partial U^e}{\partial r} = -\frac{\rho_2 I_r}{2\pi r\Delta r}$$

式中 U^e——套管外的电位。

由于当 $r=b$ 时电位为 0，从而求积分可得：

$$U^e(r) = \frac{\rho_2 I_r}{2\pi\Delta z}\ln\frac{b}{r} \qquad (a \leqslant r \leqslant b) \tag{1-1-50}$$

因此，套管外的电位可表示为距离 r 的函数。对于径向电流，电阻率为 ρ_2 的圆柱体电阻为：

$$R_r = \frac{U^e(a) - U^e(b)}{I_r} = \frac{\rho_2}{2\pi\Delta z}\ln\frac{b}{a}$$

另一方面，圆柱体电阻与横向电阻 T 的关系为：

$$R_r = \frac{T}{\Delta z}$$

由此：

$$T = \frac{\rho_2}{2\pi}\ln\frac{b}{a} \tag{1-1-51}$$

对比式（1−1−48）和式（1−1−51）表明：如果该层介质中远离套管处的电流仍呈径向分布，那么零电位圆柱面在离井眼足够远处。“足够”远的距离由下式确定：

$$2\pi = \ln\frac{b}{a} \quad 或 \quad b = a\mathrm{e}^{2\pi}$$

现在假设又有一个半径为 a_Δ 的圆柱面，套管和该圆柱面之间的介质电阻率为 ρ_Δ，如图 1−1−7 所示。

对于径向电流 I_r，电阻率为 ρ_Δ 和 ρ_2 的介质可以看作一个电路中的两个串联部分，单位高度 Δz=1 的小圆柱体的横向电阻为：

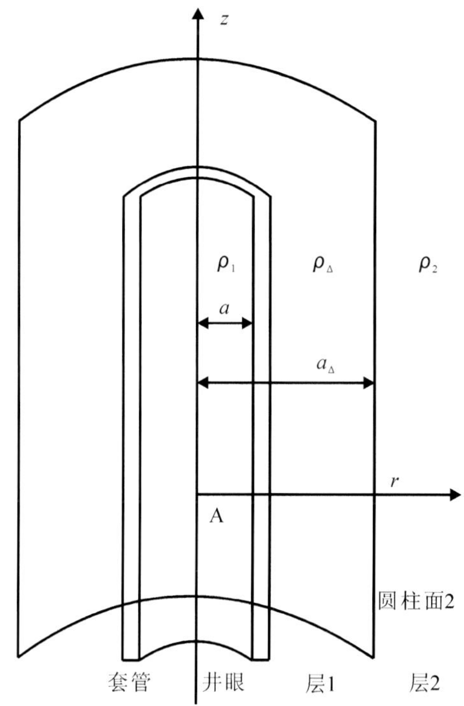

图 1-1-7　含两个圆柱面的套管井模型

A—供电电极；a—井眼半径；ρ_1—井眼电阻率；a_Δ—圆柱面 2 的半径；ρ_Δ—层 1 的电阻率；ρ_2—层 2 的电阻率

$$T = \frac{\rho_\Delta}{2\pi}\ln\frac{a_\Delta}{a} + \frac{\rho_2}{2\pi}\ln\frac{b}{a_\Delta} \tag{1-1-52}$$

利用式（1-1-48），式（1-1-52）可以改写为：

$$T = \frac{\rho_\Delta - \rho_2}{2\pi}\ln\frac{a_\Delta}{a} + \rho_2 \text{ 或 } T = \rho_2 F$$

其中：

$$F = 1 + \frac{\rho_\Delta - \rho_2}{2\pi\rho_2}\ln\frac{a_\Delta}{a} \tag{1-1-53}$$

为了评价由式（1-1-47）和式（1-1-53）计算得到的电场强度与电位的二阶导数的准确性，求解这个介质模型（图 1-1-7）的边值问题。

利用前一小节得到的结论，每种介质中的电位可以表示为：

$$\begin{cases} U_1 = \dfrac{\rho_1 I_0}{4\pi}\dfrac{2}{\pi}\displaystyle\int_0^\infty \left[K_0(mr) + B_1 I_0(mr)\right]\cos(mz)\mathrm{d}m \\ U_2 = \dfrac{\rho_\Delta I_0}{4\pi}\dfrac{2}{\pi}\displaystyle\int_0^\infty \left[C_2 K_0(mr) + B_2 I_0(mr)\right]\cos(mz)\mathrm{d}m \\ U_3 = \dfrac{\rho_2 I_0}{4\pi}\dfrac{2}{\pi}\displaystyle\int_0^\infty C_3 K_0(mr)\cos(mz)\mathrm{d}m \end{cases} \tag{1-1-54}$$

每种介质中的电位矢量的大小为：

$$
\begin{cases}
A_1 = -\dfrac{I_0}{2\pi^2}\displaystyle\int_0^\infty \left[K_0(mr) + B_1 I_0(mr)\right]\dfrac{\sin(mz)}{m}\,\mathrm{d}m \\
A_2 = -\dfrac{I_0}{2\pi^2}\displaystyle\int_0^\infty \left[C_2 K_0(mr) + B_2 I_0(mr)\right]\dfrac{\sin(mz)}{m}\,\mathrm{d}m \\
A_3 = -\dfrac{I_0}{2\pi^2}\displaystyle\int_0^\infty C_3 K_0(mr)\,\dfrac{\sin(mz)}{m}\,\mathrm{d}m
\end{cases}
\tag{1-1-55}
$$

在各界面上，当 $r=a$ 时有：

$$
\begin{cases}
U_1 = U_2 \\
\dfrac{\partial A_{2z}}{\partial r} - \dfrac{\partial A_{1z}}{\partial r} = S^* \dfrac{\partial U_1}{\partial z}
\end{cases}
\tag{1-1-56}
$$

当 $r=a_\Delta$ 时有：

$$
\begin{cases}
U_2 = U_3 \\
\sigma_\Delta \dfrac{\partial U_2}{\partial r} = \sigma_2 \dfrac{\partial U_3}{\partial r}
\end{cases}
\tag{1-1-57}
$$

在界面 $r=a_\Delta$ 处很容易满足边界条件。

由式（1−1−54）、式（1−1−55）和式（1−1−57）可得：

$$
\begin{cases}
C_2 K_0(ma_\Delta) + B_2 I_0(ma_\Delta) = \mu_{23} C_3 K_0(ma_\Delta) \\
-C_2 K_1(ma_\Delta) + B_2 I_1(ma_\Delta) = -C_3 K_1(ma_\Delta)
\end{cases}
$$

其中：

$$
\mu_{23} = \frac{\rho_2}{\rho_\Delta}
$$

消去 C_3，得到：

$$
B_2 = PC_2
$$

其中：

$$
P = \frac{(\mu_{23}-1)K_0(ma_\Delta)K_1(ma_\Delta)}{I_0(ma_\Delta)K_1(ma_\Delta) + \mu_{23}I_1(ma_\Delta) + \mu_{23}I_1(ma_\Delta)K_0(ma_\Delta)}
$$

如果下式成立，那么就满足套管处的边界条件：

$$
\begin{cases}
K_0(ma) + B_1 I_0(ma) = \mu_{12}\left[K_0(ma) + PI_0(ma)\right] C_2 \\
C_2\left[K_1(ma) - PI_1(ma)\right] + \left[-K_1(ma) + B_1 I_1(ma)\right] = S^* \rho_1 m\left[K_0(ma) + B_1 I_0(ma)\right]
\end{cases}
$$

其中：

$$
\mu_{12} = \rho_\Delta / \rho_1
$$

解这个方程组即可得：

$$B_1=\frac{(1-\mu_{12})K_0K_1-P(\mu_{12}I_0K_2+I_1K_0)+\mu_{12}S^*\rho_1 mK_0(K_0+PI_0)}{(1-\mu_{12})PI_0I_1-(I_0K_1+\mu_{12}I_1K_0)-\mu_{12}S^*\rho_1 mI_0(K_0+PI_0)} \tag{1-1-58}$$

从而，电场和电位的二阶导数为：

$$\begin{cases} E_z=C_1\left[\dfrac{1}{\alpha^2}+\dfrac{2}{\pi}\displaystyle\int_0^\infty xB_1(x)\ \sin(\alpha x)\mathrm{d}x\right] \\ \dfrac{\partial^2 U}{\partial\alpha^2}=C_2\left[\dfrac{2}{\alpha^3}-\dfrac{2}{\pi}\displaystyle\int_0^\infty x^2B_1(x)\ \cos(\alpha x)\mathrm{d}x\right] \end{cases} \tag{1-1-59}$$

其中：

$$C_1=\frac{\rho_1 I_0}{4\pi a^2},\ C_2=\frac{\rho_1 I_0}{4\pi a}$$

表 1−1−1 中列出了式（1−1−47）和式（1−1−59）的计算结果。表中，$U''_{\alpha\alpha}=\partial^2U/\partial\alpha^2$，$\beta=a_\Delta/a$，$d=\sigma_c\Delta a/\sigma_1 a$，$E_z(r,z)=C(z)$。

表 1−1−1　式（1−1−47）和式（1−1−59）的计算结果

$(1/C_2)U''_{\alpha\alpha}\times10^{-9}$　$\mu_{13}=8$　$d=2\times10^5$														
μ_{12}	2		4		8		16		32		64		128	
β	A	B	A	B	A	B	A	B	A	B	A	B	A	B
1.01	1.48	1.58	1.48	1.58	1.48	1.58	1.48	1.58	1.48	1.57	1.47	1.57	1.46	1.56
2	1.55	1.65	1.52	1.62	1.48	1.58	1.41	1.50	1.29	1.37	1.13	1.18	0.932	0.932
4	1.62	1.73	1.57	1.67	1.48	1.58	1.35	1.43	1.16	1.22	0.951	0.989	0.741	0.741
8	1.71	1.83	1.62	1.73	1.48	1.58	1.29	1.37	1.07	1.12	0.839	0.866	0.634	0.634
16	1.83	1.93	1.68	1.79	1.48	1.58	1.24	1.31	0.992	1.03	0.759	0.780	0.564	0.564
32	1.98	2.06	1.74	1.85	1.48	1.58	1.20	1.27	0.932	0.968	0.699	0.715	0.513	0.513
64	2.16	2.22	1.82	1.93	1.48	1.58	1.16	1.22	0.882	0.913	0.652	0.664	0.474	0.474
128	2.37	2.43	1.89	2.01	1.48	1.58	1.13	1.18	0.840	0.866	0.614	0.623	0.443	0.443
256	2.61	2.71	1.97	2.11	1.48	1.58	1.10	1.15	0.805	0.826	0.582	0.589	0.418	0.418
512	2.82	3.12	2.04	2.22	1.48	1.58	1.08	1.12	0.775	0.791	0.556	0.559	0.397	0.397
1024	2.98	3.80	2.09	2.35	1.48	1.58	1.05	1.09	0.751	0.760	0.534	0.534	0.380	0.380
2048	3.07	5.26	2.12	2.51	1.48	1.58	1.04	1.06	0.733	0.732	0.517	0.512	0.366	0.366

注：A、B 分别是式（1−1−47）和式（1−1−59）的计算值。

表 1−1−1 中的数据表明：即使在距离井眼较远处，传输线近似理论也高精度地描述了电场的特性。在中场区，套管外的电场，无论是远离井眼的地方，还是靠近井眼的地方，实际上都是径向的。电场的这个显著特性引出了有关垂向分辨率（由测量电位的二阶导数得

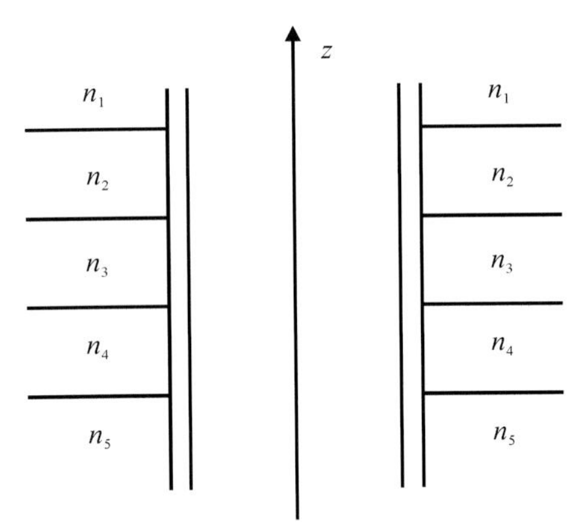

图 1–1–8　含若干个层状地层的套管井模型

到）的几个有用的结论。如图 1–1–8 所示，假设套管外有一组水平层介质，由套管表面上的电荷引起的套管外的电场是径向的，从而电场不会穿过这些层状介质的界面。因此，这些层界面上不存在电荷，且井眼外的电场仍然是径向的。基于这个事实，当地层电阻率沿井眼变化时，传输线理论仍然适用。由式（1–1–41）可知，$(\mathrm{d}^2U/\mathrm{d}z^2) \div U(z)$ 仅与测量电极系位于的深度 z 处的地层电阻率和套管电导有关。因此，原理上可在井轴上测量该值，从而确定各个地层的电阻率。这种方法的垂向分辨率仅由测量二阶导数 $\mathrm{d}^2U/\mathrm{d}z^2$ 的测量电极系的电极距所限制。

第二节　过套管地层电阻率测井的基本原理

通过套管井电场分布的讨论，中场区的电场分布可以用传输线模型描述。套管井井轴上电位的二阶导数与套管的电导率和地层的径向电阻率密切相关，测量电位的二阶导数，就可以获得地层的电阻率。本节以传输线理论为基础，对过套管地层电阻率测井的工业实现方法及影响因素进行了简要的讨论。

一、测井方法的物理原理

如图 1–2–1 所示，假设供电电极 A 位于井轴上，电荷分布在供电电极和套管的表面上(Kaufman，1990)。由这些电荷引起的电场 $\boldsymbol{E}$ 的特性取决于观察点与电极 A 的距离，据此，可将电场划分为近场区、中场区和远场区三个区域。

（1）在近场区，电场 $\boldsymbol{E}$ 同时具有垂向分量和径向分量，电荷分布于套管的内、外表面。通常，该区域与供电电极 A 的最大距离小于 10 ~ 15 个井眼半径。当电极 A 与套管连接时，近场区彻底消失。

（2）中场区内电场和电流具有以下显著的特点：

①在井眼和套管内，电场 $\boldsymbol{E}$ 沿 z 轴方向，即无径向分量 E_r。在套管内表面上无电荷，电荷仅分布于外表面。

②在井眼和套管的横截面上有：

$$E_z(r,z) = C(z) \quad (r \leqslant r_{\max}) \tag{1-2-1}$$

式中　$r_{\max}$——套管外半径；

z——测量点与电极 A 的距离；

$C(z)$ ——z 的函数。

换句话说，在同一个横截面上，井眼中和套管内的电场相同，电流主要在套管中流动。

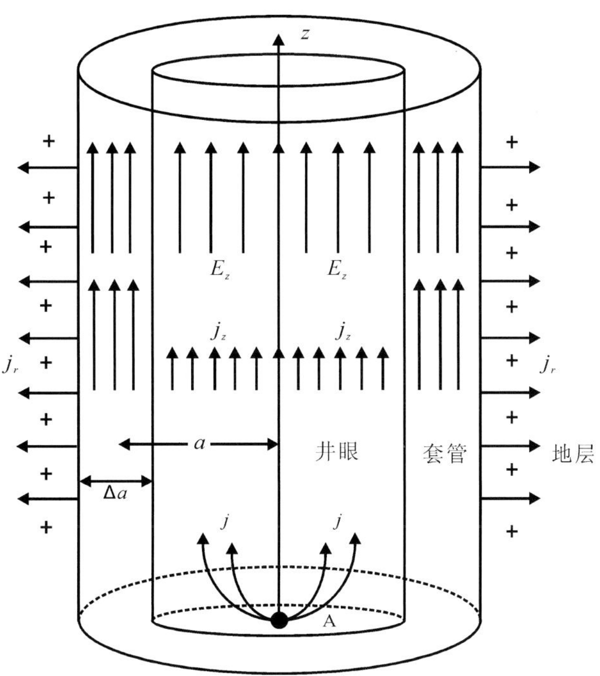

图 1−2−1　套管井模型及电荷、电场和电流的分布

A—供电电极；a—套管半径；Δa—套管厚度；E_z—电场垂向分量；j_z—垂向电流密度；j_r—径向电流密度

③套管外表面上的电荷在地层中产生电场的径向分量 E_r。因此，在径向上，地层中的电流密度仅有径向分量 j_r。第一节对一组圆柱面介质采用精确解和传输线模型进行的数值模拟的对比结果表明，在距离井眼若干米处可观察到电流的这种特性。

④随着距离 z 的增大，泄漏电流使套管中的电流 I 降低。

⑤由于套管外的电场主要是径向分量 E_r，因此，在电阻率各异的水平层界面上不产生电荷。更准确地讲，这些层界面上出现电荷，但这些电荷远离井眼，其相应的影响相当小。这个事实大大增强了过套管电阻率测井方法的垂向响应。

⑥在中场区内，套管和井眼类似于圆柱面介质中的传输线。因此，若 $r < r_{\max}$，则电流 $I(z)$ 和电势 $U(z)$ 满足方程：

$$\begin{cases}\dfrac{\mathrm{d}^2 I}{\mathrm{d}z^2}=\alpha^2 I \\ \dfrac{\mathrm{d}^2 U}{\mathrm{d}z^2}=\alpha^2 U\end{cases} \tag{1-2-2}$$

$$\alpha=\frac{1}{(ST)^{1/2}} \tag{1-2-3}$$

式中　α——传输线参数；

T——横向电阻；

S——套管电导。

由于井眼内的电流可忽略不计，因此有：

$$S = \sigma_{c} 2\pi a \Delta a \tag{1-2-4}$$

式中 σ_c——套管电导率；

Δa——套管的厚度；

a——套管半径，$\Delta a \ll a$。

如果套管外的介质是均匀的，则有：

$$T \approx \rho \tag{1-2-5}$$

T 描述了当漏电流发生时，单位厚度的水平层电阻特性。

⑦若套管的电导率很大，α 通常非常小，其变化范围为：

$$10^{-4}\text{m}^{-1} < \alpha < 3\times10^{-3}\text{m}^{-1} \tag{1-2-6}$$

⑧中场区的范围相当大，在距离电极 A 几百米处传输线方程的等效性也常常能被观察到（Kaufman，1990）。由于中场区内电压的测量与电极在井轴上的位置无关，因此，仅在该区域内可实现过套管地层电阻率测井。

（3）最后，在更远的区域内，称为远场区，井眼和套管的影响消失，电场 $\boldsymbol{E}$ 的特性仅取决于地层的电阻率。

二、视电阻率的测量方法与测量电极系的结构

根据式（1−2−2）和式（1−2−5）可得套管周围均匀介质的电导率为：

$$\sigma(z) = S\frac{U''(z)}{U(z)} \tag{1-2-7}$$

式中 $U''(z)$——电势对 z 坐标的二阶导数。

相应地，在非均匀介质中，视电导率定义为：

$$\sigma_{a}(z) = S\frac{U''(z)}{U(z)} \tag{1-2-8}$$

由于视电阻率 $\rho_a=1/\sigma_a$，因此有：

$$\rho_{a}(z) = \frac{U(z)}{SU''(z)} \tag{1-2-9}$$

为了从离散测量值中计算 σ_a，采用标准的二阶有限差分近似值 $\Delta\Delta U$ 来代替导数 $U''(z)$：

$$\Delta\Delta U \approx U''(z)(\Delta z)^2 \tag{1-2-10}$$

其中：

$$\Delta\Delta U = U(z-\Delta z) + U(z+\Delta z) - 2U(z) \tag{1-2-11}$$

如果间距 Δz 足够小，并且 U 光滑，那么式（1−2−10）的误差为 Δz 的二次项。

函数 $\Delta\Delta U$ 可写为：

$$\Delta\Delta U = [U(z-\Delta z) - U(z)] - [U(z) - U(z+\Delta z)]$$

或

$$\Delta\Delta U = V_1 - V_2 \quad (1\text{-}2\text{-}12)$$

式中　V_1——点 $z-\Delta z$ 与点 z 间的电压值；

V_2——点 z 与点 $z+\Delta z$ 间的电压值。

因此，电势的二阶导数可近似为：

$$U''(z) = \frac{\Delta V}{(\Delta z)^2} \quad (1\text{-}2\text{-}13)$$

$$\Delta V = V_1 - V_2 \quad (1\text{-}2\text{-}14)$$

式中　ΔV——能被测量的电压差。

因此，测量二阶导数 $U''(z)$ 要求 3 个测量电极 M_1、N 和 M_2 等间距放置，如图 1-2-2 所示，即：

$$M_1N = M_2N = \frac{l}{2} \quad (1\text{-}2\text{-}15)$$

式中　l——测量电极 M_1 与 M_2 的间距，称为电极距。

这 3 个电极就组成了测量电极系，测量电极系沿井眼移动，而供电电极的位置保持不变。

将式（1-2-13）代入式（1-2-8），得到：

$$\sigma_a(z) = \frac{4S}{l^2}\frac{\Delta V}{U(N)} \text{或} \sigma_a(z) = K\frac{\Delta V}{U(N)} \quad (1\text{-}2\text{-}16)$$

其中：

$$K = \frac{4S}{l^2} \quad (1\text{-}2\text{-}17)$$

称为电极系系数。

因此，要计算视电导率，就必须已知套管的电导 S、需要测量电压差 ΔV 及电极 N 的电位。也可以先分别测量电压值 V_1 和 V_2，然后计算电压差 ΔV，而不是直接测量 ΔV。

假定测量电极距 l 足够小，电极 M_1 和 M_2 之间的电场 E_z 近似为线性地降低，则可用函数 ΔV 代替二阶导数 $U''(z)$。换句话说，这种近似处理假设函数 $U''(z)$ 在电极 M_1 和 M_2 之间不变。使用式（1-2-16）的前提是：S 已知，并且在电极 M_1 和 M_2 间保持不变。

如果满足以上条件，则式（1-2-8）和（1-2-16）是等价的。特别地，当测量电极系位于电导率为 σ、层厚 $H > l$ 的均匀地层处

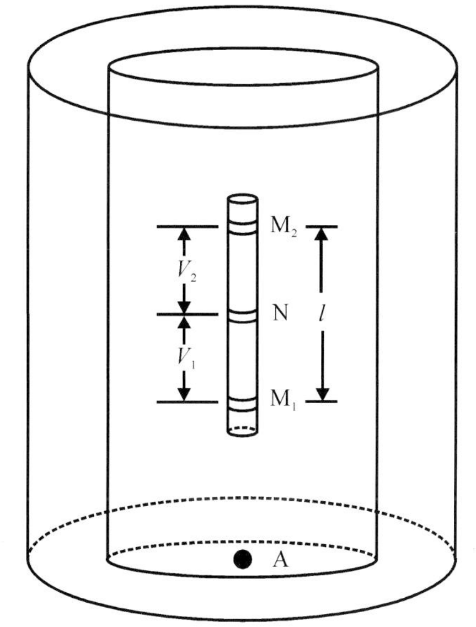

图 1-2-2　测量电压 V_1 和 V_2 的电极系 M_1NM_2
A—供电电极；M_1、N 和 M_2—测量电极；V_1—M_1 与 N 间的电压差；V_2—M_2 与 N 间的电压差；l—电极距

时，有：

$$\sigma_a=\sigma \tag{1-2-18}$$

这是该方法的一个显著特性，但是电位电极系或者侧向测井、感应测井方法均不具有该特性。

只要传输线的近似模型正确描述了套管外的电流分布，则无论该层和周围介质的电阻率的比值是多少，式（1-2-18）总是成立。很容易将式（1-2-18）推广到既有水平面又有圆柱面的介质中。此时，当 $H \geqslant l$ 时，可用以下等式代替式（1-2-18）：

$$\sigma_a = \sigma_a^* \tag{1-2-19}$$

式中　σ_a^*——只存在圆柱面介质时的视电导率。

由于圆柱面介质不存在上、下层介质的影响，因此很容易解释以上事实。

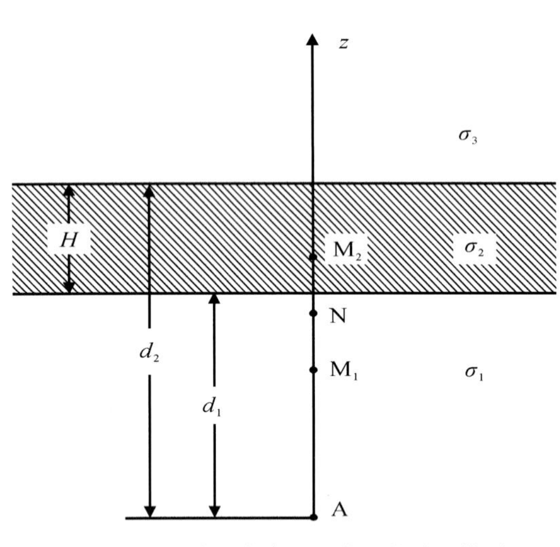

图 1-2-3　含一个有限厚的目的地层模型

三、垂向上的响应

首先考虑仅有一个目的地层（图 1-2-3）时的电流和电位情况，该目的层的厚度为 H，电阻率为 ρ_2，其下面和上面介质的电阻率分别为 ρ_1 和 ρ_3。

随着距离 z 的增加，电流将会逐渐减小至零。因此，在每一部分均匀介质中，方程（1-2-2）的解为：

$$\begin{cases} I_1(z)=A_1\mathrm{e}^{\alpha_1 z}+B_1\mathrm{e}^{-\alpha_1 z} & (0\leqslant z\leqslant d) \\ I_2(z)=A_2\mathrm{e}^{\alpha_2 z}+B_2\mathrm{e}^{-\alpha_2 z} & (d_1\leqslant z\leqslant d_2) \\ I_3(z)=B_3\mathrm{e}^{-\alpha_3 z} & (z\geqslant d_2) \end{cases} \tag{1-2-20}$$

$$\alpha_2=\frac{1}{(S\rho_2)^{1/2}} \tag{1-2-21}$$

$$\begin{cases} \alpha_1=\dfrac{1}{(S\rho_1)^{1/2}} \\ \alpha_3=\dfrac{1}{(S\rho_3)^{1/2}} \end{cases} \tag{1-2-22}$$

式中　d_1，d_2——从电极 A 到地层界面的距离；

α_2——该地层的参数；

α_1，α_3——该地层下面和上面介质的特征。

为确定未知系数，要利用供电电极附近和地层界面上的条件。在供电电极附近，即 z=0 时，显然有：

$$I_1(0)=I_0 \tag{1-2-23}$$

式中 I_0——流向地层的电流。

在地层界面上，电流 I 和电势 U 均为连续函数：

$$\begin{cases} I_1(d_1)=I_2(d_1),\ \ U_1(d_1)=U_2(d_1) \\ I_2(d_2)=I_3(d_2),\ \ U_2(d_2)=U_3(d_2) \end{cases} \tag{1-2-24}$$

其中：

$$U=-T\frac{\mathrm{d}I}{\mathrm{d}z}$$

将式（1−2−20）代入式（1−2−24），即可得到以下线性方程组：

$$\begin{cases} A_1+B_1=I_0 \\ A_1\mathrm{e}^{\alpha_1 d_1}+B_1\mathrm{e}^{-\alpha_1 d_1}=A_2\mathrm{e}^{\alpha_2 d_1}+B_2\mathrm{e}^{-\alpha_2 d_1} \\ \beta_1\left(A_1\mathrm{e}^{\alpha_1 d_1}-B_1\mathrm{e}^{-\alpha_1 d_1}\right)=\beta_2\left(A_2\mathrm{e}^{\alpha_2 d_1}-B_2\mathrm{e}^{-\alpha_2 d_1}\right) \\ A_2\mathrm{e}^{\alpha_2 d_2}+B_2\mathrm{e}^{-\alpha_2 d_2}=B_3\mathrm{e}^{-\alpha_3 d_2} \\ \beta_1\left(A_2\mathrm{e}^{\alpha_2 d_2}-B_2\mathrm{e}^{-\alpha_2 d_2}\right)=-\beta_3 B_3\mathrm{e}^{-\alpha_3 d_2} \end{cases} \tag{1-2-25}$$

其中：

$$\beta_1=\alpha_1\rho_1\text{，}\ \ \beta_2=\alpha_2\rho_2\text{，}\ \ \beta_3=\alpha_3\rho_3 \tag{1-2-26}$$

解这个线性方程组，即得到：

$$\begin{cases} A_1=\dfrac{P_3 I_0}{1+P_3} \\ B_1=\dfrac{I_0}{1+P_3} \end{cases} \tag{1-2-27}$$

其中：

$$P_3=\frac{1+\dfrac{\beta_1}{\beta_2}P_2}{1-\dfrac{\beta_1}{\beta_2}P_2}\mathrm{e}^{-2\alpha_1 d_1}\text{，}\ \ P_2=\frac{P_1\mathrm{e}^{\alpha_1 d_1}+\mathrm{e}^{-\alpha_2 d_1}}{P_1\mathrm{e}^{\alpha_2 d_1}-\mathrm{e}^{-\alpha_2 d_1}}\text{，}\ \ P_1=k_{23}\mathrm{e}^{-2\alpha_2 d_2}\text{，}\ \ k_{23}=\frac{\beta_2-\beta_3}{\beta_2+\beta_3}$$

得到：

$$B_2=\frac{I_0}{1+P_3}\cdot\frac{P_3\mathrm{e}^{\alpha_1 d_1}+\mathrm{e}^{-\alpha_1 d_1}}{P_1\mathrm{e}^{\alpha_2 d_1}+\mathrm{e}^{-\alpha_2 d_1}} \tag{1-2-28}$$

和

$$\begin{cases} A_2=P_1 B_2 \\ B_3=\mathrm{e}^{\alpha_3 d_2}\left(A_2\mathrm{e}^{\alpha_2 d_2}+B_2\mathrm{e}^{-\alpha_2 d_2}\right) \end{cases} \tag{1-2-29}$$

从而，在每个介质中的电位分别为：

$$\begin{cases} U_1(z)=\beta_1\left(B_1\mathrm{e}^{-\alpha_1 z}-A_1\mathrm{e}^{\alpha_1 z}\right) \\ U_2(z)=\beta_2\left(B_2\mathrm{e}^{-\alpha_2 z}-A_2\mathrm{e}^{\alpha_2 z}\right) \\ U_3(z)=\beta_3 B_3\mathrm{e}^{-\alpha_3 z} \end{cases} \tag{1-2-30}$$

电位 U 取决于以下参数：

$$\alpha_1 d_1，\ s_1=\frac{\rho_2}{\rho_1}，\ s_2=\frac{\rho_3}{\rho_1}，\ \frac{d_1}{\mathrm{MN}}，\ \frac{H}{\mathrm{MN}}，\ \frac{z}{\mathrm{MN}}$$

在所有的实际情况中，传输线的参数和从供电电极 A 到地层的距离的乘积非常小。

进一步考虑当地层上、下介质的电阻率相等，即当 $\sigma_1=\sigma_3$ 时的视电导率曲线 $\sigma_a(z)$。如图 1−2−4 所示，图中各曲线代表了不同的比值 σ_2/σ_1。

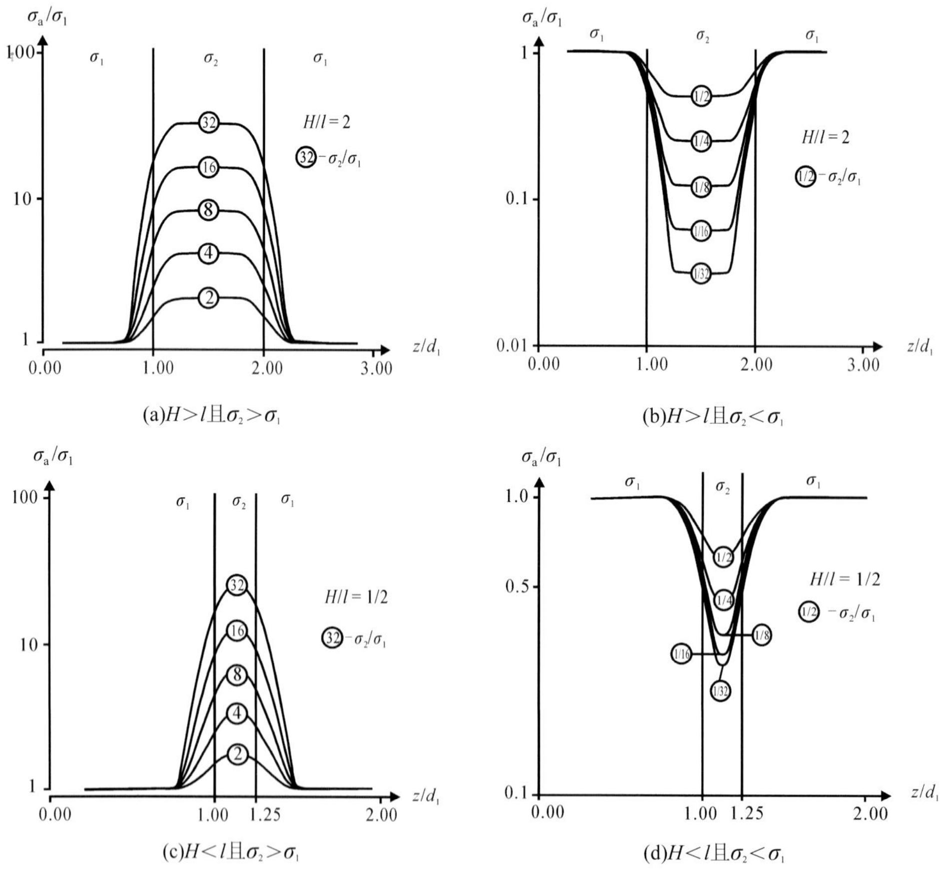

图 1−2−4　视电导率曲线 $\sigma_a(z)$

首先可以发现，函数 $\sigma_a(z)$ 关于地层中心对称。如果层厚 H 大于电极距 l [图 1−2−4 (a)、图 1−2−4 (b)]，视电导率从 σ_1 向 σ_2 变化时将会出现 2 个过渡区。当电极 N 位于地层界面处，且 $H>l$ 时，视电导率 σ_a 近似为 σ_1 和 σ_2 的平均值：

$$\sigma_a \approx \frac{1}{2}(\sigma_1 + \sigma_2) \tag{1-2-31}$$

此时，在视电导率曲线 σ_a 上对应的两点之间的深度间隔 L 定义为：

$$L \approx H \tag{1-2-32}$$

由此可见，该方法可以在一定的精度下确定地层的层厚。

图 1−2−4（c）和图 1−2−4（d）反映了当层厚 $H \leqslant l$ 时的视电导率曲线。这里所有的结论均可推广到 N 层介质时套管的传输线模型。

四、套管电导 S 变化时产生的影响

上述分析中均假定测量电极之间的套管电导 S 保持不变。但是实际情况下，S 一般会有所变化。尽管 S 的变化通常不会超过百分之几，但是这个微小的变化意味着 M_1N 和 M_2N 之间的套管电阻不相等，其值分别为：

$$\begin{cases} R_1 = \int_{M_1}^{N} \dfrac{dz}{S(z)} \\ R_2 = \int_{N}^{M_2} \dfrac{dz}{S(z)} \end{cases} \tag{1-2-33}$$

这样，即使不存在泄漏电流，电压 V_1 和 V_2 也是有差异的。由此产生的电位差是噪声信号，必须消除。

考虑到要消除这种噪声信号，可采用如图 1−2−5 所示的电极系。它由测量电极系 M_1NM_2 和两个电流电极 A_1、B_1（A_1 为供电电极，B_1 为回路电极）组成，并且两个电流电极 A_1 和 B_1 对称地排列在测量电极 N 的两侧。

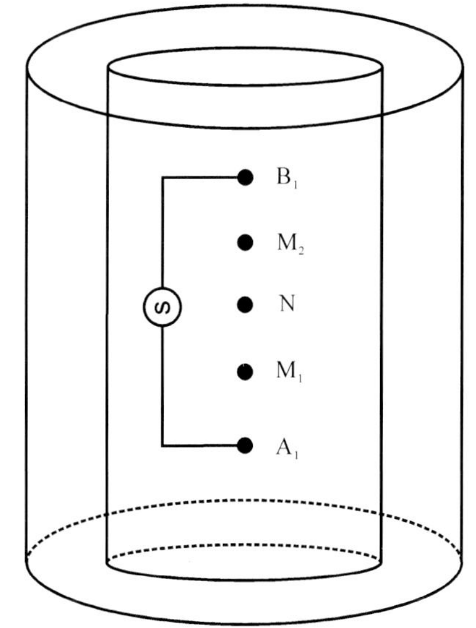

图 1−2−5　采用电极系 $A_1M_1NM_2B_1$ 测量套管电导

在这种供电和测量系统中，仅当电阻 R_1 和 R_2 不相等时才会出现 V_1^* 和 V_2^* 之间的电压差。换句话说，对于这种电极系，泄漏电流造成的影响可忽略不计。为了表明这一点，可假设周围介质是均匀的。根据式（1−2−20），在有 2 个电流电极时，电势 $U^*(z)$ 为：

$$U^*(z) = \frac{I_0^*}{2}\alpha T(e^{-\alpha z} - e^{-\alpha z_0}e^{\alpha z}) \tag{1-2-34}$$

式中　I_0^*——从电极 A_1 流到电极 B_1 的电流；

z_0——电极 A_1 到电极 B_1 的距离。

因此，对应的电压差为：

$$\Delta V^* = V_1^* - V_2^*$$

即：

$$\Delta V^* = \frac{I_0^*\alpha T}{2}[(\mathrm{e}^{-\alpha z_1} + \mathrm{e}^{-\alpha z_2} - 2\mathrm{e}^{-\alpha z}) - \mathrm{e}^{-\alpha z_0}(\mathrm{e}^{\alpha z_1} + \mathrm{e}^{\alpha z_2} - 2\mathrm{e}^{-\alpha z})] \quad (1\text{-}2\text{-}35)$$

式中　z_1——电极 M_1 的坐标值；

z——电极 N 的坐标值；

z_2——电极 M_2 的坐标值。

由于 αz_0 非常小，故式（1−2−35）的右边近似为：

$$\Delta V^* = \frac{I_0^*\alpha^3 T_{\mathrm{MN}}^2}{2}\alpha z_0$$

该式可进一步简化为：

$$\Delta V^* = \Delta V \alpha z_0 \quad 或 \quad \frac{\Delta V^*}{\Delta V} \ll 1 \quad (1\text{-}2\text{-}36)$$

式中　ΔV——电极系 $A_1M_1NM_2B_1$ 在其周围的均匀介质中由泄漏电流引起的电压差。

根据采用电极系 $A_1M_1NM_2B_1$ 测量的电压 $V_1{}^*$ 和 $V_2{}^*$ 来考虑套管电阻的变化是可能的。事实上，

$$\frac{V_1^*}{V_2^*} = \frac{R_1}{R_2} \quad (1\text{-}2\text{-}37)$$

因此，由泄漏到地层中的电流产生的电压差可定义为：

$$\Delta V = V_1 - \frac{V_1^*}{V_2^*}V_2 \quad (1\text{-}2\text{-}38)$$

建议通过套管测量地层电阻率的电极排列由如图 1−2−5 所示的两部分组成，对套管电阻变化的校正可在测量的同时进行。

电极系 $A_1M_1NM_2B_1$ 不会对流入地层中的泄漏电流敏感，即使当地层为非均匀介质时也不会对泄漏电流敏感。因为无论介质的电阻率如何分布，由于电极 A_1 和 B_1 之间的距离小、套管的电导大（$\alpha z_0 \ll 1$），套管上从一个电极流向另一个电极的电流均为 I_0^*。尽管电阻 R_1 和 R_2 近似相等，但是由两者之间的微小差异引起的信号却与由泄漏电流引起的信号相当，因此该信号必须消除。

电极系 $A_1M_1NM_2B_1$ 还起着另一个非常重要的作用。由式（1−2−16）和式（1−2−17）可知，计算视电导率时必须已知套管电导 S。S 可根据电压 V_1^* 或 $V_2{}^*$ 和电流 $I_0{}^*$ 的测量值计算得到，由式（1−2−33）可得：

$$V_1^* \approx \frac{I_0^*}{S}\cdot \mathrm{MN} \text{ 或 } V_2^* \approx \frac{I_0^*}{S}\cdot \mathrm{MN}$$

因此：

$$S \approx \frac{I_0^*\cdot \mathrm{MN}}{V_1^*} \approx \frac{I_0^*\cdot \mathrm{MN}}{V_2^*} \quad (1\text{-}2\text{-}39)$$

另外，套管电导 S 也能用其他方法（包括电磁方法）确定，这些方法与测量地层的电阻率无关。

因此，把测量电极系看作仅由接收电极 M 和 N 组成的也是合理的。当只有一个供电电极 A 存在时，该电极系可精确地测量电极间的电压值 V。从而，利用有关 $S(z)$ 的信息，在已知电流的情况下，原则上，计算电压差 ΔV 和确定地层的电阻率都是可能的。

此外，还有一种测量方法也可以实现对套管电阻变化的校正。它采用双供电电极，将在以后介绍这种测量方法。

五、有限长套管的影响

在前面，为了提出过套管地层电阻率测井的近似理论，假设套管为无限长，而实际并非如此。为了分析套管有限长度的影响，考虑当套管长度为 L_c 时电位 U 的分布及其导数。假定供电电极 A 位于套管的一个端点处，供电电流为 I_0，而在另一端处电流为 0，即：

$$\begin{cases} I(0)=I_0 \\ I(L_c)=0 \end{cases} \tag{1-2-40}$$

这就意味着，所有的电流 I_0 通过套管表面都流入到了地层中。首先考虑套管周围介质是均匀的，由式（1-2-20）与式（1-2-40）可得：

$$I(z)=\frac{I_0}{\sinh(\alpha L_c)}\sinh[\alpha(L_c-z)] \tag{1-2-41}$$

$$\alpha=\frac{1}{(ST)^{1/2}}$$

式中 z——测量点与电极 A 的距离，$0 \leqslant z \leqslant L_c$。

因此，M_1N 或 M_2N 之间的电流 I_r 为：

$$I_r(z)=\frac{\alpha I_0(MN)}{\sinh(\alpha L_c)}\cosh[\alpha(L_c-z)] \tag{1-2-42}$$

$$M_1N=M_2N=MN \ll L_c$$

式中 z——每对电极的中点。

由于 $U=I_rT$，因此有：

$$\begin{cases} U(z)=\dfrac{T\alpha I_0}{\sinh(\alpha L_c)}\cosh[\alpha(L_c-z)] \\ E(z)=\dfrac{I_0^*}{S\cdot\sinh(\alpha L_c)}\sinh[\alpha(L_c-z)] \\ \Delta\Delta U(z_N)=\dfrac{TI_0}{\sinh(\alpha L_c)}\alpha^3(MN)^2\cosh[\alpha(L_c-z)] \end{cases} \tag{1-2-43}$$

式中 z_N——电极 N 的坐标；

$\Delta\Delta U(z_N)$——由电极 M_1NM_2 测量得到的电压差。

在地层为非均匀介质的情况下，只要电极系位于该层介质（厚度大于电极距）的附近，有：

$$\Delta\Delta U(z_{\mathrm{N}})=\frac{I_r}{S}\mathrm{MN} \tag{1-2-44}$$

由于以上均假设电阻 T 与 z 无关，因此式（1−2−41）、式（1−2−42）、式（1−2−43）均为近似表达式。同时，周围介质中的电流线的几何形状不再为纯径向的，非径向的电流线主要发生在套管的端点（z=0，z=L_c）附近和离井眼一定距离的地方。

下面分别考虑 2 个特殊情况：$\alpha L_c \ll 1$ 和 $\alpha L_c \gg 1$。

（1）$\alpha L_c \ll 1$。

由于参数 α 非常小（α=$10^{-3}\mathrm{m}^{-1}$），因此当套管足够短时，$\alpha L_c \ll 1$ 始终成立。用以下展开式研究电流和电位特性：

$$\begin{cases}\sinh x \approx x+\dfrac{x^3}{6}\\[2ex] \cosh x \approx 1+\dfrac{x^2}{2}\end{cases}$$

从而，对电流 I 有：

$$I(z)\approx I_0\left(1-\frac{z}{L_c}\right) \tag{1-2-45}$$

式（1−2−45）表明，随着距离的增加，电流呈线性减小。

因此，泄漏电流沿套管均匀分布。由式（1−2−42）可得，每对接受电极之间的电流 I_r 为：

$$I_r=\frac{I_0\mathrm{MN}}{L_c} \tag{1-2-46}$$

正如所期望的，电流 I_r 仅仅是关于套管长度 L_c 和间距 MN 的函数，并与均匀介质的电阻率和套管电导 S 无关，当套管是理想导体时也成立。

与式（1−2−43）类似，电场 E_z 为：

$$E_z(z)\approx\frac{I_0}{S}\left(1-\frac{S}{L_c}\right) \tag{1-2-47}$$

与电流 I 相似，E_z 也是随着距离的增加呈线性减小。但是电位 U 基本不变：

$$U\approx\frac{T}{L_c}I_0 \tag{1-2-48}$$

其大小由介质电阻率和套管长度决定。比值：

$$\frac{U}{I_0}=\frac{T}{L_c}$$

近似表示均匀介质中套管的接地电阻。因此，通过测量 $U(z_{\mathrm{N}})$ 可获得介质的电阻率信息，

而不需要考虑除 I_0 以外的其他函数。

这样，函数 $\Delta\Delta U$ 可表示为：

$$\Delta\Delta U=\frac{I_0}{SL}\mathrm{MN}^2=\frac{\mathrm{MN}}{S}I_r \tag{1-2-49}$$

也是与电阻率 ρ 无关的函数。

在极端情况下——套管为理想导体，即其电导率 $\sigma_c\to\infty$ 时，表面电荷的分布使井眼中和套管内的电场均为 0，因此，电压差 $\Delta\Delta U$ 消失，但地层中的泄漏电流依然存在。分析表明，当 αL_c 非常小时，套管就起着一个接地电阻的作用，而不是传输线的作用，在这种意义上，与侧向测井类似。

接下来，假定介质是非均匀的，且由一组电阻率各异的水平地层组成。泄漏电流的分布将主要取决于这些地层并联时的电阻，在套管上电位 U 几乎不变。因此：

$$\begin{cases}\sum\limits_{i=1}^{N}I_{ir}=O_0\\ I_{1r}R_1=I_{2r}R_2=\cdots=I_{Nr}R_N\end{cases} \tag{1-2-50}$$

式中　R_i——套管外厚度为 H_i、电阻率为 ρ_i 的第 i 层地层的电阻，$R_i\approx\dfrac{\rho_i}{H_i}$。

同时有：

$$I_{ir}=\frac{R}{R_i}I_0 \tag{1-2-51}$$

其中：

$$\frac{1}{R}=\sum_{i=1}^{N}\frac{1}{R_i}$$

由式（1−2−44）可得：

$$\Delta\Delta U=\frac{\mathrm{MN}}{S}\frac{R}{R_i}I_0 \tag{1-2-52}$$

因此，即使套管较短，测量的电压差也可反映地层电阻率的信息。

（2）$\alpha L_c\gg1$。

由于 α 非常小，那么这种条件下就要求套管足够长，例如 L_c 大于几千米。由式（1−2−42）和式（1−2−43）可得，在均匀介质中有：

$$\begin{cases}I(z)=I_0\mathrm{e}^{-\alpha z}\\ I_r(z)=\alpha I_0\mathrm{MNe}^{-\alpha z}\\ U(z)=T\alpha I_0\mathrm{e}^{-\alpha z}\\ E_z(z)=\dfrac{I_0}{S}\mathrm{e}^{-\alpha z}\end{cases} \tag{1-2-53}$$

式中，$z/L\ll1$，且：

$$\Delta\Delta U=\frac{I_0}{S}\alpha \mathrm{MN}^2\mathrm{e}^{-\alpha z} \tag{1-2-54}$$

以上各式都是关于观察点与电极 A 的距离 z 的指数递减函数。很显然，当 $\alpha L_c>1$ 时，套管可以看成是无限长的。这种情况也适用于非均匀介质。

六、水泥环的影响

在实际中，套管与地层不是直接接触的，套管和地层之间还存在一定厚度的水泥环。为了讨论水泥环对过套管地层电阻率测井资料的影响，采用传输线理论对过套管地层电阻率测井响应进行了数值模拟。模拟结果表明，当地层厚度大于电极距时，在无水泥环的情况下，过套管地层电阻率测井可以有效地获取地层的真电阻率；在有水泥环存在的情况下，过套管地层电阻率测井响应受水泥环厚度和电阻率的影响，水泥环的电阻率与地层的电阻率差异越大，影响越大。

1. 无水泥环的情况

为了讨论方便，设套管为无限长，地层为各向同性的水平层状介质，目的层为厚层（层厚度大于仪器电极距）。设测量电极系的电极距为 1.0m，供电电极的注入电流为 5.0A，套管半径为 0.1m，套管厚度为 0.01m，套管电阻率为 $2.0\times10^{-7}\Omega\cdot\mathrm{m}$，围岩为厚层，围岩电阻率取 1.0Ω · m，地层厚度 h 为 4.0m，地层真电阻率 R_t 分别为 5.0Ω · m、10.0Ω · m、20.0Ω · m 和 50.0Ω · m。过套管地层电阻率测井响应的数值模拟结果 R_a 如图 1-2-6 所示。

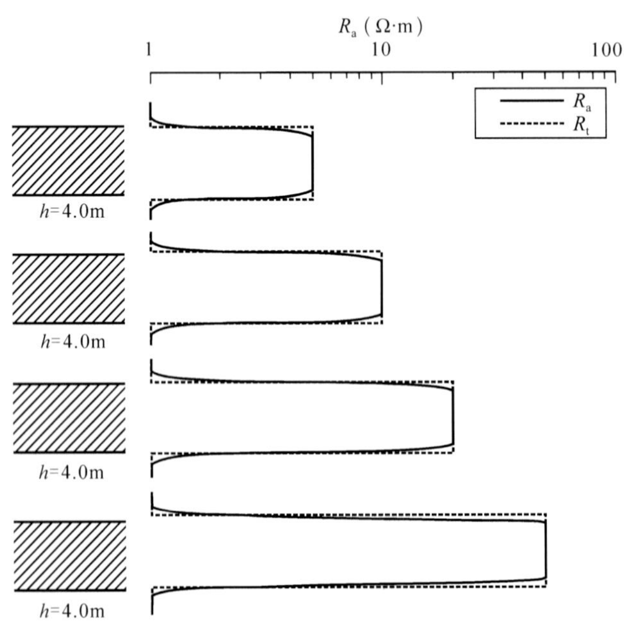

图 1-2-6 不同电阻率厚目的层的视电阻率测井理论曲线（无水泥环时）

从数值模拟结果可以看出：在层厚 h 较大的情况下，尽管这些目的层之间的真电阻率 R_t 大小有较大的差异，但目的层中部视电阻率 R_a 都与 R_t 相等。值得注意的是，在目的层的界面上、下一个电极距的深度范围内，视电阻率既受围岩电阻率的影响，又受目的层电阻率的影响。

2. 有水泥环的情况

通常水泥环的电阻率小于目的层电阻率，故这里仅讨论了水泥环的电阻率小于目的层电阻率的情况。设围岩为厚层，围岩电阻率为 4.0Ω · m，水泥环的厚度为 5.0cm，水泥环电阻率为 5.0Ω · m，其他参数与图 1−2−6 模型相同。水泥环存在时，过套管地层电阻率测井的测井响应模拟结果见图 1−2−7。

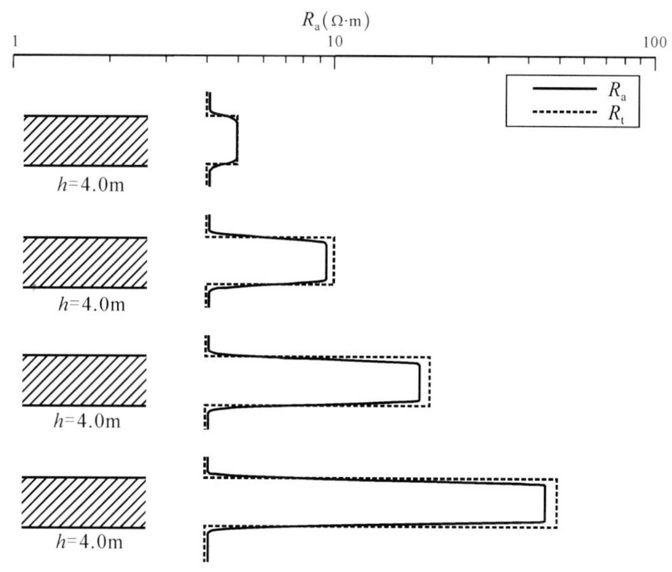

图 1−2−7　不同电阻率厚目的层的视电阻率测井理论曲线（有水泥环时）

数值模拟结果表明，在水泥环存在的情况下，由过套管地层电阻率测井测得的视电阻率曲线可以有效地反映垂向上地层电阻率的变化，但其视电阻率小于地层的真电阻率。视电阻率、地层电阻率之间的差异与地层电阻率和水泥环电阻率比值相关。当地层电阻率与水泥环的电阻率接近时，视电阻率近似等于地层的真电阻率；随着地层电阻率与水泥环的电阻率之间的比值增大，视电阻率与地层真电阻率的差异也随之增大。

关于水泥环及其他因素对过套管地层电阻率测井影响的深入分析见第四章。

第二章　过套管地层电阻率测井仪器的测量方法

在油气井中广泛使用的套管几乎都是金属套管，为钢质材料，导电性良好。这样的金属套管的电阻率极低，通常只有几十微欧姆米。而地层的电阻率一般为几欧姆米到几百欧姆米，比套管的电阻率大得多。因此，在过套管地层电阻率测井中，当电流注入套管上时，电流主要在套管内流动，流入到地层中的泄漏电流很小，此时泄漏电流在套管上产生的电压差信号十分微弱。通常，泄漏电流为毫安（mA）级，它在套管上产生的电压差为纳伏（nV，$1nV=10^{-9}V$）级。要实现套管井地层电阻率的测量，技术关键是如何可靠、准确地测量泄漏电流在套管上产生的微弱的电压差（电位的二阶导数）。

在 1939 年，苏联科学家 L.M.Alpin 提出了一种过套管地层电阻率测井的理论方法，当时由于受电子元器件技术水平等因素的制约，纳伏级微弱信号的检测限制了实用测井仪器的研制步伐。几十年来，过套管地层电阻率测井仪器的研制一直未取得突破性进展，人们对这种在油气勘探和开发中具有广阔应用前景的技术只能望洋兴叹。随着电子技术的发展，直到 20 世纪 80 年代后期，出现了低噪声纳伏级的微弱信号放大器，才使过套管地层电阻率测井仪器的研制从梦想变为现实。

20 世纪 80 年代后期，美国、法国等国家的研究人员加紧了过套管地层电阻率测井仪器的研发。1988 年，美国顺磁测井公司研制了第一台样机。1989 年，该样机在油田进行测井试验，获得成功。2000 年，阿特拉斯公司研制出了现场试验样机，斯伦贝谢公司也于 1995 年开发出了实用的套管地层电阻率测井仪器 CHFR。从 2002 年起，斯伦贝谢测井公司的 CHFR 系列仪器在我国许多油田进行了测井服务，取得了较明显的地质应用效果。2002 年，俄罗斯地球物理研究院完成了其过套管电阻率测井仪器 ECOS 的研制，2006 年销往我国。从 2005 年起，国内许多机构如中国石油集团测井有限公司、长城钻探工程有限公司测井公司和西部钻探测井公司也投入该仪器的研发，同类仪器先后投入应用。

尽管现场使用的过套管地层电阻率测井仪器种类繁多，但根据消除由套管电阻变化而引起的误差的方法不同，可将仪器分为 2 类：单极供电法和双极供电法。单极供电法以 Kaufman 提出的方法为代表，双极供电法以 Alpin 提出的方法为代表。

本章主要以斯伦贝谢测井公司的仪器 CHFR 和俄罗斯仪器 ECOS 为例，分别介绍单极供电法和双极供电法 2 类仪器的过套管地层电阻率测井的实现方法。

第一节　单极供电测量方法

早期研发的过套管地层电阻率测量仪器基本上采用 Kaufman 专利文献中的思想，属于单电极供电法。采用该方法的仪器尽管种类较多，仪器参数各有差异，但仪器结构和测量方法基本相同。本节以斯伦贝谢公司的过套管地层电阻率测井仪器 CHFR 为例，简要地介绍单极供电法测量仪器的仪器结构及测量原理。

一、CHFR 的仪器结构

1995 年，斯伦贝谢公司推出了第一代过套管地层电阻率测井仪器 CHFR（Cased Hole Formation Resistivity）。1998 年，双信道设计的第二代试验样机投入现场试验。2002 年，推出了第二代仪器 CHFR-PLUS，测量速度成倍提高。2004 年又推出了第三代仪器 CHFR-SLIM，该仪器的外径较小，可通过油井中的油管柱下到套管井段进行测量。

CHFR 由地面仪器和井下仪器组成。地面仪器主要包括控制器和电流源。地面仪器在计算机的控制下为井下仪器提供电源，发送控制指令，接收和记录测量数据。在控制器中有遥测系统的地面部分，在井下仪器和计算机之间转发指令和传送数据。电流源可以经过电缆给井下仪器的供电电极提供 10A 以内的低频交流电流。

图 2-1-1 为 CHFR 井下仪器结构示意图。井下仪器主要包括遥测系统、电子线路、顶部和底部电流电极、一组测量电极、液压系统和配重。

1. 顶部和底部电流电极

顶部电流电极作为供电电极，底部电流电极为回路电极，它们还充当扶正器。顶部和底部电流电极相隔 33ft（约 10m），由弹簧臂推靠与套管接触，不可控。

2. 测量电极

测量电极有 4 个，它们等间距排列，间距为 2ft（约 0.6m）。每个电极由 3 个互成 120° 的极板组成，极板之间并联。在任一个极板上的电极与套管接触不良，或电极处于射孔段时，每组电极的 3 个臂增强了电极与套管的接触及冗余测量。另外，测量电极探头较小，可扎透套管上小污垢和薄锈蚀层，使之与套管保持良好接触。测量时，可利用其中相邻的 3 个电极，即剩下一个电极闲置作为备用电极。图 2-1-2 为测量电极的实物图片。

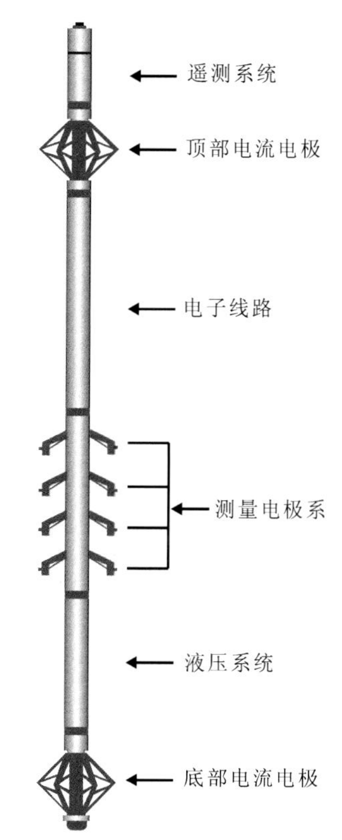

图 2-1-1　CHFR 井下仪器结构示意图

二、CHFR 的测量原理及实现方法

目前，过套管地层电阻率测井均采用点测的测量方式，CHFR 也不例外，即仪器 CHFR 在每一个测量点上工作时处于静止状态。测量原理示意图如图 2-1-3 所示。

地面上的大功率电流源与供电电极 A 连接，由供电电极 A 向套管注入低频交流电。其电流的频率范围为 0.25 ～ 10Hz，但通常保持在 1Hz。大部分电流在套管中流动，只有小部分电流通过套管泄漏到地层中。

1A 的注入电流往往只能产生几毫安的泄漏电流，在高阻地层中，产生的泄漏电流更低。因此，要获得足够大电位差，需要将足够大的电流注入在供电电极上。但受到测井电缆的限制，实际上注入电流一般为几安。注入电流从原理上应为直流电，但在实际中采用的是低频交流电。采用交流电可以有效地避免使用直流电时伴生的极化和漂移，采用低频率可避免套管的趋肤效应。

图 2-1-2　CHFR 测量电极实物图片

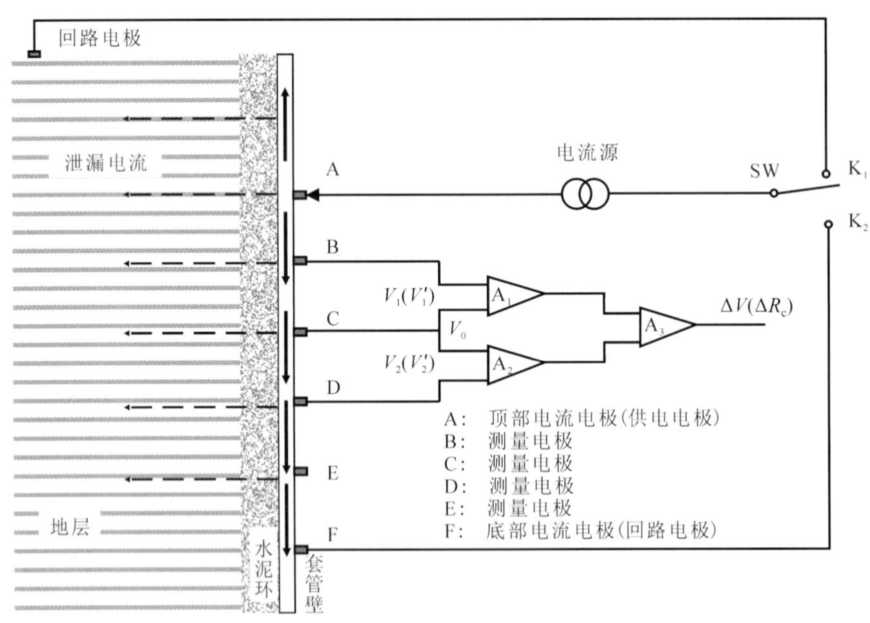

图 2-1-3　仪器 CHFR 测量原理示意图

首先将开关 SW 置于 K_1 位置。供电电极 A 注入的电流中有一部分沿套管下行，而另一部分沿套管上行。测量电极 B、C 之间的套管段电流的泄漏会引起一个电压差 V_1（一阶电位差）。同样，测量电极 C、D 之间的套管段上电流的泄漏也会引起一个电压 V_2（一阶电位差）。这两个电压 V_1 和 V_2 分别通过差分运算放大器 A_1 和 A_2 检测，然后电压 V_1 和 V_2 输入到

差分运算放大器 A_3，检测出它们的电压差值，即二阶电位差 ΔV。

实际上，套管各处的电阻率存在一定的差异，套管电阻的变化也会产生一定的电位差。也就是说，此时检测到的二阶电位差 ΔV 信号是由套管和地层共同引起的。套管电阻变化引起的信号是一种干扰信号，需要通过一定的测量手段消除。

其次，为了有效地消除套管电阻变化对二阶电位差测量的影响，将 SW 置于 K_2 位置。在这种测量方式下，电流从供电电极 A 沿套管下行，和回路电极 F 一起形成一个测量回路。此时，地层中的泄漏电流可以忽略不计。用这种方法，可以获得两个电位差信号 V'_1、V'_2。

从而，消除套管电阻变化后的二阶差分电位为：

$$\Delta V = V_1 - \frac{V'_1}{V'_2} V_2 \tag{2-1-1}$$

另外，很容易获得电极 A、B 间套管的电阻 r_{c1}，电极 B、C 间套管的电阻 r_{c2} 及套管电阻的变化量 ΔR_c。设供电电极 A 注入套管上的电流为 I_0，则有：

$$\begin{cases} r_{c1} = \dfrac{V'_1}{I_0} \\ r_{c2} = \dfrac{V'_2}{I_0} \end{cases} \tag{2-1-2}$$

值得注意的是，在这一步测量中，地面电极应尽可能远离井口。

最后，获得了二阶差分电位后，还需要测量电极 C 的电位 U_0（即测量点处与地面参考电极之间的电压 V_0）。这一步是进行极其精密的电位测量，采用直流供电方式。直流电流从顶部电流电极 A 注入套管上，经过 K_1 到达地面。测量电极 C 与地面电极之间的电压，即为套管上的电位 U_0。这个电位的测量需进行 2 次——分别采用正极性和负极性，以消除因极化和漂移引起的系统误差。由于套管上的电位 U_0 随深度变化很慢，不需要在每个测量点上都测量，通常每隔 10 个不同的深度点上测量就可以了。

仪器测量过程中，注入供电电极 A 上的电流为 0.25 ~ 10A，电流沿套管下行到测量电极处套管段中的电流为 0 ~ 3A，流入地层的泄流电流仅有 2 ~ 20mA。测量电极 B、C 间的电压和测量电极 C、D 间的电压为 20 ~ 100μV，这两个电压的差值，即差分电压仅为 5 ~ 500nV。在测量电极所处的套管段的电阻通常为 20 ~ 100μΩ。套管上的电位 U_0 一般为 10 ~ 100mV。

获得电位 U_0 与消除套管电阻变化影响后的二阶电位差 ΔV，由下式可以获得测量点 C 处的地层视电阻率值：

$$R_a = K \frac{U_0}{\Delta V} \tag{2-1-3}$$

式中　K——仪器电极系系数（刻度系数），与电极距等参数有关，通常由仪器刻度得到。

图 2-1-4 是一口套管井的 CHFR 的测井资料。图中，第一道为自然伽马曲线和套管接箍磁定位曲线；第二道为过套管地层电阻率的测量结果；第三道为顶（UCSR）、底（LCSR）电极测量的套管电阻曲线；第四道为泄漏电流曲线。

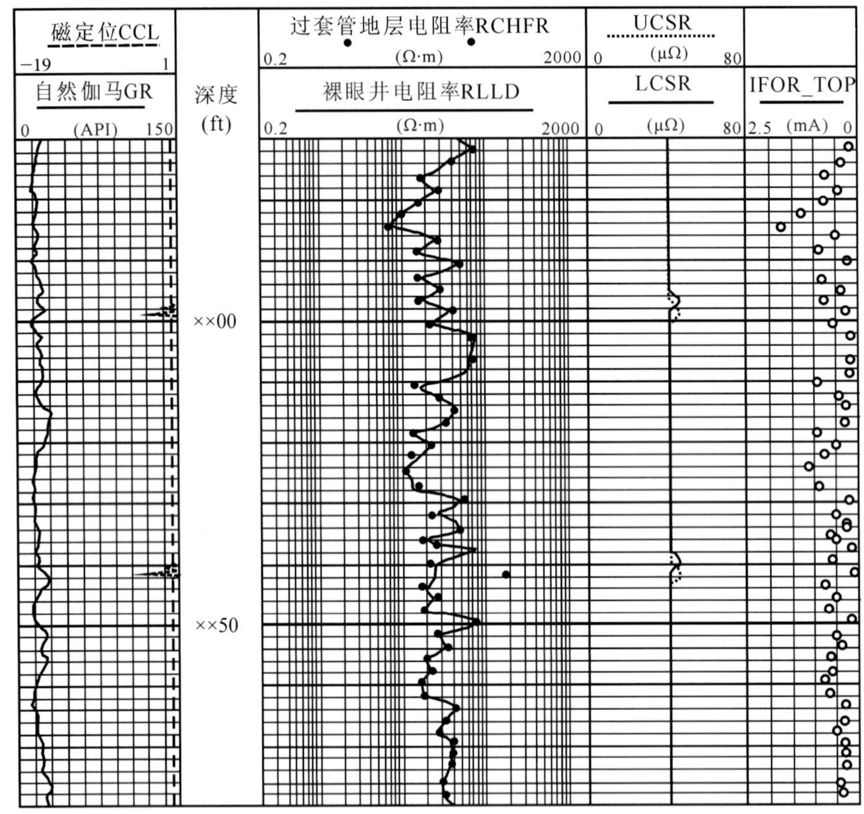

图 2-1-4　CHFR 原始测井资料

三、CHFR 的测量环境要求及仪器参数

1. 测井环境要求

（1）测量前需进行洗井、刮蜡等作业。尽管电极在设计时已经考虑到电极与套管的接触问题，采用小电极，但这样的电极只能穿透附在套管内壁上的薄污垢和薄锈蚀层。在套管井中，套管内壁锈蚀、结蜡、粘污普遍存在，尤其是一些老井中较严重。因此，仪器在测量前需进行洗井、刮蜡等作业，清除套管内壁上的各种污垢，利于井下仪器电极与套管接触良好，保证测井资料的质量。如果清洗不够，测量的资料不合格，需要再次洗井、测量。

（2）仪器在测量中需要保持静止，避免任何移动。因为仪器要检测的信号很小，对噪声信号十分敏感。有资料介绍，如果仪器在提升的过程中测量，引入的噪声信号比地层信号大 4 个数量级（10^4）。

（3）仪器仅能在单层套管中使用，并要求套管无明显变形。

（4）仪器测量需要套管和水泥环导电。常见的套管是金属套管，水泥环也是导电的，一般符合过套管地层电阻率测井仪器的测量条件。但有些套管采用玻璃钢，有些钢质套管的表面涂有防腐层，在这些情况下不能使用过套管地层电阻率测井。

（5）对套管外径有要求。适用的套管外径的下限受仪器直径的制约，上限受电极极板与套管接触需要一定力度的限制。仪器 CHFR 适用在外径为 4.5 ～ 9.625in 的套管井中测量。新一代的仪器 CHFR−SLIM 直径更小，适用外径为 2.875 ～ 7in，可通过油管进入到井中。

2. 仪器参数

表 2−1−1 列出了三代仪器 CHFR 的测量参数。这些参数体现了斯伦贝谢测井公司的仪器 CHFR 的测量特点。

表 2−1−1 测井仪器 CHFR 的参数

仪器名称	CHFR	CHFR−PLUS	CHFR−SLIM
工作频率	1Hz	1 Hz	1 Hz
仪器直径	3.375in	3.375in	2.125in
仪器长度	13.1m	14.6m	11.3m
工作极限温度	300 ℉（150℃）	300 ℉（150℃）	300 ℉（150℃）
工作极限压力	120MPa	120MPa	120MPa
适用套管外径	4.5 ～ 9.625in	4.5 ～ 9.625in	2.875 ～ 7in
测量时间	2min	1min	1min
测量速度	100 ～ 120ft/h	200 ～ 240ft/h	200 ～ 240ft/h
测量范围	1 ～ 100Ω · m	1 ～ 100Ω · m	1 ～ 100Ω · m
分辨率	4ft（1.2m）	4ft（1.2m）	4ft（1.2m）
探测深度	7 ～ 32ft（2 ～ 10m）	7 ～ 32ft（2 ～ 10m）	7 ～ 32ft（2 ～ 10m）
准确度	3% ～ 10%	3% ～ 10%	3% ～ 10%
测量误差	1% ～ 7%	1% ～ 7%	1% ～ 7%

1）*地层电阻率的测量范围*

仪器能够准确测量地层电阻率的范围为 1 ～ 100Ω · m。套管的电阻率比地层的电阻率小得多，当地层电阻率达到 100Ω · m 时，套管的电阻率不足地层电阻率的百万分之一，地层漏电流极其微弱。测量噪声增大，测量误差随之增大。但并不是地层电阻率越小越好，当地层电阻率小于水泥环的电阻率时，受水泥环电阻率的影响较大，测量误差也随之增大。

2）*测量速度*

仪器测量的是纳伏级的电压信号。为了消除滑动电极带来的噪声信号和保持电极间套管电阻不变，需要静止测量。测量时间主要取决于地层电阻率、套管特性和测量精确度。一般而言，所要求的精度越高，测量时间越长。仪器 CHFR 每点的平均测量时间为 2min，第二代仪器 CHFR−PLUS 和第二代仪器 CHFR−PLUS 将该时间缩短至 1min，有效的测井速度由以前的 120ft/h 提高到 240ft/h。

3）*测量准确度和精度*

测量精度是指测量重复性的好坏程度。套管尺寸和地层真电阻率 R_t 对测量精度都有影响。测量精度随着地层电阻率的升高而降低，因为在高电阻率地层中，泄漏电流变小，测量信噪比增大。但是可以通过延长测量时间提高测量的信噪比，从而达到提高测量精度的目的。例如，当 R_t=100Ω · m 时，对于 9.625in 的套管，若仪器测量时间为 1min，测量精度约为 7%；如果测量时间增加到 2min，则测量误差将降至 5%。而当 R_t=1Ω · m 时，且在无水泥环的影响下，测量精度较高，误差小于 1%，如图 2–1–5（a）所示。

测量准确度是指测量值与真实值的接近程度。在一定的测量范围内，当地层真电阻率 R_t 大于水泥环电阻率 R_{cem} 时，仪器的测量准确度随着地层电阻率 R_t 的增大而增加。例如，如果 R_{cem}=5Ω · m，R_t=1Ω · m，则进行水泥环校正前的测量误差约为 10%。如果地层电阻率 R_t > 10Ω · m，测量误差将小于 3%，如图 2–1–5（b）所示。

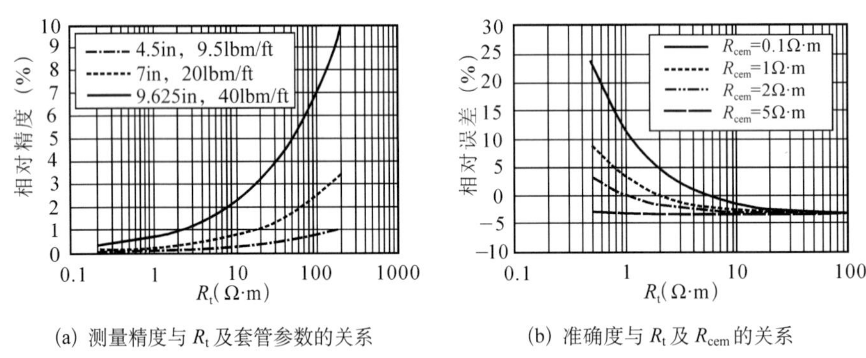

(a) 测量精度与 R_t 及套管参数的关系　　(b) 准确度与 R_t 及 R_{cem} 的关系

图 2–1–5　仪器 CHFR 精度和准确度分析

4）分辨率与探测深度

过套管地层电阻率测井仪器对地层的分辨能力与其电极距有关。CHFR 的电极距为 4ft（约为 1.2m），分辨率为 1.2m，即能从测井资料中分辨出层厚在 1.2m 以上的地层。仪器 CHFR 的探测深度约为 2 ～ 10m。与在裸眼井中的侧向测井类似，探测深度也受到围岩电阻率的影响。

第二节　双极供电测量方法

尽管双极供电测量方法提出的时间早于单极供电法，但双极供电法测量仪器问世的时间却远远晚于单极供电法。直至 2002 年俄罗斯才研发出采用双供电电极测量法的过套管地层电阻率测井仪器 ECOS，并投入现场应用。我国于 2006 年引进了俄罗斯过套管地层电阻率测井仪器。目前，国内此类仪器已研制成功，如中国石油西部钻探测井公司研制的过套管地层电阻率测井仪器 XCRL（Cased hole Resistivity Logging）。

本节以俄罗斯仪器 ECOS 为例，简要地介绍双极供电法的测量原理及仪器特点。

一、ECOS 的仪器结构及仪器特点

1. 仪器结构

俄罗斯过套管地层电阻率测井仪器 ECOS 也可分为地面仪器和井下仪器两部分。地面仪器由操作员控制，监视井下仪器的工作状态，保证井下仪器处于正常的工作状态，并对井下仪器采集到的信息进行分析和存储。井下仪器主要负责采集地层信息，将收集到的信息回送至地面仪器。地面仪器和井下仪器由铠装电缆连接，井下仪器中供电电极所需的电流由地面上专门的电源提供，并由铠装电缆从地面传输到井下。

1）地面仪器

地面仪器主要是为井下仪的正常工作提供电源、控制指令，接收和记录测量好的数据信息，并且以操作员方便的形式输出监测参数。地面仪器有 2 个接口，一个接口用来控制可输出大功率直流电的供电电源；另一个为计算机接口。地面上大功率的供电电源向井下仪器提供 10A 以内的恒定电流。地面仪器对计算机的要求并不高，采用普通的便携式计算机即可，用于仪器的控制、信息的记录和保存，以及地层电阻率的计算。此外，回路电流电极也位于地面，如果不远处存在邻井，通常把回路电流电极接在邻井的套管柱井口。

2）井下仪器

井下仪器如图 2–2–1 所示，主要包括以下几个部分：

（1）遥测电系统：又称为上电子单元。作为井下设备的控制中心，负责给井下部分的仪器和设备提供稳定的电源；内含发送和接收器，保证协调和控制井下仪器的工作，并负责测量 U_N、I_1、I_2（U_N 为测量点至回路电极的电位，单位为 V；I_1、I_2 分别为上、下供电电极向套管注射的电流，单位为 A）等参数，并把这些参数传送到地面仪器（供电与控制单元）。

（2）液压传动装置：在测量电极外各有一个弹簧和支架组成的液压系统。该装置可把测量电极的硬质合金磨尖探头挤入套管体中，以便尽可能地减小测量电极与套管之间的接触电阻，避免套管内壁的锈蚀层和腐蚀层对测量结果的影响，保证测量的精度和可靠性。

（3）供电电极：供电电极也称电流发射电极，分为上供电电极（A_1）和下供电电极（A_2）。它们是一对弹簧不可控电极，与套管内壁保持紧密接触，将电流源提供的发射电流施加到钢套管柱上。

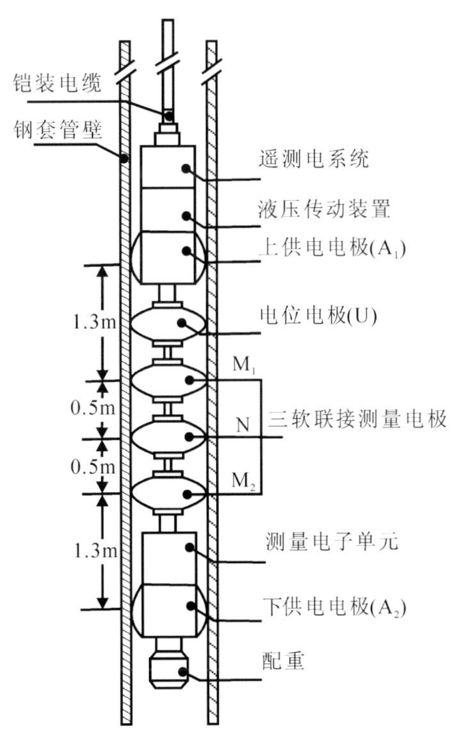

图 2–2–1　ECOS 仪器井下结构示意图

（4）电位电极：电位测量电极 U，用于测量该深度点至回路电极的电位 U_N。

（5）测量电极：三个测量电极 M_1、N、M_2 等间距（0.5m）排列在上供电电极 A_1 和下供电电极 A_2 之间，M_1 与 A_1、M_2 与 A_2 的距离均为 1.3m。

（6）配重：配重使整个井下仪顺利进入到套管井中，同时使得各电极之间的距离满足设计要求。

2. 仪器特点

仪器 ECOS 具独特的硬质合金磨尖探头（图 2–2–2），在液压推靠下可以刺穿套管上的附着物，使电极系与套管的接触电阻小于 0.1Ω，故在井壁附着物较薄的情况下（厚度一般小于 7mm）不需要洗井、刮蜡，仍可保证测量质量，极大地降低了测井成本。

测量电极间采用钢缆软连接（图 2–3–3），仪器能够产生一定弯曲以适应套管轻微变形，使电极在不规则的套管中也能紧贴套管，增加测量成功率。

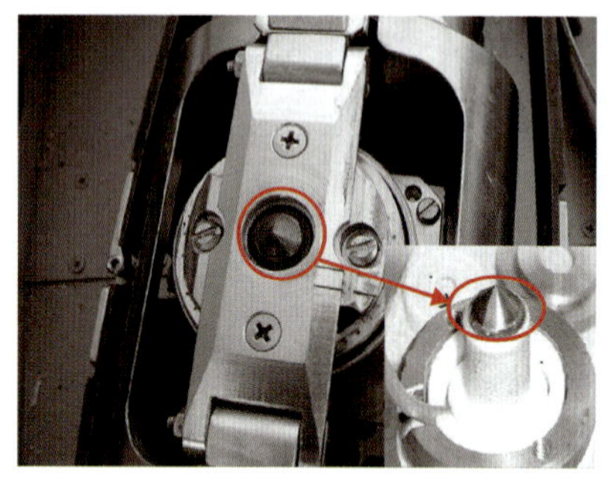

图 2–2–2　仪器 ECOS 电极探头

图 2–2–3　仪器 ECOS 电极间的软连接

二、ECOS 的测量原理及实现方法

1. 测量原理

当在套管井中放置一个供电电极时，在套管上一点 z 处产生的电位和电流的关系式为：

$$I(z) = -\frac{1}{R_c}\frac{\mathrm{d}U}{\mathrm{d}z} \tag{2–2–1a}$$

$$\frac{\mathrm{d}I}{\mathrm{d}z} = -\frac{1}{T}U(z) \tag{2–2–1b}$$

式中　R_c——单位长度的套管电阻；

T——单位长度的地层介质对径向电流的横向电阻，$R_c \gg T$。

考虑套管电阻 R_c 在 z 轴上是变化的，式（2–2–1a）对 z 求导数，可得：

$$\frac{\mathrm{d}I}{\mathrm{d}z} = -\frac{1}{R_c}\frac{\mathrm{d}^2U}{\mathrm{d}z^2} + \frac{1}{R_c^2}\frac{\mathrm{d}R}{\mathrm{d}z}\frac{\mathrm{d}U}{\mathrm{d}z} \tag{2–2–2}$$

将式（2–2–1b）代入式（2–2–2），又可得：

$$\frac{\mathrm{d}^2U}{\mathrm{d}z^2} - \frac{1}{R_c}\frac{\mathrm{d}R_c}{\mathrm{d}z}\frac{\mathrm{d}U}{\mathrm{d}z} - \frac{R_c}{T}U(z) = 0 \tag{2–2–3}$$

在式（2−2−3）中，$\mathrm{d}R_c/\mathrm{d}z$ 反映了套管电阻的变化。在理想情况下，单位长度的套管电阻 R_c 不变时，套管电阻的变化 $\mathrm{d}R_c/\mathrm{d}z$ 为零，则含有 z 点处地层电阻率信息的 R_c/T 就只与该点的电势 U 和电势的二阶导数 $\mathrm{d}^2U/\mathrm{d}z^2$ 有关。而在实际情况下，因单位长度的套管电阻 R_c 是变化的，$\mathrm{d}R_c/\mathrm{d}z$ 不为零，使得 R_c/T 除了与 z 点的电势 U 和电势的二阶导数 $\mathrm{d}^2U/\mathrm{d}z^2$ 有关外，还与套管电阻的变化 $\mathrm{d}R_c/\mathrm{d}z$ 有关。

采用 2 个供电电极可以消除套管电阻变化 $\mathrm{d}R_c/\mathrm{d}z$ 对测量地层电阻率的影响。如图 2−2−4 所示，电极系由一组测量电极 M_1NM_2 和 2 个供电电极 A_1 和 A_2 组成，其中 2 个供电电极 A_1、A_2 和 2 个测量电极 M_1、M_2 都分别以另一个测量电极 N 为中心上下对称分布。测量电极 M_1、M_2 的间距用 M_1M_2 表示，称为电极距 l。

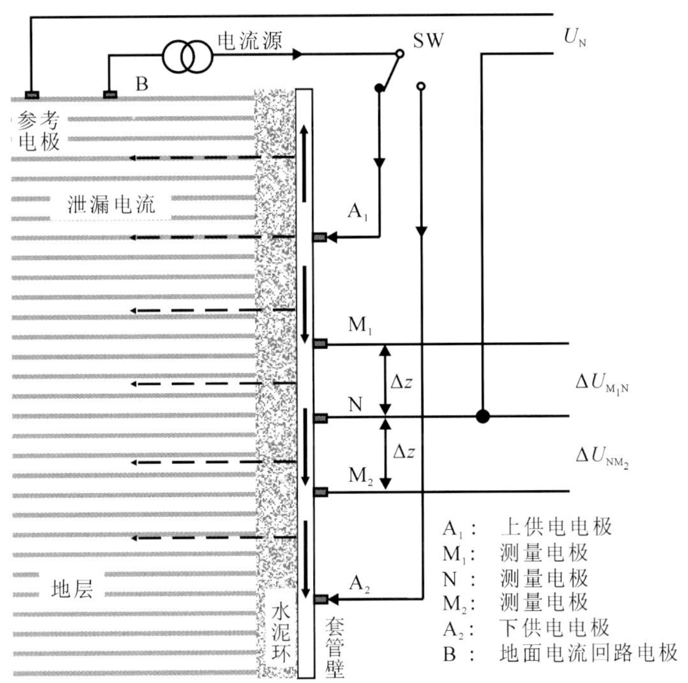

图 2−2−4　双极供电法测量地层电阻率示意图

测量中采用差分近似导数，即：

$$\frac{\mathrm{d}U}{\mathrm{d}z} \approx \frac{\Delta U_{M_1M_2}}{M_1M_2} = \frac{U_{M_1} - U_{M_2}}{M_1M_2} \tag{2-2-4}$$

$$\frac{\mathrm{d}^2U}{\mathrm{d}z^2} \approx \frac{\Delta^2 U}{(M_1M_2/2)^2} = \frac{U_{M_1} + U_{M_2} - 2U_N}{(M_1M_2/2)^2} \tag{2-2-5}$$

当上供电电极 A_1 供电时，注入电流为 I_1，记沿套管向下流的电流 i_1。i_1 与 I_1 的关系为：

$$i_1 = I_1 \cdot f_1(z) \tag{2-2-6}$$

此时，式（2−2−3）即为：

$$\frac{\Delta^2 U(I_1)}{(\mathrm{M_1M_2}/2)^2}-\frac{1}{R_c}\frac{\mathrm{d}R_c}{\mathrm{d}z}\frac{\Delta U_{\mathrm{M_1M_2}}(I_1)}{\mathrm{M_1M_2}}-\frac{R_c}{T}U_{\mathrm{N}}(I_1)=0 \tag{2-2-7}$$

当下供电电极 A_2 供电时，注入电流为 I_2，记沿套管向上流的电流 i_2。i_2 与 I_2 的关系为：

$$i_2=I_2\cdot f_2(z) \tag{2-2-8}$$

此时，式（2−2−3）成为：

$$\frac{\Delta^2 U(I_2)}{(\mathrm{M_1M_2}/2)^2}-\frac{1}{R_c}\frac{\mathrm{d}R_c}{\mathrm{d}z}\frac{\Delta U_{\mathrm{M_1M_2}}(I_2)}{\mathrm{M_1M_2}}-\frac{R_c}{T}U_{\mathrm{N}}(I_2)=0 \tag{2-2-9}$$

由式（2−2−7）和式（2−2−9）消去 $\mathrm{d}R_c/\mathrm{d}z$ 后整理可得：

$$\frac{T}{R_c}=\frac{\mathrm{M_1M_2}^2}{4}\frac{U_{\mathrm{N}}(I_1)\Delta U_{\mathrm{M_1M_2}}(I_2)-U_{\mathrm{N}}(I_2)\Delta U_{\mathrm{M_1M_2}}(I_1)}{-\Delta^2 U(I_2)\Delta U_{\mathrm{M_1M_2}}(I_1)+\Delta^2 U(I_1)\Delta U_{\mathrm{M_1M_2}}(I_2)} \tag{2-2-10}$$

式（2−2−10）表明，地层介质的横向电阻 T 与单位长度套管电阻 R_c 的比值仅与电位、电位的一阶差分和电位的二阶差分有关，而不再与套管电阻的变化 $\mathrm{d}R_c/\mathrm{d}z$ 有关，消除了套管电阻变化对地层电阻率测量的影响。

设在测量电极 M_1 和 N 之间套管段的电阻为 r_{c1}，测量 M_2 和 N 之间套管段的电阻为 r_{c2}，则有：

$$\begin{aligned} r_{c1}&=\frac{2[U_{\mathrm{M_1}}(I_1)-U_{\mathrm{N}}(I_1)]}{2i_1}\\ &=\frac{U_{\mathrm{M_1}}(I_1)+U_{\mathrm{M_2}}(I_1)-2U_{\mathrm{N}}(I_1)+[U_{\mathrm{M_1}}(I_1)-U_{\mathrm{M_2}}(I_1)]}{2i_1}\\ &=\frac{\Delta^2 U(I_1)+\Delta U_{\mathrm{M_1M_2}}(I_1)}{2i_1} \end{aligned} \tag{2-2-11}$$

同样，可得：

$$r_{c2}=\frac{\Delta^2 U(I_2)-\Delta U_{\mathrm{M_1M_2}}(I_2)}{2i_2} \tag{2-2-12}$$

则测量电极 M_1 和 M_2 之间套管段的电阻为 r_c：

$$r_{c1}=r_{c1}+r_{c2}=\frac{1}{2}\left[\frac{\Delta^2 U(I_1)+\Delta U_{\mathrm{M_1M_2}}(I_1)}{i_1}+\frac{\Delta^2 U(I_2)-\Delta U_{\mathrm{M_1M_2}}(I_2)}{i_2}\right] \tag{2-2-13}$$

从而可得单位长度的套管电阻为：

$$R_c=\frac{r_{c1}}{\mathrm{M_1M_2}}=\frac{1}{2\mathrm{M_1M_2}}\left[\frac{\Delta^2 U(I_1)+\Delta U_{\mathrm{M_1M_2}}(I_1)}{i_1}+\frac{\Delta^2 U(I_2)-\Delta U_{\mathrm{M_1M_2}}(I_2)}{i}\right] \tag{2-2-14}$$

由式（2−2−10）和式（2−2−14）可得：

$$T=\frac{\mathrm{M_1M_2}}{8}\left[\frac{\Delta^2U(I_1)+\Delta U_{\mathrm{M_1M_2}}(I_1)}{i_1}+\frac{\Delta^2U(I_2)-\Delta U_{\mathrm{M_1M_2}}(I_2)}{i_2}\right]$$
$$\times\frac{U_{\mathrm{N}}(I_1)\Delta U_{\mathrm{M_1M_2}}(I_2)-U_{\mathrm{N}}(I_2)\Delta U_{\mathrm{M_1M_2}}(I_1)}{-\Delta U_{\mathrm{M_1M_2}}(I_1)\Delta^2U(I_2)+\Delta U_{\mathrm{M_1M_2}}(I_2)\Delta^2U(I_1)} \tag{2-2-15}$$

在几千米的长套管中，可认为由供电电极注入的电流一半沿套管向上流动，另一半沿套管向下流动（参见本章第一节中的第三小节），即：

$$f_1(z)=f_2(z)=\frac{1}{2} \tag{2-2-16}$$

此时：

$$\begin{cases}i_1=\dfrac{1}{2}I_1\\ i_2=\dfrac{1}{2}I_2\end{cases} \tag{2-2-17}$$

将式（2−2−17）代入式（2−2−15）中，并用电极距 l 表示 $\mathrm{M_1M_2}$，可得单位长度的地层介质对径向电流（泄漏电流）的横向电阻 T 为：

$$T=\frac{l}{4}\left[\frac{\Delta^2U(I_1)+\Delta U_{\mathrm{M_1M_2}}(I_1)}{I_1}+\frac{\Delta^2U(I_2)-\Delta U_{\mathrm{M_1M_2}}(I_2)}{I_2}\right]$$
$$\times\frac{U_{\mathrm{N}}(I_1)\Delta U_{\mathrm{M_1M_2}}(I_2)-U_{\mathrm{N}}(I_2)\Delta U_{\mathrm{M_1M_2}}(I_1)}{-\Delta U_{\mathrm{M_1M_2}}(I_1)\Delta^2U(I_2)+\Delta U_{\mathrm{M_1M_2}}(I_2)\Delta^2U(I_1)} \tag{2-2-18}$$

将式（2−2−18）带入由式（2−1−3），可得地层的视电阻率的一般表达式：

$$R_{\mathrm{a}}=K\frac{U_0}{\Delta V}=KT=K\left[\frac{\Delta^2U(I_1)+\Delta U_{\mathrm{M_1M_2}}(I_1)}{I_1}+\frac{\Delta^2U(I_2)-\Delta U_{\mathrm{M_1M_2}}(I_2)}{I_2}\right]$$
$$\times\frac{U_{\mathrm{N}}(I_1)\Delta U_{\mathrm{M_1M_2}}(I_2)-U_{\mathrm{N}}(I_2)\Delta U_{\mathrm{M_1M_2}}(I_1)}{\Delta U_{\mathrm{M_1M_2}}(I_1)\Delta^2U(I_2)+\Delta U_{\mathrm{M_1M_2}}(I_2)\Delta^2U(I_1)} \tag{2-2-19}$$

式中　K——仪器系数（刻度系数），与电极距等参数有关。

采用双极供电测量法，当由电极 $\mathrm{A_1}$ 向套管注入电流 I_1 时，测量 N 处的电位 U_{N}，$\mathrm{M_1}$、$\mathrm{M_2}$ 之间的电压 $\Delta U_{\mathrm{M_1M_2}}$，$\mathrm{M_1}$、N 之间的电压与 N、$\mathrm{M_2}$ 之间的电压的差值 Δ^2U；同理，当由电极 $\mathrm{A_2}$ 向套管注入电流 I_2 时，测量以上 3 个参数。利用这些参数，根据式（2−2−19）运算、刻度后即可得到地层的电阻率。

2. 测量流程

一个深度测量点的测量流程如图 2−2−5 所示。

（1）上控制计算机通电→供电和控制器通电→井下仪器通电→卸掉井下仪器压力→校准压力传感器的模数变换器。

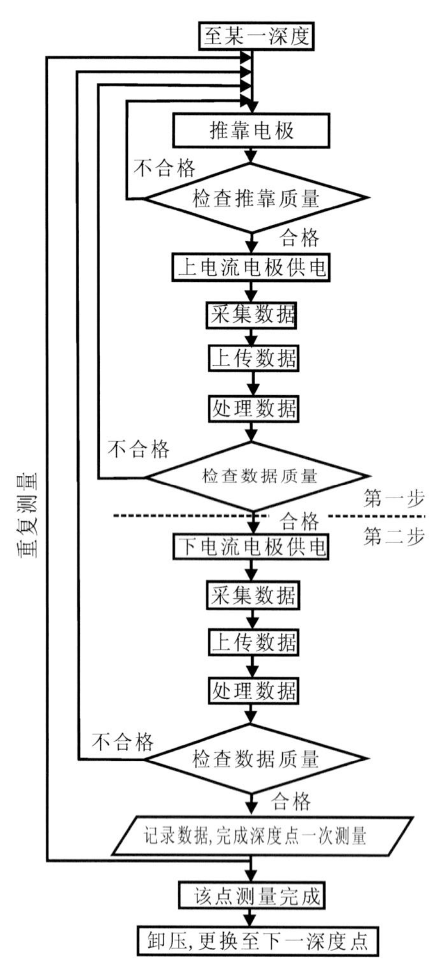

图 2–2–5　一个深度点的测量流程图

（2）逐点测量，逐点记录数据，实施评估、控制。监测参数：套管供电电流、电磁铁电流脉冲幅度、电源输入端供电电压、电子单元内温度、测量板单独供电电压幅度、下井仪供电电压、微动开关状态、剩余压力传感器监视值。

以上各个参数均采用实时监测，由操作员通过上位机进行操作。在每一点测量过程中，如果发生仪器供电或液压系统压力改变等，由操作员决定是否需要重新开始测量。上传数据前，需要对数据进行编码和编组。

井下数据采集同步进行，对需要传输的数据进行编组，分帧进行编码传送。上下电流电极供电需要成对测量，且必须在同一推靠的情况下完成（保证推靠质量）。如发生重新推靠，必须重新测量。

（3）测量完成后，卸掉液压系统压力，断开下井仪电源，完成测量。

仪器 ECOS 测量地层电阻率是在一个专门的采集软件控制下进行的。图 2–2–6 至图 2–2–8 显示了该采集软件操作的有关界面。在主界面中（图 2–2–6），仪器的有关参数（如供电电流的大小等）均可以由操作员设定。仪器工作时，有关参数（如井下仪器的温度等）也会显示在界面上。界面的下部是一个测量数据表，显示了在每个测量深度上的地层电阻率测量值、套管电阻、测量电极的电位及测量电极间的电压等众多参数。在地层电阻率曲线界面上，可以显示观察到当前时间为止所有的地层电阻率测量值（图 2–2–7 中的圆点），相邻深度的测量值用直线段连接形成一条地层电阻率测井曲线。在监控界面上（图 2–2–8），显示了地面仪器和井下仪器各单元的工作状况。

3. 测量质量监测

为了保证获得合格的地层电阻率测量数据，仪器配备了专门的测量质量控制程序。在每个测量点，当电流源向套管注入电流时，借助该程序可实时显示各个测量电极上的信号波形（电位及电流分布），如图 2–3–9 所示。通过这些数据的显示，可以判断电极与套管的接触情况是否良好，以此判断此次测量的结果是否合格。

如果发现波形不正常，应立即进行重新测量。图 2–2–10 显示了测量电极与套管接触不良时和接触良好时的信号波形。

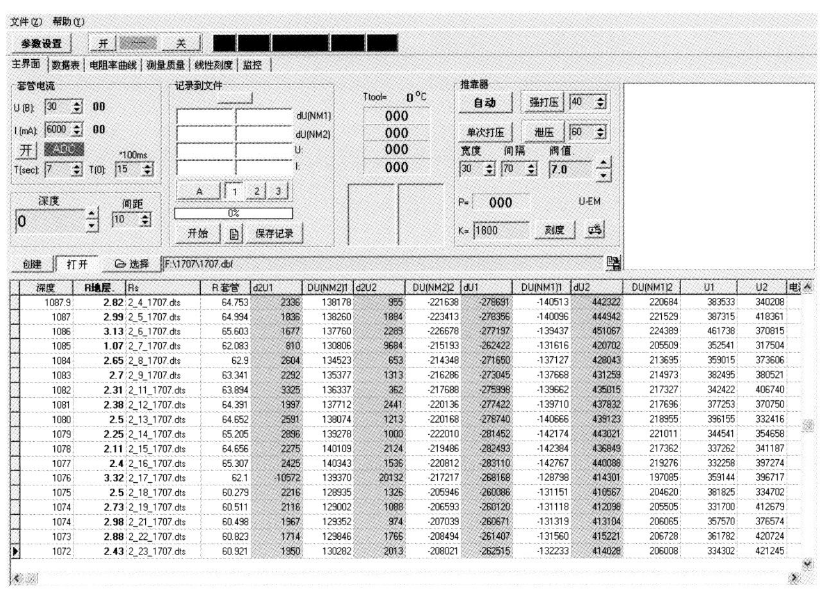

图 2-2-6　仪器 ECOS 采集软件的主界面

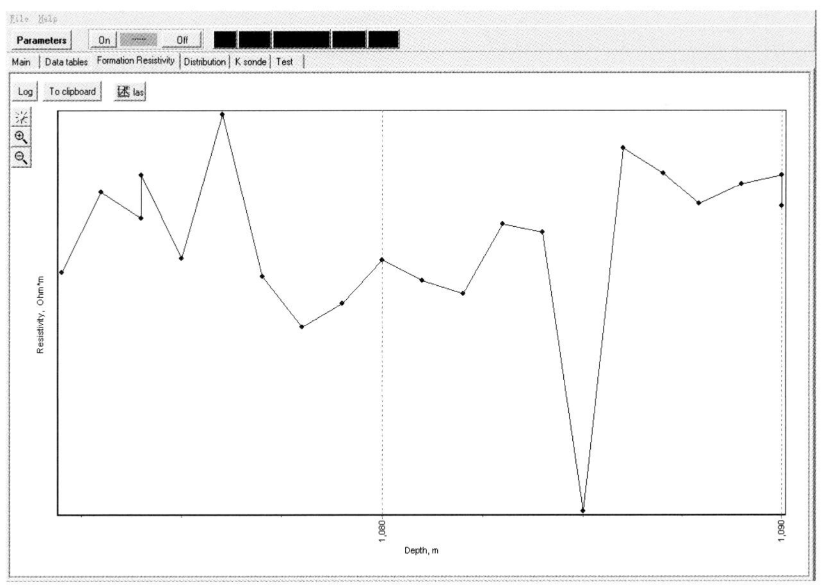

图 2-2-7　仪器 ECOS 采集软件的地层电阻率曲线显示界面

4. 仪器的车间校验

为了保证仪器工作时保持良好的工作状态，特别为仪器设计了车间校验装置，如图 2-2-11 所示。仪器在测量前首先在车间进行校验，检验仪器工作状态是否完好，保证仪器在工作前不存在故障，增加仪器测量的成功率。

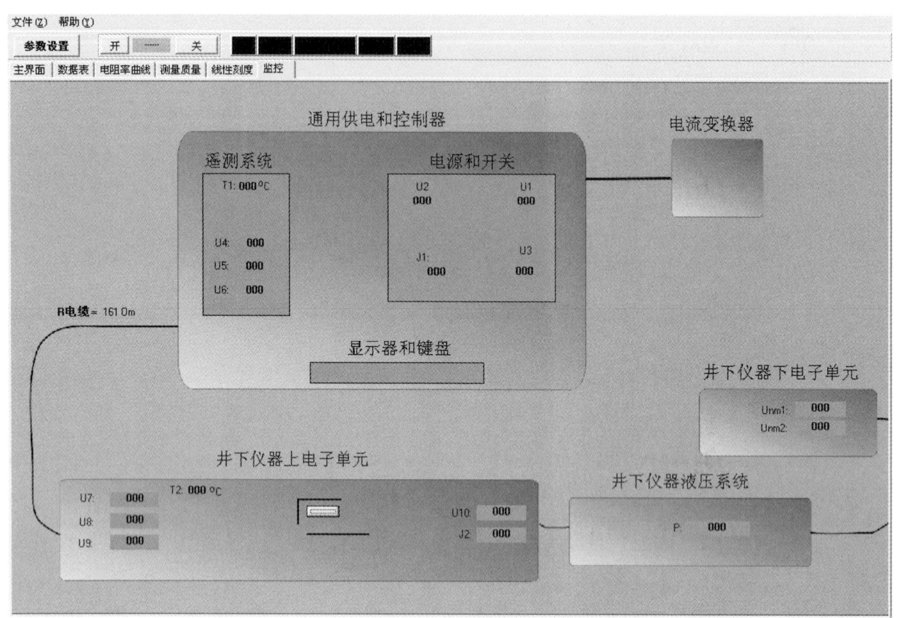

图 2-2-8　仪器 ECOS 采集软件的监控界面

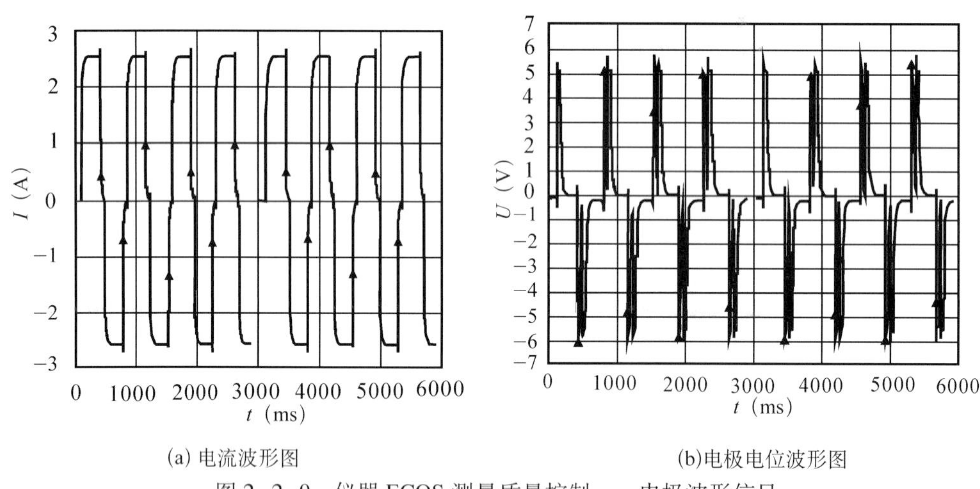

(a) 电流波形图　　(b)电极电位波形图

图 2-2-9　仪器 ECOS 测量质量控制——电极波形信号

校验装置包括一段长 5m、直径 5.5in 的套管，一组模拟地层围岩电阻率的电阻 R_s 和地层电阻 R_t 等效电阻。模拟地层围岩电阻率的电阻 R_s 用大截面（3 ~ 5mm²）的铜线做成，并选择截面为 0.35mm² 的导线实现平衡调整，电阻 R_s 为 40mΩ。电阻 R_s 焊接到套管的触点上，接触电阻小于 0.1Ω。模拟地层电阻率的电阻是一个标准电阻箱，电阻值分别为 1Ω、3Ω、6Ω、10Ω、15Ω、20Ω、30Ω、40Ω、50Ω、70Ω、100Ω、150Ω 和 200Ω。标准电阻箱的一端接在套管的中点（距离套管两端 2.5m 处）。围岩电阻率的电阻分别接在距离地层电阻率触点两边 1.8m 处。3 个触点在一条平行于套管轴线管壁的直线上，偏差不大于 10mm。3 个触点用 M_4 的螺钉固定在套管外管壁上，套管内表面接触面应无锈。

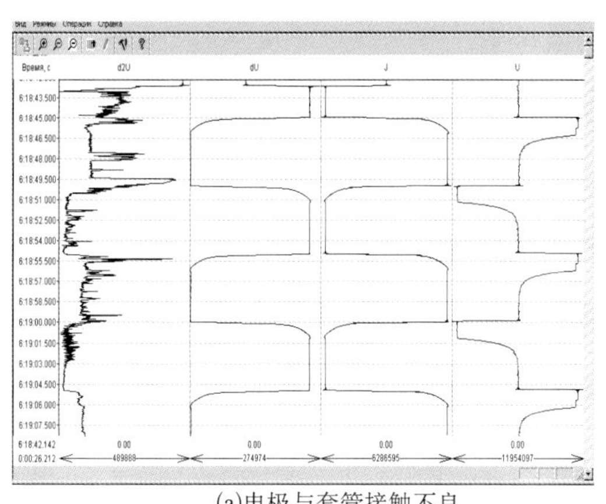

(a)电极与套管接触不良

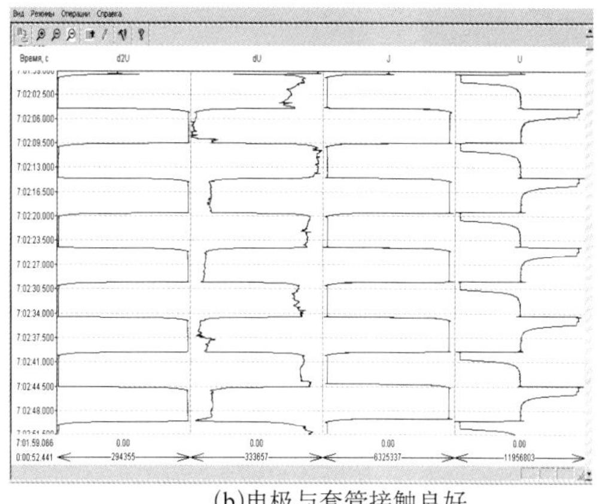

(b)电极与套管接触良好

图 2-2-10　仪器 ECOS 测量电极与套管接触监测信号波形

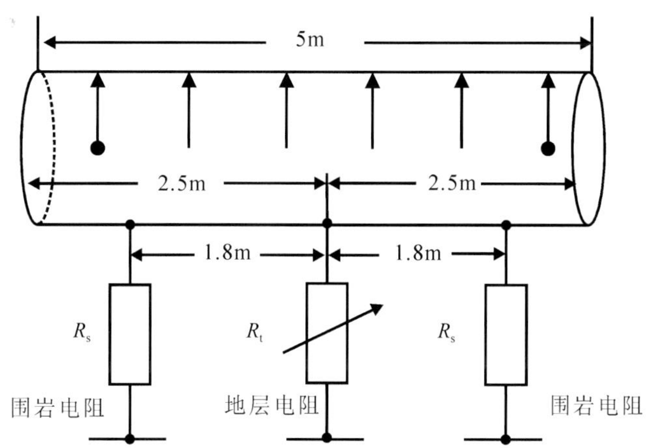

图 2-2-11　仪器 ECOS 测井仪器车间校验装置示意图

在车间将仪器放入校验装置的模拟套管中，然后设定不同的模拟地层电阻的大小进行供电测量，由于装置是模拟套管井的情况，根据仪器测量原理测量所获得的结果就会与设定的地层电阻呈现一定的关系，可以直观地显示测量结果同设定地层电阻率的关系（图 2-2-12），根据相互关系来判定仪器的工作状态以及故障所在。

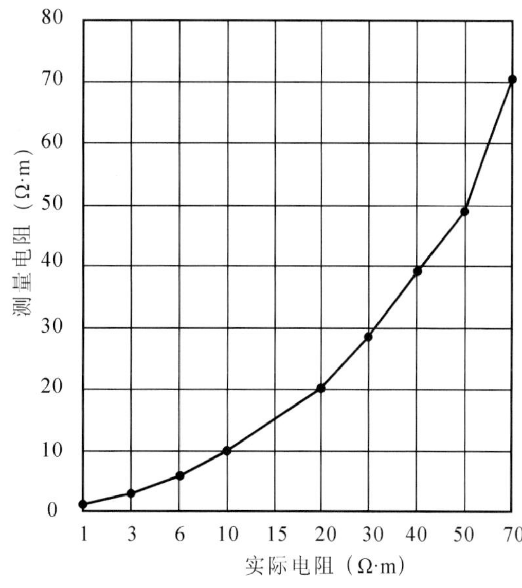

图 2-2-12　ECOS 测井仪器车间校验结果

5. 仪器刻度

过套管地层电阻率测井仪器刻度是测井工作的重要步骤，其实际是确定电极系的刻度系数 K。通常有 2 种刻度方法：理论刻度和实用刻度。

（1）理论刻度：在理想套管和地层条件下刻度得到仪器系数，即在已知套管特性和已知地层真电阻率 R_t 的均匀地层中，利用数值模拟方法得到比值 $\eta=U_0/\Delta V$，调节 η 与 R_t 之间的关系，满足 $R_t=K\eta$，从而得到刻度系数 K。

（2）实用刻度：根据裸眼井电阻率测井资料，选择勘探开发过程中电阻率值基本稳定的非渗透层（通常是厚泥岩层）或在开发过程中没有发生变化的纯水层段作为刻度标准层。将过套管地层电阻率测井的视电阻率值与该标准层的裸眼井电阻率值对比，得到的比例关系即为仪器的刻度系数，故实用刻度又称为标准化方法。理论分析与数值模拟已经证明，在测量仪器与套管耦合良好的条件下，仪器 ECOS 测量得到的地层电阻率与一定厚度的非渗透泥岩层或含水纯砂岩层的深侧向所测得的电阻率一致。

图 2-2-13 为一口井的俄罗斯过套管地层电阻率测井仪器 ECOS 测量的原始资料。图中，第一道为裸眼井获得的自然伽马和自然电位曲线；第二道为裸眼井获得的电阻率曲线和仪器 ECOS 测量获得的离散的过套管地层电阻率，其测量深度间隔不唯一，每一点的重复测量次数也有所不同；第三道为单位长度套管电阻曲线。

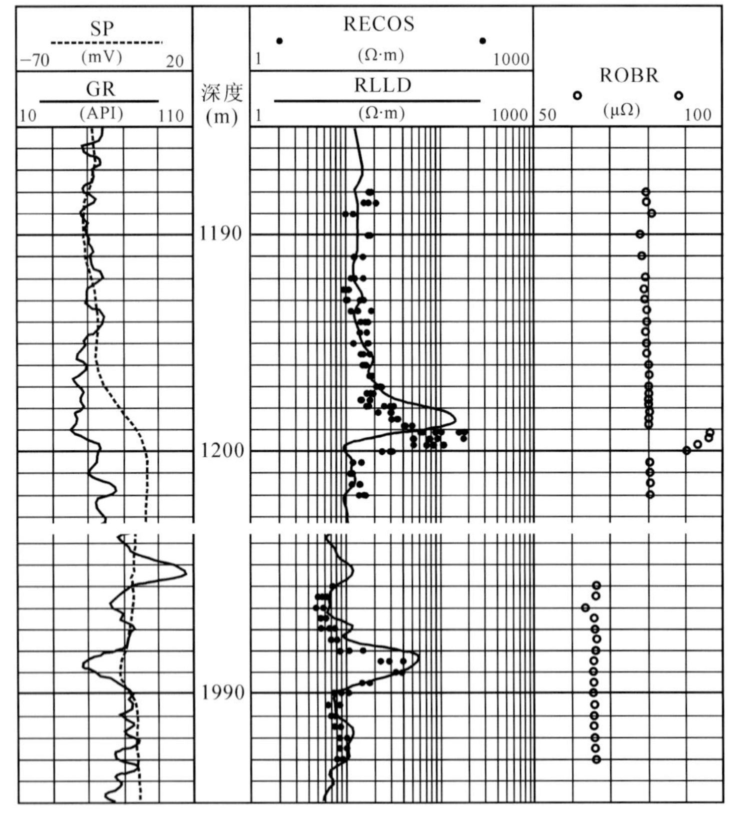

图 2-2-13　仪器 ECOS 原始测井资料

三、仪器 ECOS 的测井环境要求及仪器技术指标

1. 测井环境要求

（1）仪器直径（下井状态）约 95mm，长度约 7m，适用于直径为 5 ～ 6in 的单层钢套

管，空井或填充任何洗井液均可以。测量前需要使用直径大于100mm的通井规通井。测量时需要吊车配合，也可以借助修井架。

（2）井下温度要求小于125℃，液体静压力小于100MPa。

（3）在井壁附着物较薄的情况下，不需要刮削套管壁来清洁锈蚀、结垢，不需要洗净井内污物、刮蜡和热水洗井，也不需要酸洗。但在井内附着物较厚的情况下（厚度大于7mm会造成探针无法良好接触套管），可能会对测量结果有一定影响，因此应进行洗井、刮井，以保证测量结果的准确和减少重复推靠仪器而浪费时间。

（4）尽管仪器的测量电极采用软连接，但套管变形不能太大（仪器能通畅上提下放为限），在变形套管井中，测量精度则取决于测量探头与套管接触程度。

（5）仪器测量范围是1～300Ω·m。为了确保测量结果的准确性，测井目的层的电阻率最好小于200Ω·m，测量误差为$\pm(5.0+0.1R_t)\%$。

2. 技术指标

（1）ECOS的电极距为1.0m，分辨率为1.0m，探测深度约为2m。

（2）仪器测量方式为点测，测量前要确定主要目的层段测量间隔。一般井段为每隔1m一个测量点，在目的层可以适当加密，可选0.5m一个测量点。点测时间约为5min。一支仪器一次下井测量的点数控制在150个点以内。

仪器ECOS的技术指标见表2–2–1。

表2–2–1　俄罗斯仪器ECOS的技术指标

测量环境	单层套管井	套管外径	5～6in
仪器直径	小于95mm	套管供电电流	小于5A
仪器长度	小于8m	工作极限压力	100MPa
仪器质量	100kg	工作环境度	−10～95℃
最大测深	小于5000m	下井仪器功耗	60W
仪器分辨率	1.0m	连续稳定作业时间	超过8h
发射信号	脉冲供电	测量频率	7Hz
测量范围	1～300Ω·m	测量时间	约5min
测井速度	15～37m/h	测量误差	不大于5%

四、仪器ECOS测井资料的精度分析

1. ECOS测井资料与裸眼井测井资料的对比

俄罗斯过套管地层电阻率测井仪器ECOS的探测路径及探测深度与深侧向测井仪器基本相同。固井前后分别进行侧向测井和过套管地层电阻率测井，对比两者的差异，可以在一定程度上判别过套管地层电阻率测井的测量精度。

图 2–2–14 为一口井侧向电阻率与 ECOS 电阻率对比图。图中第一道为裸眼井测井获得的自然伽马和自然电位测井曲线；第二道为侧向测井和仪器 ECOS 测量得到的过套管地层电阻率的对比，实线为固井前裸眼井测得的侧向曲线，测井值进行了环境校正，虚线为固井后过套管地层电阻率测井值预处理（参见第三章）后获得的地层电阻率曲线。固井前后侧向测井和 ECOS 过套管电阻率测井的对比结果表明，在测量井段内，测井曲线的变化特征及数值基本一致。也就是说，ECOS 测井具有较好的测量精度，测井资料是可靠的。

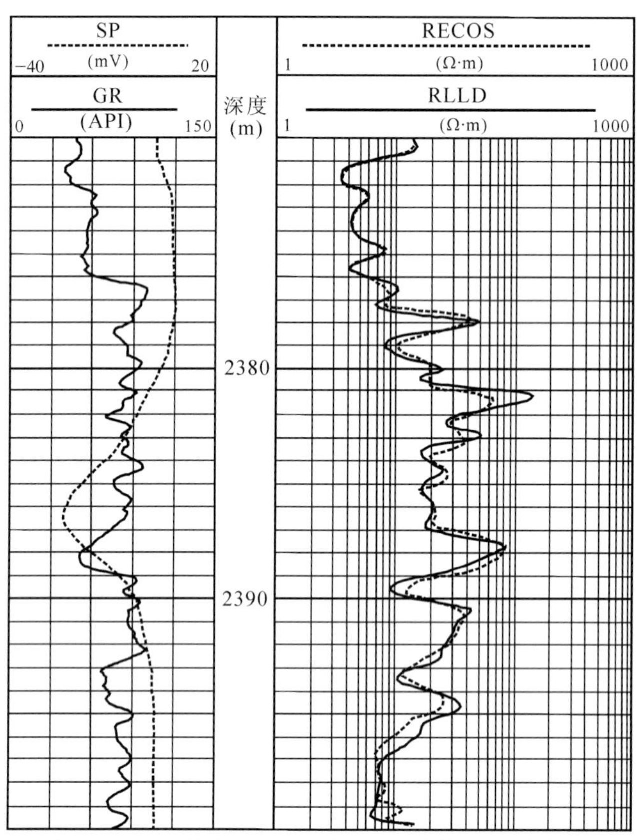

图 2–2–14　深侧向电阻率与 ECOS 测量结果对比图

2. ECOS 与 CHFR 测井资料对比

图 2–2–15 为一口井斯伦贝谢公司仪器 CHFR 和俄罗斯仪器 ECOS 过套管地层电阻率测井结果对比图。两次测井的测井环境完全相同，为对比测井。图中，第一道为裸眼井测井获得的自然伽马、自然电位和井径测井曲线；第二道为侧向测井环境校正后的测井曲线以及 CHFR 与 ECOS 测井结果，圆点为 ECOS 的测量结果，星号为 CHFR 测量结果。对比结果表明，在相同的测井环境和目的层电阻率条件下，两种测井仪器的测量结果不仅在变化形态上具有很好的一致性，而且测量值也基本相同。

事实上，过套管电阻率测井的测量精度受多种因素的影响，除了仪器本身的影响因素外，还受测井环境、电极与套管的接触程度、测量参数（如供电电流）、固井质量、水泥环电阻率大小、目的层的厚度和电阻率变化范围等因素的影响。

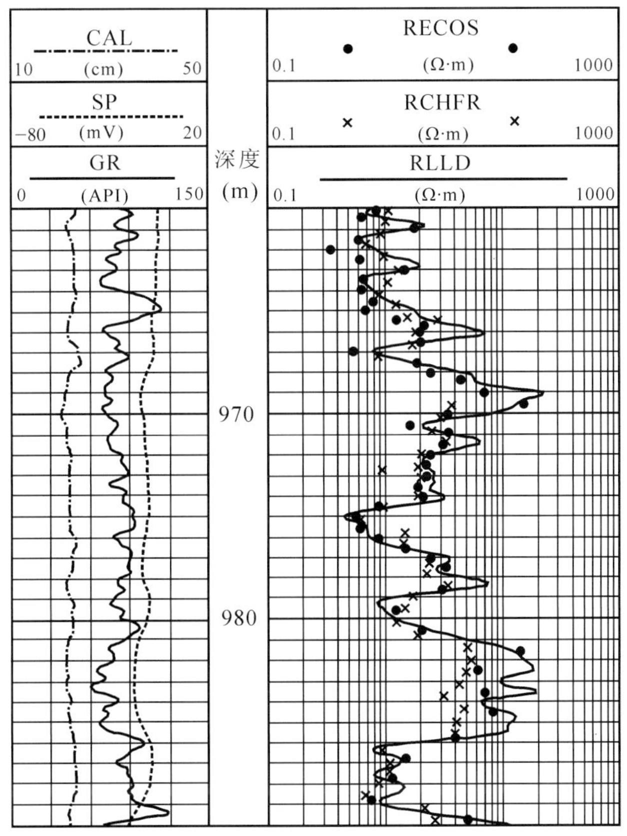

图 2−2−15　CHFR 和 ECOS 过套管地层电阻率测井结果对比图

五、XCRL 仪器简介

我国在引进、消化和吸收国外过套管地层电阻率测井技术的基础上，针对不同油田的地质特点和油井工程特点，开展了过套管地层电阻率测井仪器的研制工作。截至 2010 年，已有几家测井公司成功地研制出了这类测井仪器。中国石油西部钻探测井公司研制的过套管地层电阻率测井仪器 XCRL 也采用双极供电原理。

1. 仪器 XCRL 组成

XCRL 是西部钻探测井公司自主研发的过套管地层电阻率测井仪的缩写，在某油田的现场实际试验如图 2−2−16 所示。仪器由地面仪器和井下仪器两部分构成。地面仪器如图 2−2−17 所示，由 4 个部分组成：一体化显示键盘系统、主机及通信系统、电源控制箱和热敏绘图系统。井下仪器的结构如图 2−2−18 所示。该仪器吸收了俄罗斯仪器过套管地层电阻率测井仪 ECOS 的优点，采用双供电电极测量，液压推靠电极，电极采用探针方式。电极排列方式和间距与俄罗斯仪器 ECOS 相同。此外，新一代的 XCRL 仪器增加了自然伽马深度校正短节，克服了俄罗斯仪器 ECOS 所测资料深度校正方面的不足。

图 2-2-16　XCRL 仪器在进行现场试验

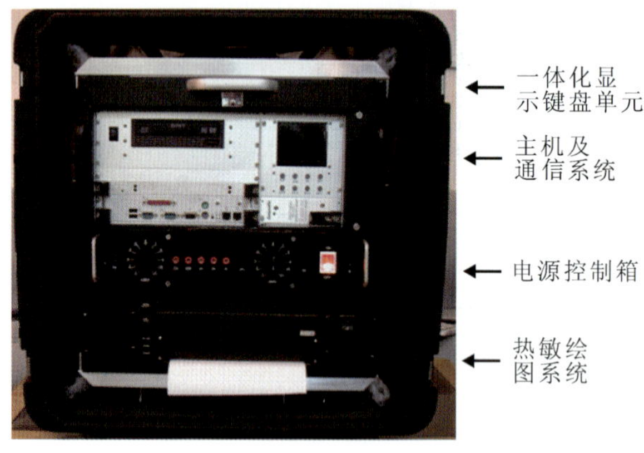

图 2-2-17　XCRL 地面仪器实物图

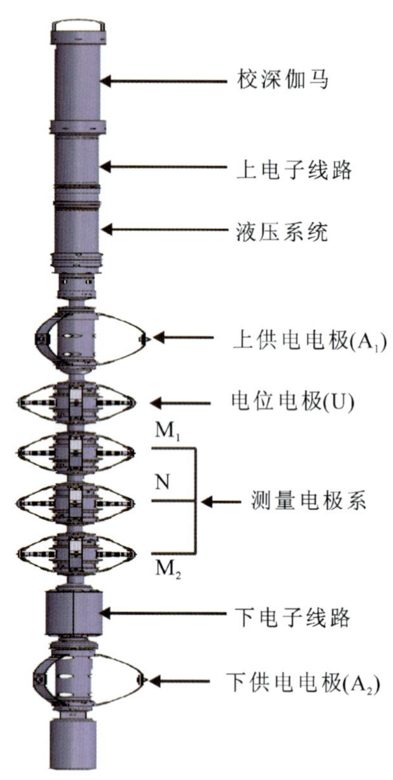

图 2-2-18　XCRL 井下仪器结构示意图

2. 仪器 XCRL 的测量特点

过套管地层电阻率测井仪 XCRL 工作时分两趟测量，第一趟测量自然伽马资料，用于深度校正；第二趟测量地层的视电阻率资料。地层视电阻率资料的测量原理与俄罗斯仪器 ECOS 相同，这里不再赘述。该仪器的主要技术参数见表 2-2-2。XCRL 过套管地层电阻率测井仪具有如下特点：

表 2-2-2　仪器 XCRL 的技术指标

最大套管外径	95mm	发射信号	脉冲供电
长度	7.6m	测量频率	7 Hz
质量	90kg	发射电流	5 ~ 8A
极限温度	150℃	测量范围	1 ~ 200Ω · m
极限压力	60MPa	分辨率	1.0m
适用井眼	5 ~ 7in 单层套管	测量误差	不超过 10%

(1) 连续测井能力显著增强。一次下井可连续工作 36h，测量井段超过 140m 而性能不降低。

(2) 仪器可靠性提高。仪器在高压密封性能、耐酸碱腐蚀等方面均有显著提高。

(3) 测量的稳定性增强。测量时极板推靠压力（反映探针对套管壁的压力）下降幅度小，电极推靠稳定性提高。

(4) 在测后的资料预处理中不再需要对电阻率资料进行深度校正。

图 2-2-19 为新疆油田一口生产井的 XCRL 测井原始资料。图中第一道为裸眼井的自然电位和自然伽马测井值，第二道为裸眼井经环境校正后的深侧向电阻率测井曲线和 XCRL 测井值的测点数据，第三道单位为长度套管电阻曲线。

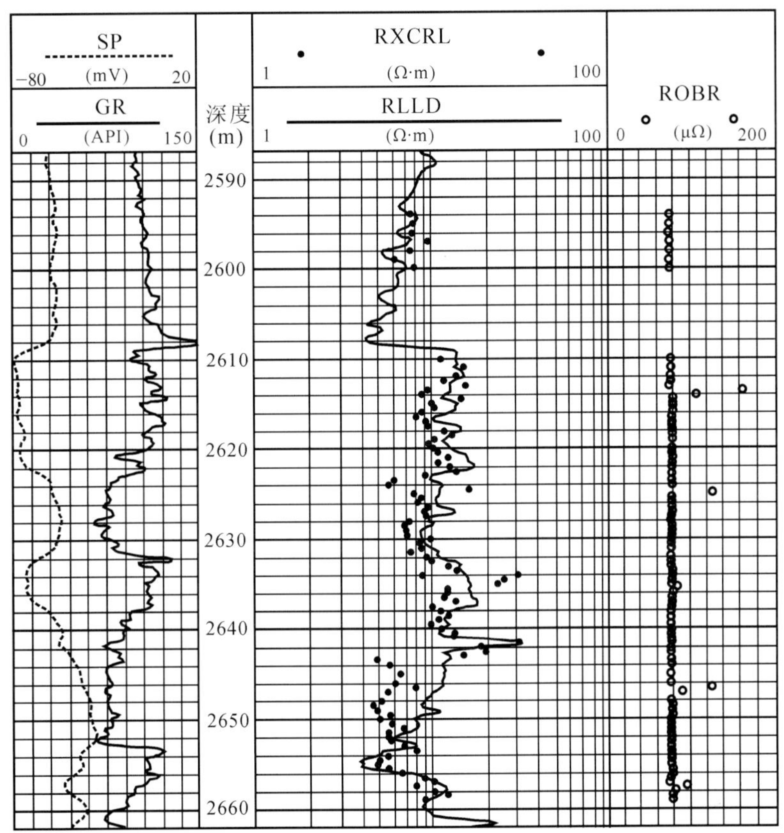

图 2-2-19　一口井的 XCRL 的测井资料

第三节　仪器的探测特性分析

了解过套管地层电阻率测井仪器的分辨率和探测深度及其影响因素对于测前设计及资料应用具有重要的指导作用。本节简要地分析了过套管地层电阻率测井仪器的探测特性，包括垂向探测特性和径向探测特性。

一、垂向探测特性

从第一章第二节介绍的关于过套管地层电阻率测井的理论分析、视电阻率理论曲线的特征及本章第一节和第二节介绍的测井仪器可以看出，过套管地层电阻率测井仪器的分辨率与测量电极系的电极距相关，垂向分辨率基本等于电极距。当前各类过套管地层电阻率测井仪器的分辨率相差不大，CHFR 的电极距为 4ft（1.2m），其分辨率为 1.2m；ECOS 和国产仪器的电极距为 1.0m，分辨率均为 1.0m。

为了对过套管地层电阻率测井垂向分辨率有一个感性认识，下面用数值模拟的方法对过套管地层电阻率测井的垂向分辨率进行简要的讨论。

设套管外目的层厚度 h=2.0m，地层真电阻率 R_t=50.0Ω · m，上、下围岩的电阻率均为 5.0Ω · m，讨论不同电极距 l 时过套管地层电阻率测井的测井响应。图 2−3−1 为数值模拟的测井响应图。图中 R_a 为过套管地层电阻率测井得到的地层视电阻率，电极距 l 分别为 0.25m、0.5m、1.0m、2.0m、3.0m 和 4.0m。

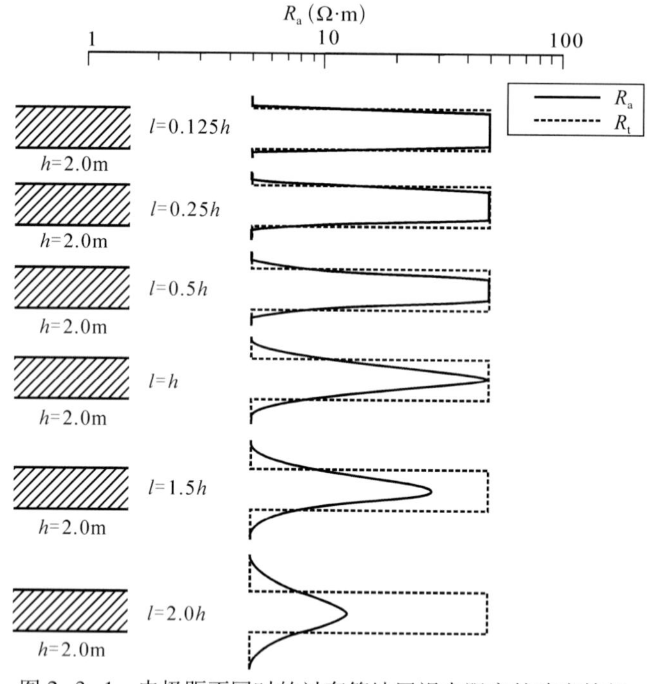

图 2−3−1　电极距不同时的过套管地层视电阻率的响应特征

图 2−3−1 的数值模拟结果表明，地层视电阻率值 R_a 受仪器电极距大小的影响。当电极距 l 大于地层的厚度 h 时，R_a 将与地层真电阻率 R_t 存在明显的差异；电极距 l 越长，R_a 与 R_t 差异越大；当电极距 l 等于 h 时，只有在地层厚度中心点处 R_a 与 R_t 才相等；而当电极距 l 小于 h 时，除地层界面附近受围岩的影响外，R_a 与 R_t 相等。数值模拟结果也进一步证实了过套管地层电阻率测井仪器的分辨率与电极距有关，对地层的分辨能力为一个电极距的长度。

二、径向探测特性

过套管地层电阻率测井的探测路径基本与侧向测井相同。从一定意义上讲，套管相当于在裸眼井中使用的侧向测井仪器的屏蔽电极，较长的屏蔽电极对进入地层中电流的聚焦作用也较强，探测深度也较大。因此，过套管地层电阻率测井仪器应该有较大的探测深度。分析发现，一般情况下，过套管地层电阻率测井仪器的探测深度在 2.0m 以上。当然，过套管地层电阻率测井仪器的探测深度也受一些因素的影响。下面首先介绍过套管地层电阻率测井仪器的探测深度的分析方法，然后考察其探测深度的大小及其主要影响因素。

1. 探测深度的分析方法

在电法测井中，关于仪器的探测深度（DOI，Depth of Investigation）的分析往往通过理论计算得到的径向积分几何因子 J 进行。径向积分几何因子 J 定义为无限厚地层中半径为 r 的圆柱体介质对测井视电阻率贡献的相对大小。根据径向积分几何因子分析测井仪器的探测深度或探测半径，一般把径向积分几何因子为 0.5 时的圆柱体半径定义为测井仪器的探测半径。

在钻井液侵入地层的条件下，分析过套管地层电阻率测井仪器的探测深度。与分析侧向测井的探测深度类似，采用下式计算径向积分几何因子 J：

$$J = \frac{R_t - R_a}{R_t - R_{xo}} \tag{2-3-1}$$

式中 R_t——原状地层的电阻率（地层真电阻率）；

R_a——地层视电阻率；

R_{xo}——冲洗带电阻率。

2. 过套管地层电阻率测井仪器探测深度的影响因素分析

1）地层厚度的影响

K.Aulia 等（2001）介绍了斯伦贝谢公司仪器 CHFR 在不同地层层厚情况下的探测深度。总体上，探测深度在 2 ~ 10m 范围内。图 2-3-2 中显示了在钻井液侵入条件下层厚不同时视电阻率与侵入半径的关系理论曲线。理论计算采用垂向上地层为有限厚度、围岩为无限厚、径向上包括侵入带和原状地层的模型。模型中电极距为 1.2m，地层的电阻率为 10Ω · m，层厚 h 分别为 10ft、20ft、50ft、200ft 和 500ft，围岩的电阻率为 100Ω · m，侵入带电阻率为 1Ω · m。

如图 2.3.2 所示，在钻井液侵入条件下，测量得到的地层视电阻率与地层的厚度和钻井液侵入半径有关。也就是说，探测深度也与地层的厚度有关。地层的厚度越薄，仪器的探测深度越小。地层厚度为 500ft（152.40m）时，探测深度为 16.3ft（4.97m）；地层厚度为 10ft（3.05m）时，探测深度不到 5ft（1.52m）。另

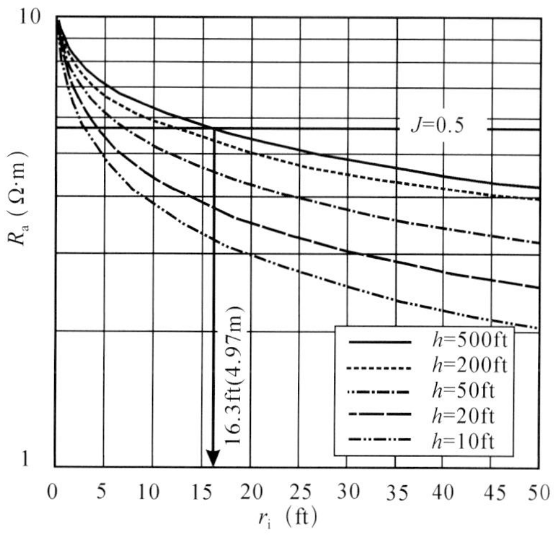

图 2-3-2 仪器 CHFR 在不同层厚中的视电阻率与侵入半径关系（据 K.Aulia 等，2001）

外，过套管地层电阻率测井仪器的探测深度也受围岩电阻率的影响，这与侧向测井相似。

2）钻井液侵入的影响

杨景海等（2009）讨论了不同钻井液侵入类型对仪器 CHFR 和 ECOS 探测深度的影响。他们得出的结论是这 2 类仪器的探测深度极为接近。钻井液低侵（冲洗带电阻率 R_{xo} 小于地层真电阻率 R_t）时，探测深度较大，可达 4m 以上，与深侧向测井的探测深度接近；钻井液高侵（冲洗带电阻率 R_{xo} 大于地层真电阻率 R_t）时，探测深度较小，基本在 2.25m 以下。

图 2–3–3 中显示了不同钻井液类型条件下地层真电阻率 R_t 与侵入半径 r_i 的关系。理论分析中地层厚度均为 4.0m。图 2–3–3（a）反映了钻井液低侵（$R_{xo} < R_t$）情况下仪器的径向探测特性。从图中可以看出，在这种情况下，仪器的探测深度较大。如在 R_t/R_{xo}=2 时，探测深度可达 6.5m；随着 R_t/R_{xo} 比值的减小，探测深度相应增加。图 2–3–3（b）反映了钻井液高侵（$R_{xo} > R_t$）情况下仪器的径向探测特性。从图中可以看出，在这种情况下，探测深度明显减小，一般小于 2.25m；随着 R_t/R_{xo} 比值的减小，探测深度显著减小。

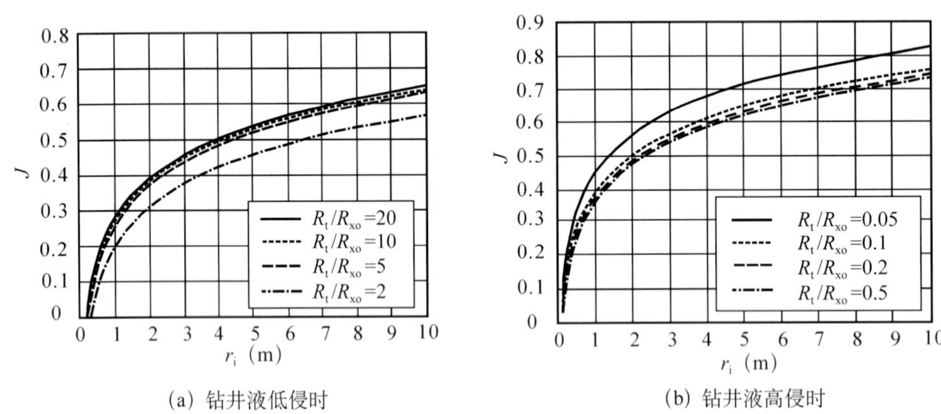

（a）钻井液低侵时　　（b）钻井液高侵时

图 2–3–3　不同钻井液侵入类型的地层真电阻率与侵入半径的关系（据杨景海等，2009）

由此可见，过套管地层电阻率测井仪器的探测深度受地层厚度、围岩电阻率、钻井液电阻率等因素的综合影响，是变化的。目前不同的过套管地层电阻率测井仪器的电极距长度相差较小，均在 1.0m 左右，因此它们的探测深度也大致相同。

第三章　过套管地层电阻率测井资料预处理

与常规电阻率测井资料不同，过套管地层电阻率测井仪测量的视电阻率数据是不等距的离散数据。另外，为了提高测量的可靠性，在一个测量点上往往存在多个测量数据。在过套管地层电阻率测井资料的应用中，无论是与侧向电阻率进行时间推移的对比还是饱和度计算，都需要与常规测井类似的测井曲线。因此，需要对过套管地层电阻率测井资料进行一系列预处理，以便形成单值、深度加密且间隔相等的数据。过套管地层电阻率测井资料的预处理主要包括测量值选点、数据插值和深度校正 3 个方面。

针对原始过套管地层电阻率数据的特点，提出了一套配套的、相对完善的预处理方法：采用 Grubbs 异常值检验法进行测量值选点；采用抛物线或三次样条方法进行数据插值；采用相关对比法进行深度校正。

第一节　过套管地层电阻率测井资料特点

常规测井资料是等采样间距的连续测井曲线，且每一个点仅有一个测量数据。过套管地层电阻率测井的仪器特点及测量方式决定了其测量数据与常规测井资料有所不同。例如，图 3−1−1 显示的是新疆油田某开发区块 T8× 井中 1188 ～ 1202m 井段过套管地层电阻率测井

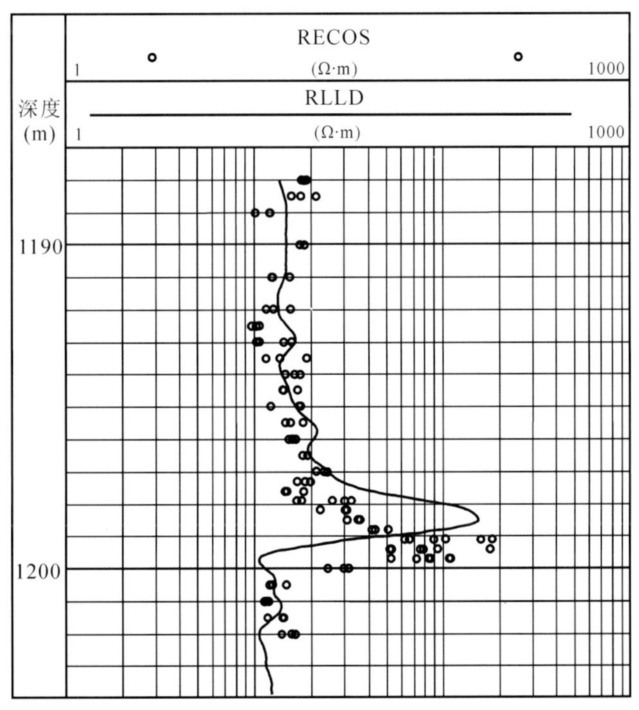

图 3−1−1　T8× 井一个井段的过套管地层电阻率测井原始测量值

原始测量值。该井采用俄罗斯仪器 ECOS 测量完成。同一深度点有多个电阻率测量值，一般为 3 个，最多 6 个。相邻测量点的深度间隔不相同，如 1189 ~ 1192m 井段深度间隔为 1m，1192 ~ 1197m 井段为 0.5m，1197 ~ 1200m 井段为 0.3m。与裸眼井测井资料对比，该井段的过套管地层电阻率测井资料存在深度误差，深度向下偏移了 0.787m。

因此，与常规测井资料相比，过套管地层电阻率测井资料具有以下特点：

(1) 测量值离散。为了有效地消除噪声信号，过套管地层电阻率测井仪器均采用点测方式进行，仪器在套管井中的每一个测量点静止测量。点测的特点，决定了测量值在深度上是离散的。

(2) 一个测量点有多个测量值，还可能含有异常的测量值。为了提高测量精度，每个测量点往往进行多次测量，形成一点多值的测量数据。一般情况下，要获得高质量的测井数据，每个深度点应有 3 次以上的测量。事实上，重复测量的次数受到许多方面的制约，特别是仪器保护方面。过套管地层电阻率测井仪器在井下高温、高压环境下作业，仪器一次下井测量时间不宜过长，以免损坏仪器或缩短仪器的使用寿命。

另外，由于测量环境、电极接触等诸多因素的影响，测量中出现异常的测量值在所难免，在同一个测量点处的多个测量值中可能存在一个或几个异常的测量值。

(3) 测量点之间的深度间隔不等。为了获得高质量的连续插值数据，测井的深度间隔一般不大于 0.5m，在薄目的层处可减小到 0.3m。另外，为了节省测量时间，在非目的层段

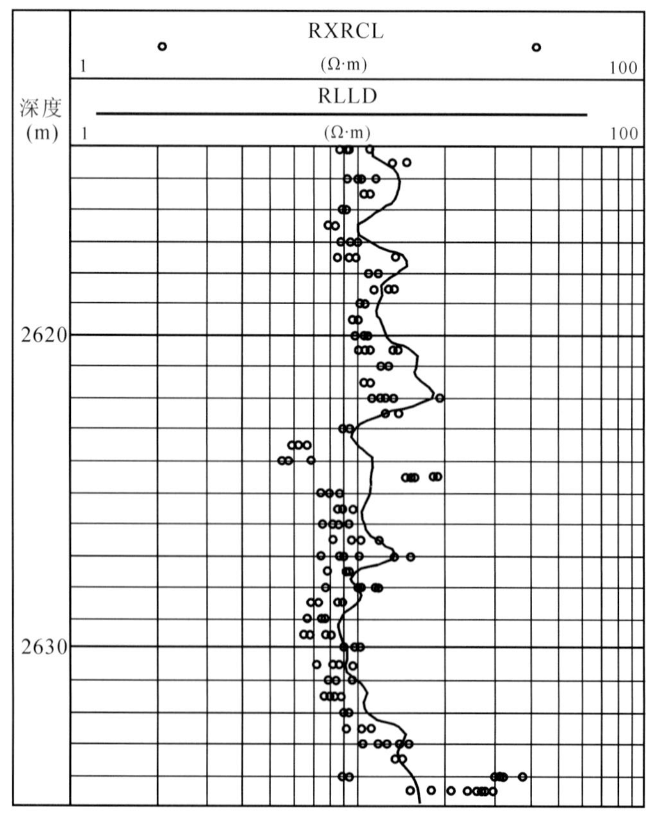

图 3-1-2　夏盐 × 井一个井段的过套管地层电阻率测井原始测量值

测量点之间的深度间隔则相对较大，如 1m。由此造成了一口井的测量数据整体上深度间隔不等。

（4）测量点之间的深度间隔大，即数据稀疏。常规的测井资料数字化后深度间隔一般为 0.125m，而过套管地层电阻率测井数据的深度间隔常见的有 1m、0.5m 和 0.3m。可见，过套管地层电阻率测井数据的深度间隔较大，数据稀疏。

（5）数据深度上存在误差。俄罗斯仪器 ECOS 和有些型号的国产仪器无校深装置，测得的数据往往存在深度误差。

利用国产新一代仪器 XCRL 在新疆油田某开发区块夏盐 × 井中测量了地层电阻率，2614 ~ 2635m 井段的原始测量值如图 3−1−2 所示。与 T8× 井的测量值特点类似，该井段的过套管地层电阻率测井原始数据在同一深度点一般测量 3 ~ 6 次（在 2634.5m 处为 8 次），且深度间隔为 0.5m。但是新一代仪器 XCRL 增加了自然伽马深度校正短节，因此该井段无明显的深度误差。

第二节　测量值选点方法

在过套管地层电阻率测井原始测量数据中，一个测量点上的多个电阻率测量值组成了一个测量值集合。在这个集合中，除了含有正常测量值外，可能还含有一个或几个异常测量值。与正常测量值相比，异常测量值超出了正常测量值允许的波动范围，或者偏大，或者偏小，并且偏大或偏小的程度有明显和不明显之分。测量值处理主要包括 2 个方面的工作：测量值检验和生成测点数据。前者采用一定的方法对过套管地层电阻率测井的原始测量数据进行检验，剔除异常测量值，保留正常测量值；后者根据同一个测量点的多个正常测量值生成反应地层电阻率的单一测点数据。

一、测量值检验

过套管地层电阻率测井原始测量值的选点通常有两种方法：人工处理法和计算机异常值检验法。前一种方法，由人工根据经验判别和剔除异常测量值，经验性较强，数据的舍取因人而异，缺乏统一的准则，而且工作量大、效率低。本节主要介绍的是第 2 类方法。

根据第一节分析的过套管地层电阻率测井原始测量值的特点（多次重复测量且次数较少）可知，剔除异常测量值属于小样本数据集合中检验异常值的问题。这一类常用的异常值检验方法有 Grubbs 检验法和 Dixon 检验法等。这些检验方法已经广泛应用于食品分析、环境监测、雷达数据分析等诸多领域。下面首先主要介绍 Grubbs 检验法的基本原理和方法，利用该方法对模拟的过套管地层电阻率测井测量值进行了试验，给出了两个井段的处理结果；然后介绍 Dixon 检验法的基本原理和方法。

设过套管地层电阻率测井仪器在某一深度点测得 N 个电阻率值：R_1，R_2，…，R_N，按从小到大的顺序排列为 $R_{(1)}$，$R_{(2)}$，…，$R_{(N)}$。

F. E. Grubbs 于 1952 年和 1969 年提出并完善的 Grubbs 检验法如下：

（1）选定 Grubbs 检验法下的显著性水平 α，一般取 10.0%、5.0%、2.5%、1.0% 或 0.5%。

（2）怀疑最小或最大的数据 $R_{(1)}$、$R_{(N)}$ 是异常测量值（可疑异常测量值），计算 G_1、G_N：

$$\begin{cases} G_1 = \dfrac{\overline{R} - R_{(1)}}{S} \\ G_N = \dfrac{R_{(N)} - \overline{R}}{S} \end{cases} \tag{3-2-1}$$

其中：

$$\overline{R} = \frac{1}{N}\sum_{i=1}^{N} R_i \tag{3-2-2}$$

$$S = \sqrt{\frac{1}{N-1}\sum_{i=1}^{N}(R_i - \overline{R})^2} \tag{3-2-3}$$

（3）锁定可疑异常测量值。若 $G_1 \geqslant G_N$，则令 $G=G_1$，且 $R_{(1)}$ 为可疑异常测量值；否则令 $G=G_N$，且 $R_{(N)}$ 为可疑异常测量值。

（4）查表 3-2-1 中相应于 N 及 α 的临界值 $G_{(N,\ \alpha)}$。

表 3-2-1　Grubbs 检验法临界值 $G_{(N,\ \alpha)}$ 表

α	N							
	3	4	5	6	7	8	9	10
10.0%	1.148	1.425	1.602	1.729	1.828	1.909	1.977	2.036
5.0%	1.153	1.463	1.672	1.822	1.938	2.032	2.110	2.176
2.5%	1.155	1.481	1.715	1.887	2.020	2.126	2.215	2.290
1.0%	1.155	1.492	1.749	1.944	2.097	2.221	2.323	2.410
0.5%	1.155	1.496	1.764	1.973	2.139	2.274	2.387	2.482

（5）比较 G 与 $G_{(N,\ \alpha)}$。若 $G \geqslant G_{(N,\ \alpha)}$，则剔除该可疑异常测量值，返回到步骤 2，重复步骤（3）和（4），重复检验；若 $G < G_{(N,\ \alpha)}$，则保留可疑异常测量值。

首先，为了考察采用 Grubbs 检验法的可行性，根据过套管电阻率原始资料的特点设计了一组人工数据，如图 3-2-1 所示。该井段为 1000 ～ 1005m，地层的电阻率真实值 R_t 为 2Ω · m。这组数据每个深度点有多个测量值，含正常测量值和各类异常测量值。异常测量值分为 2 大类，即偏大或偏小，按偏离正常测量值的程度，又可进一步分为偏离明显或不明显 2 种。图 3-2-1（a）中已标注了这些异常测量值及其类型，例如，在 1004.5m 处有 4 个测量值，其中有 2 个异常测量值，其中一个明显偏大，另一个明显偏小，说明可以将该方法应用于过套管地层电阻率测井原始测量值选点中。

选定显著性水平 α=5.0%，采用上述异常测量值检验方法按深度点对测量数据逐一检测，剔除异常测量值后形成了图 3-2-1（b）中的数据。对比图 3-2-1（a）与图 3-2-1（b）可以发现，那些标注的异常测量值已经全部被剔除，形成了每个深度点对应的正常测量值，分布范围在 1.94 ～ 2.11Ω · m。例如，1004.5m 处明显偏大和偏小的异常测量值已经被剔除，只剩下中间两个很接近的正常测量值。

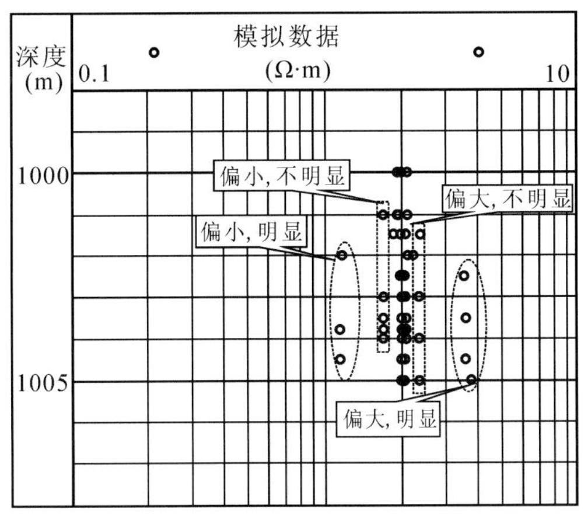

(a)原始测量值

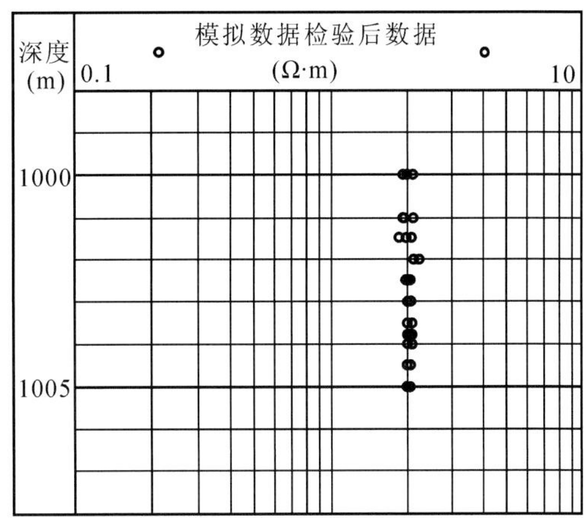

(b)剔除异常值后（正常测量值）

图 3–2–1　人工模拟过套管地层电阻率数据

利用 Grubbs 检验法处理图 3–1–1 中的过套管地层电阻率测井原始测量值后，结果如图 3–2–2 所示。从同一深度点的电阻率测量值可以看出，偏差较大的电阻率测量值已被全部剔除。

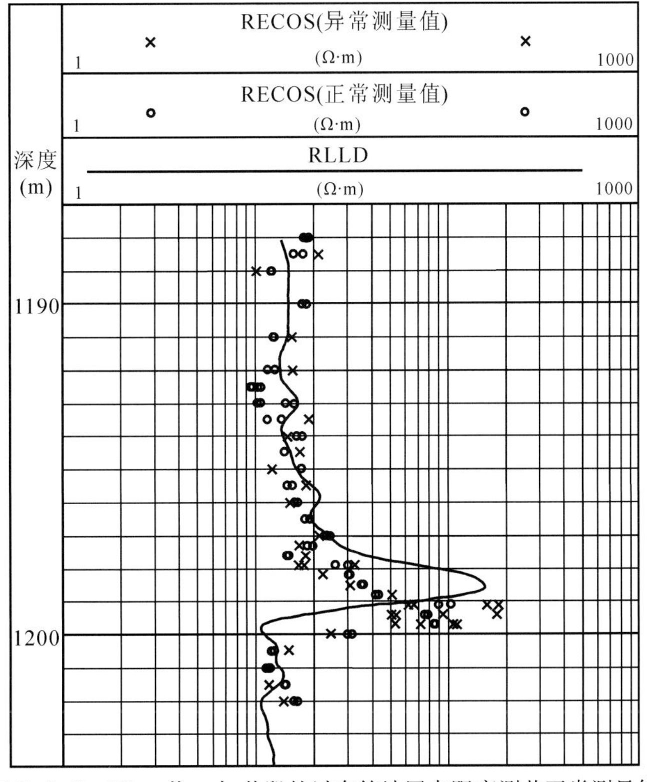

图 3–2–2　T8× 井一个 井段的过套管地层电阻率测井正常测量值

同样，利用 Grubbs 检验法检验图 3–1–2 中夏盐 × 井 2614.0 ~ 2635.0m 井段的过套管地层电阻率测井原始数据，结果如图 3–2–3 所示。从图中可以看出，该方法在夏盐 × 井中应用效果也较好。

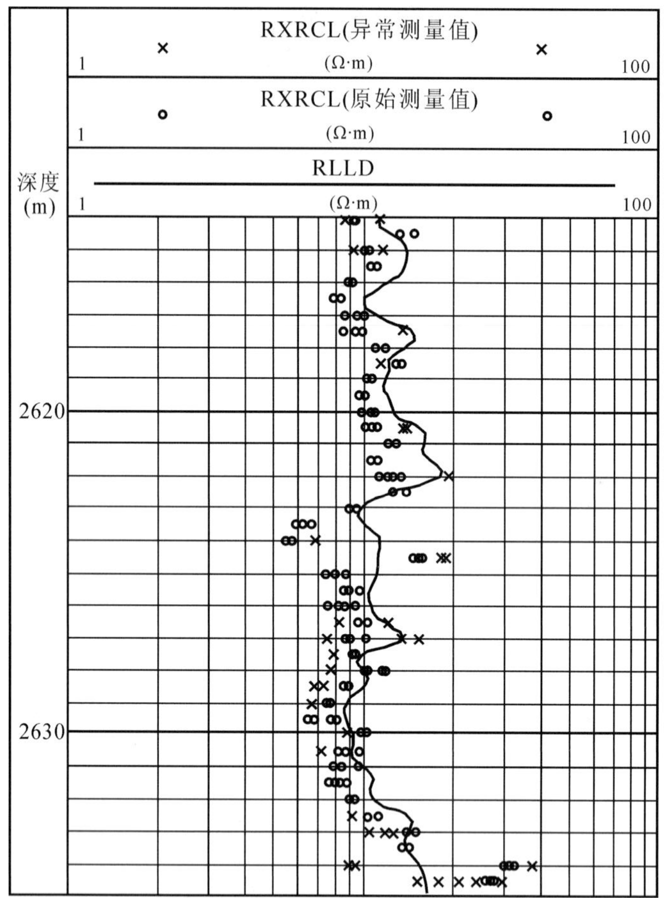

图 3-2-3　夏盐 × 井一个井段的过套管地层电阻率测井正常测量值

此外，读者可以参考类似于 Grubbs 检验法的 Dixon 异常值检验方法，该方法于 1953 年由 W. J. Dixon 提出，原理如下：

（1）选定显著性水平 α（判断为异常测量值犯错的概率）。α 是一个较小的百分数，一般取 5.0% 或 1.0%。

（2）怀疑最小或最大的电阻率 $R_{(1)}$、$R_{(N)}$ 是异常测量值（可疑异常测量值），计算 D_1、D_N。若 $3 \leqslant N \leqslant 7$，则令：

$$\begin{cases} D_1 = \dfrac{R_{(2)} - R_{(1)}}{R_{(N)} - R_{(1)}} \\ D_N = \dfrac{R_{(N)} - R_{(N-1)}}{R_{(N)} - R_{(1)}} \end{cases} \tag{3-2-4}$$

若 $8 \leqslant N \leqslant 10$，则令：

$$\begin{cases} D_1 = \dfrac{R_{(2)} - R_{(1)}}{R_{(N-1)} - R_{(1)}} \\ D_N = \dfrac{R_{(N)} - R_{(N-1)}}{R_{(N)} - R_{(2)}} \end{cases} \tag{3-2-5}$$

（3）确定可疑异常测量值。若 $D_1 \geqslant D_N$，则令 $D=D_1$，且 $R_{(1)}$ 为可疑异常测量值；否则令 $D=D_N$，且 $R_{(N)}$ 为可疑异常测量值。

（4）查表 3–2–2 中相应于 N 及 α 的临界值 $D_{(N,\ \alpha)}$。

表 3–2–2 Dixon 检验法临界值 $D_{(N,\ \alpha)}$ 表

α \ $D_{(N,\ \alpha)}$ \ N	3	4	5	6	7	8	9	10
5.0%	0.970	0.829	0.710	0.628	0.569	0.608	0.564	0.530
1.0%	0.994	0.926	0.821	0.740	0.680	0.717	0.672	0.635

（5）比较 D 与 $D_{(N,\ \alpha)}$。若 $D \geqslant D_{(N,\ \alpha)}$，则可疑异常测量值在显著性水平 α 下是异常的，从数据集中剔除该值。返回到步骤（2），重复步骤（3）和（4），逐步检验电阻率测量值，将异常测量值从数据集合中剔除掉；若 $D < D_{(N,\ \alpha)}$，则可疑异常测量值还不能以显著性水平 α 舍弃，故是有效的、正确的，可疑异常测量值可以保留。

二、生成测点数据

经过电阻率异常测量值的检验剔除之后，在同一深度测量点还有多个正常的电阻率测量值。为了合理地给出地层电阻率的测量结果，充分利用正常测量值精确地刻画测量点处的地层真电阻率，下一步还需要将这些正常测量值生成单一数据。设经检验后同一深度点处的电阻率正常测量值为 R'_1，R'_2，…，R'_K，$2 \leqslant K \leqslant N$。用以下方法把合格测量值生成测点数据。

（1）算术平均法：取该深度点处的电阻率 R_0 为：

$$R_0 = \frac{R'_1 + R'_2 + \cdots + R'_K}{K} \tag{3–2–6}$$

图 3–2–4 是 T8× 井 1188.0 ~ 1202.0m 井段的过套管地层电阻率生成测点数据的实例。采用算术平均数法处理图 3–2–2 中的电阻率测量值，形成单点地层电阻率测量值。

（2）中位数法：把电阻率值为 R'_1，R'_2，…，R'_K 按从小到大的顺序排列，即满足 $R'_{(1)} < R'_{(2)} < \cdots < R'_{(K)}$。若 K 为奇数，则取该深度点处的电阻率 R_0 为：

$$R_0 = R'_{\left(\frac{K+1}{2}\right)} \tag{3–2–7a}$$

若 K 为偶数，则取 R_0 为：

$$R_0 = \frac{1}{2}\left[R'_{\left(\frac{K}{2}\right)} + R'_{\left(\frac{K}{2}+1\right)}\right] \tag{3–2–7b}$$

采用中位数法把夏盐 × 井 2614 ~ 2635m 井段的多个过套管地层电阻率测井正常测量值生成测点数据，结果如图 3–2–5 所示，效果与算术平均法类似。

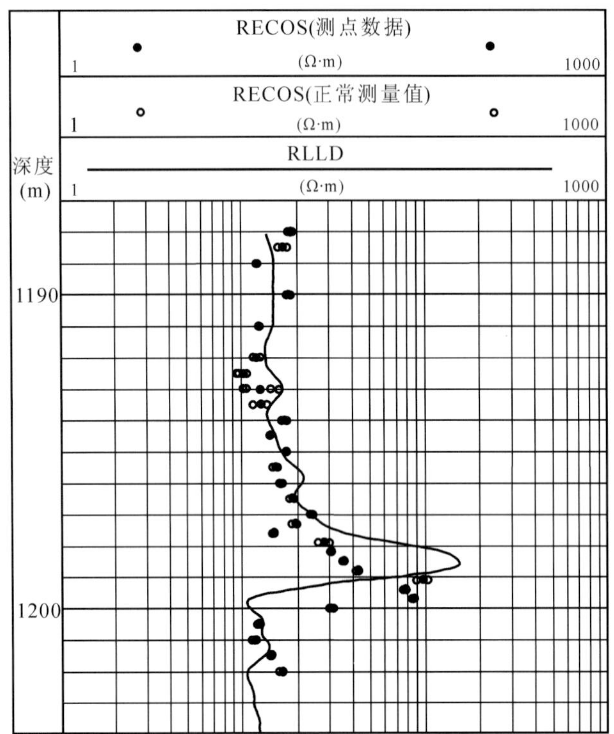

图 3-2-4　T8× 井一个井段过套管地层电阻率测井测点数据（算术平均值）

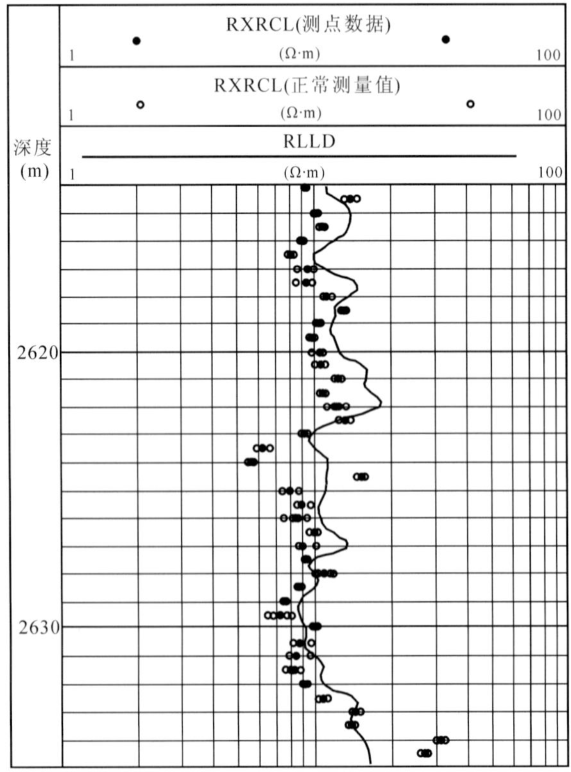

图 3-2-5　夏盐 × 井一个井段过套管地层电阻率测井测点数据（中位数）

值得注意的是，这里提出的测量值选点方法（包括测量值检验和生成测点数据）是根据一定的数学准则自动执行的，读者可以试用并选取合适的方法及其显著性水平 α。由于这些方法没有考虑实际测井环境，例如地层条件、井况等，因此在使用该选点方法后，可以参考其他资料，对其中少数数据进行特殊处理（舍弃或保留），使得最后形成的过套管地层电阻率测井资料更加符合地层地质条件。

第三节　数据插值方法

过套管地层电阻率测井原始资料的深度间隔是不相等的；而常见的测井资料却是等深度间隔的，且深度间隔较小，一般为 0.125m。另外，现有的测井处理和解释系统，一般也要求输入的测井数据是等间距的。因此，需要将不等深度间隔的过套管地层电阻率测井资料进行插值处理，加密成等深度间隔（如 0.125m）的数据。

数学上的插值方法有较多，这里分别介绍两种插值方法：三次样条插值和抛物线插值。读者可参阅相关文献，采用其他方法。

一、三次样条插值

若函数 $S(h)\in C^2[h_0,\ h_n]$，即 $S(h)$ 在区间 $[h_0,\ h_n]$ 上有二阶连续导数，且在每个小区间 $[h_i,\ h_{i+1}]$ 上是三次多项式，其中 $h_0<h_1<\cdots<h_n$ 是给定节点，则称 $S(h)$ 是节点 h_0，h_1，…，h_n 上的三次样条函数。若在节点 h_i 上给定函数值 R_i（i=0，1，…，n）且：

$$S(h_i)=R_i \tag{3-3-1}$$

成立，则称 $S(h)$ 为三次样条插值函数。

推广到过套管地层电阻率测井的插值方法中，小深度区间 $[h_i,\ h_{i+1}]$ 上的三次样条插值函数 $S(h)$ 的表达式为：

$$\begin{aligned}S(h)=&\frac{(h-h_{i+1})^2[l_i+2(h-h_i)]}{l_i^3}R_i+\frac{(h-h_i)^2[l_i+2(h_{i+1}-h)]}{l_i^3}R_{i+1}\\&+\frac{(h-h_{i+1})^2(h-h_i)}{l_i^2}m_i+\frac{(h-h_i)^2(h-h_{i+1})}{l_i^2}m_{i+1}\end{aligned} \tag{3-3-2}$$

式中　l_i——小深度区间长度，$l_i=h_{i+1}-h_i$（i=0，1，…，$n-1$）；

$S(h)$——利用三次样条插值函数计算的新加入深度点对应的电阻率值；

m_i，m_{i+1}——待定系数，i=0，1，…，$n-1$。

为了求解 m_i，必须给定 $S(h)$ 的边界条件。这里采用自然边界条件，即 $S(h)$ 在两端的二阶导数为 0：

$$S''(h_0)=S''(h_n)=g_0=g_n=0 \tag{3-3-3}$$

从而求解 m_i 的方程组的矩阵形式为：

$$\begin{bmatrix} 2 & 1 & 0 & \cdots & \cdots & 0 \\ \lambda_1 & 2 & \mu_1 & \ddots & & \vdots \\ 0 & \lambda_2 & 2 & \mu_2 & \ddots & \vdots \\ \vdots & \ddots & \ddots & \ddots & \ddots & 0 \\ \vdots & & \ddots & \lambda_{n-1} & 2 & \mu_{n-1} \\ 0 & \cdots & \cdots & 0 & 1 & 2 \end{bmatrix} \begin{bmatrix} m_0 \\ m_1 \\ m_2 \\ \vdots \\ m_{n-1} \\ m_n \end{bmatrix} = \begin{bmatrix} g_0 \\ g_1 \\ g_2 \\ \vdots \\ g_{n-1} \\ g_n \end{bmatrix} \tag{3-3-4}$$

其中：

$$\begin{cases} \lambda_i = \dfrac{l_i}{l_{i-1} + l_i} \\ \mu_i = \dfrac{l_{i-1}}{l_{i-1} + l_i} \\ g_i = 3\left(\lambda_i \dfrac{R_i - R_{i-1}}{l_{i-1}} + \mu_i \dfrac{R_{i+1} - R_i}{l_i} \right) \end{cases} \tag{3-3-5}$$

式中，i=1，3，…，n−1。

利用追赶法求解三对角方程组（3−3−4），步骤如下：

（1）利用下式递推计算 β_i（i=0，1，…，n−1）：

$$\begin{cases} \beta_0 = \dfrac{1}{2} \\ \beta_i = \dfrac{\mu_i}{2 - \lambda_i \beta_{i-1}} \quad (i = 1,\ 2,\ \cdots,\ n-1) \end{cases} \tag{3-3-6}$$

（2）利用下式递推计算 y_i（i=0，1，…，n）：

$$\begin{cases} y_0 = \dfrac{g_0}{2} \\ y_i = \dfrac{g_i - \lambda_i y_{i-1}}{2 - \lambda_i \beta_{i-1}} \quad (i = 1,\ 2,\ \cdots,\ n) \end{cases} \tag{3-3-7}$$

（3）利用下式递推计算 m_i（i=0，1，…，n）：

$$\begin{cases} m_n = y_n \\ m_i = y_i - \beta_i m_{i+1} \quad (i = n-1,\ n-2,\ \cdots,\ 1,\ 0) \end{cases} \tag{3-3-8}$$

这里，选择三次样条插值方法对图 3−2−4 中 T8× 井 1188.0 ～ 1202.0m 井段的过套管地层电阻率测井进行插值处理，结果如图 3−3−1 所示。插值后在该测量井段形成的数据深度间隔为 0.125m。

二、抛物线插值

抛物线插值多项式是拉格朗日插值多项式的一种特殊形式。拉格朗日插值多项式的形式为：

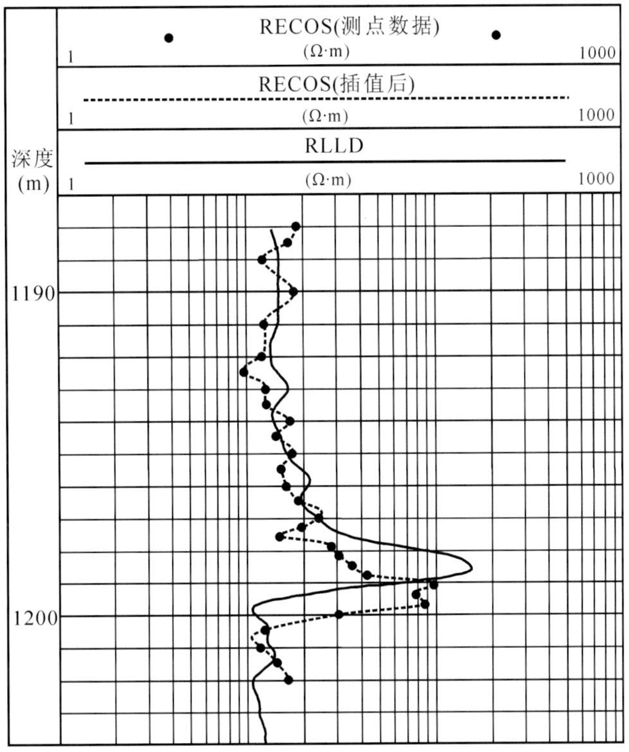

图 3-3-1　T8× 井一个井段过套管地层电阻率测井曲线（三次样条插值）

$$L_m(h)=\sum_{k=0}^{m}R_k\prod_{\substack{j=0\\j\neq k}}^{m}\frac{h-h_j}{h_k-h_j} \tag{3-3-9}$$

实践证明，高次插值的效果不理想，低次插值（一次插值或二次插值）则可避免 Runge 病态现象。若在式（3-3-9）中令 m=2，则拉格朗日插值多项式是最高次数为 2 的抛物线多项式，此时抛物线插值多项式为：

$$\begin{aligned}L_2(h)=&\frac{(h-h_i)(h-h_{i+1})}{(h_{i-1}-h_i)(h_{i-1}-h_{i+1})}R_{i-1}+\frac{(h-h_{i-1})(h-h_{i+1})}{(h_i-h_{i-1})(h_i-h_{i+1})}R_i\\&+\frac{(h-h_{i-1})(h-h_i)}{(h_{i+1}-h_{i-1})(h_{i+1}-h_i)}R_{i+1},\quad i=1,\ 2,\ \cdots,\ n-1\end{aligned} \tag{3-3-10}$$

式中　h_i——过套管地层电阻率测井测量的深度节点，$h_0<h_1<h_2<\cdots<h_n$；

R_i——深度节点 h_i 处的电阻率最优值；

h——新加入的深度值；

$L_2(h)$——利用抛物线插值计算的新加入深度点对应的电阻率值。

利用已知深度节点对应的电阻率值来计算新加入的深度值对应的电阻率值时，必须采取一定的节点使用原则。这里规定，利用分段二次插值多项式求深度值 h 对应的电阻率值 $L_2(h)$ 的原则为：

（1）若 $h_0 \leqslant h \leqslant h_1$，则选取 h_0、h_1、h_2 三个节点利用式（3−3−10）计算 $L_2(h)$。

（2）若 $h_{n-1} \leqslant h \leqslant h_n$，则选取 h_{n-2}、h_{n-1}、h_n 三个节点利用式（3−3−10）计算 $L_2(h)$。

（3）若 $h_i \leqslant h \leqslant h_{i+1}$（$i$=1，2，…，$n$−1），则首先选取 h_{i-1}、h_i、h_{i+1} 三个节点利用式（3−3−10）计算 $L_{21}(h)$，其次选取 h_i、h_{i+1}、h_{i+2} 三个节点利用式（3−3−10）计算 $L_{22}(h)$，最后取：

$$L_2(h) = \frac{L_{21}(h) + L_{22}(h)}{2}$$

作为新加入深度值对应的电阻率值。

分段低次插值函数都有一致收敛性，容易实现。利用该方法处理图 3−2−5 中夏盐 × 井 2614 ~ 2635m 井段的过套管地层电阻率测井测点数据，深度间隔为 0.125m，结果如图 3−3−2 所示。

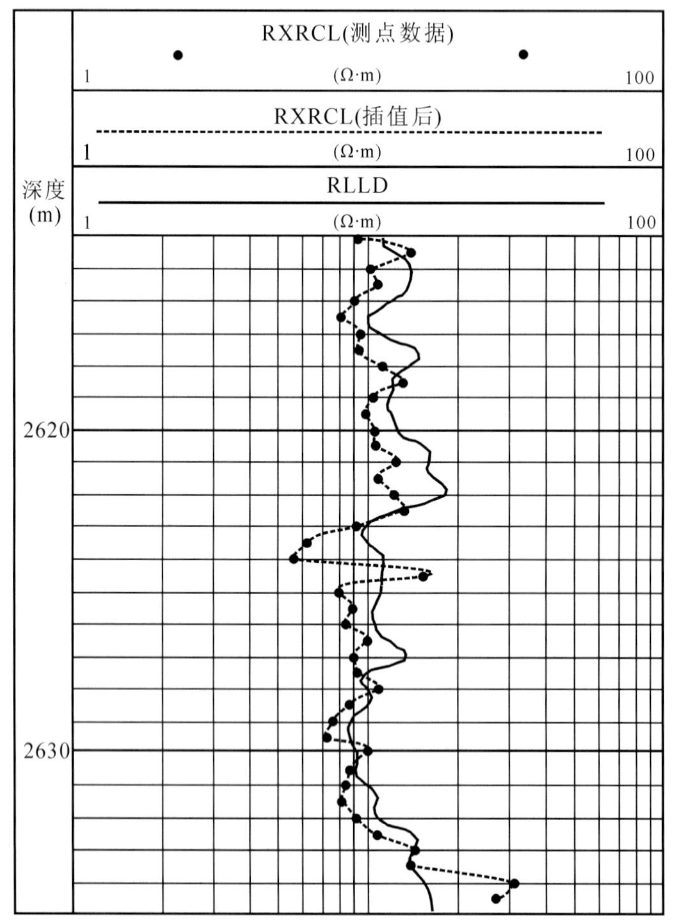

图 3−3−2　夏盐 × 井一个井段过套管地层电阻率测井曲线（抛物线插值）

此外，对新疆油田几十口井过套管地层电阻率测井资料插值处理后发现：在非储层段和较厚的储层段，过套管地层电阻率曲线与裸眼井电阻率曲线具有相似的趋势，但是在有些井段的薄层处两者趋势的相似性较差。理论上要求过套管地层电阻率测井仪器至少在地层电阻率的极大值处有测量值，但实际却很难满足。根据笔者对实际的资料处理，模拟了理想情况下过套管地层电阻率与裸眼井电阻率关系图，如图 3–3–3 所示。图中 1000 ～ 1005m 井段，过套管地层电阻率的测量值与同深度点处的裸眼井电阻率值相等；但在 1005 ～ 1006.125m 处有两个厚度约为 0.5m 的薄层处，由于围岩等因素的影响，过套管地层电阻率的测量值不等于裸眼井电阻率值。此时，采用简单的插值、深度校正后仍与裸眼井电阻率曲线形态相差甚远。为此，在这方面做了初步探究，提出以下方法，仅供各位读者参考。

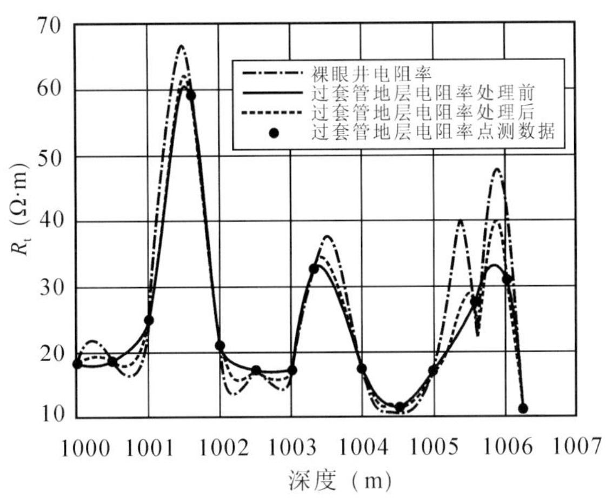

图 3–3–3　参考裸眼井电阻率方法模型

为了在经过数据插值处理后形成的过套管地层电阻率 R_{ch} 中引入裸眼井电阻率 R_t 的变化趋势，在某一点处过套管地层电阻率 $R_{ch}(i)$ 中引入对应深度点裸眼井电阻率 $R_t(i)$ 的二阶中心差分：

$$R'_{ch}(i)=R_{ch}(i)-\frac{1}{3}\delta^2 R_t(i) \tag{3-3-11}$$

$$\begin{aligned}\delta^2 R_t(i)&=\delta R_t\left(i+\frac{1}{2}\right)-\delta R_t\left(i-\frac{1}{2}\right)\\&=[R_t(i+1)-R_t(i)]-[R_t(i)-R_t(i-1)]\\&=R_t(i+1)+R_t(i-1)-2R_t(i)\end{aligned} \tag{3-3-12}$$

式中　$R'_{ch}(i)$ ——处理后的过套管地层电阻率值；

$\delta^2 R_t(i)$ ——深度点 i 处的裸眼井电阻率 $R_t(i)$ 的二阶中心差分。

从而，式（3–3–11）可写为：

$$R'_{ch}(i)=R_{ch}(i)-\frac{1}{3}\left[R_t(i+1)+R_t(i-1)-2R_t(i)\right] \tag{3-3-13}$$

利用式（3–3–13）对图 3–3–3 中模拟的过套管地层电阻率曲线作进一步的处理。在薄层段，处理后的过套管地层电阻率曲线具有了与裸眼井电阻率曲线近似的变化趋势。

例如，2007 年，在新疆油田某开发区块中的开发井 T7× 井中采用俄罗斯仪器 ECOS-31-7 测量了地层的电阻率，如图 3-3-4 所示。该井于 1995 年固井，根据裸眼井的测井资料，在 970 ~ 973.7m 井段的解释结论为油层，但始终没有开采动用，理论上该层的过套管地层电阻率应该与裸眼井的电阻率资料一致。但是在该层的下部有一个厚度约为 0.5m 的薄层，过套管地层电阻率仪器却未能在该层的中间点测量，导致插值后形成的过套管地层电阻率测井曲线的与原始裸眼井电阻率曲线的形态差异较大。利用以上的方法对过套管地层电阻率测井曲线处理后，在一定程度上突出了这个薄层的信息，有利于后期围岩影响校正（详见第四章）。

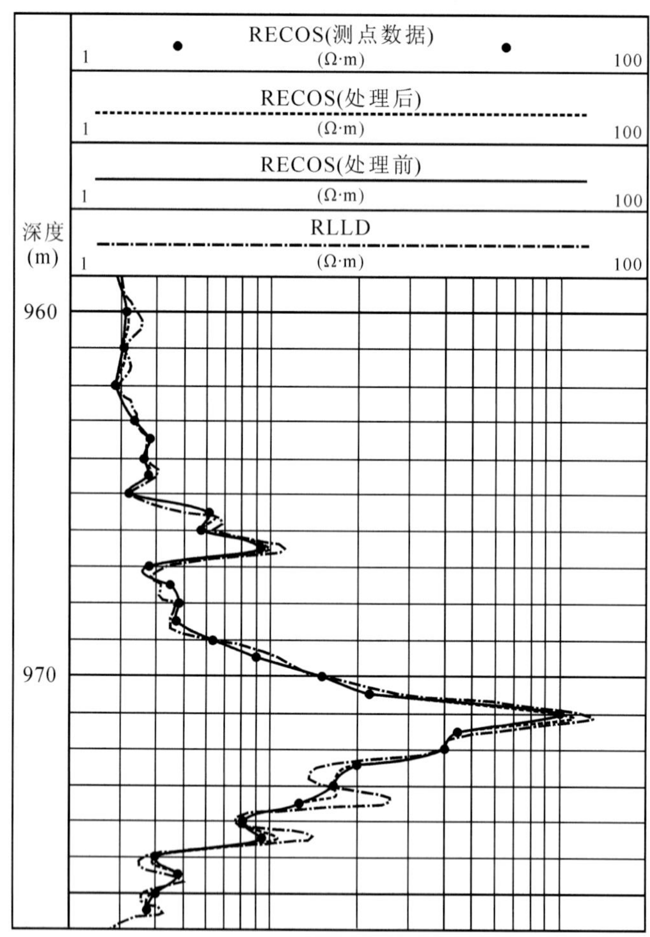

图 3-3-4　T7× 井参考裸眼井电阻率插值结果

第四节　深度校正方法

过套管地层电阻率测量值在深度上往往存在误差，特别是使用俄罗斯仪器 ECOS 和已研制的国产仪器无校深装置得到的数据。深度校正也是其他测井资料预处理中不可缺少的工作。现有的测井处理系统提供了人机交互的方式，供人工上下移动深度不可靠的测井曲线。

这里介绍基于互相关系数法自动进行深度校正的方法。

过套管地层电阻率曲线的深度校正的原则是把裸眼井电阻率曲线作为基准线固定，上下移动过套管地层电阻率测井曲线，以达到使两段曲线相关度最大的目的。相关度采用互相关系数量度。

图 3-4-1 为深度校正的原理示意图，原理如下：

（1）确定考察的曲线段，即确定计算互相关系数的深度范围。如图 3-4-1（a）所示，A、B 两点之间有两条曲线：X 和 Y。很明显，在 AB 间（或 A_1B_1）（有 N 个深度点，深度间距为步长 0.125m）两曲线的形态大致相似，只是相对位置有所不同。对于 AB 之外的曲线则不予考虑。

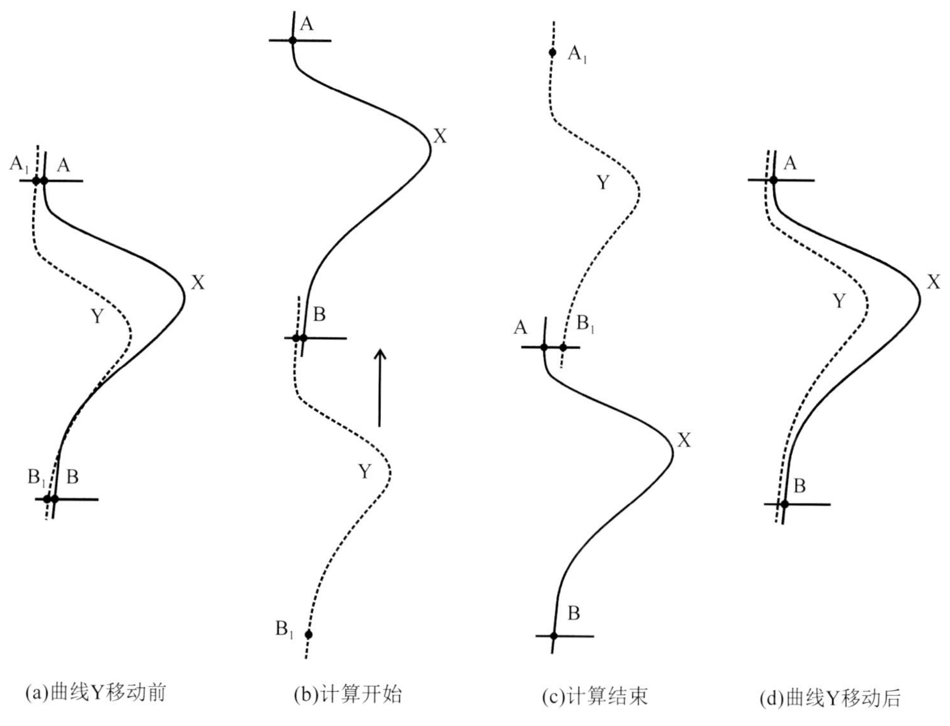

图 3-4-1　计算互相关系数原理图

（2）在保证曲线 X 位置不变的前提下平移曲线 Y，并计算互相关系数。如图 3-4-1（b）所示，初始时将曲线 Y 上的点 A_1 与曲线上 X 点 B 对齐，开始计算并记录两条曲线的互相关系数；然后向上移动一个步长，再计算、记录两条曲线的互相关系数。就这样曲线 Y 每向上移动一个步长就计算、记录一次两条曲线的互相关系数，如此下去，直至点 B_1 移动至与点 A 对齐时停止，如图 3-4-1（c）所示。总共需要平移 $2N-1$ 个步长。

互相关系数的计算方法为：

$$C(m-N)=\frac{\rho_{xy}(m-N)}{\sqrt{\sum_{i=1}^{N}y_i^2\cdot\sum_{i=1}^{N}x_i^2}} \tag{3-4-1}$$

$$\rho_{xy}(m-N)=\begin{cases}\sum_{i=1}^{2N-m} y_i \cdot x_{i+m-N} & (m=N,\ N+1,\cdots,\ 2N-1)\\ \sum_{i=1}^{m} y_{i+m-N} \cdot x_i & (m=1,\ 2,\ \cdots,\ N-1)\end{cases} \tag{3-4-2}$$

式中 m——曲线 Y 向上平移的步长数。

(3) 找出互相关系数 $C(k)$ ($k=-N+1$, $-N+2$, …, -1, 0, 1, …, $N-1$) 的最大值对应的记录点 k_0。若 $k_0<0$，则曲线 Y 向上移动 $|k_0|$ 个步长，即 $|k_0|\times 0.125\text{m}$；若 $k_0>0$，则曲线 Y 向下移动 k_0 个步长，即 $k_0\times 0.125\text{m}$；若 $k_0=0$，则曲线 Y 不需要移动，此时，曲线 Y 与曲线 X 的相对位置如图 3-4-1（d）所示，两者相似程度最好。

图 3-4-2 是 T8× 井 1188 ~ 1202m 井段的深度校正实例。裸眼井电阻率曲线和过套管地层电阻率测井曲线在 1196 ~ 1201m 井段内相似性较好，因此利用以上深度校正原理，计算 1196 ~ 1201m 井段内两条曲线的互相关系数，结果如图 3-4-3 所示。

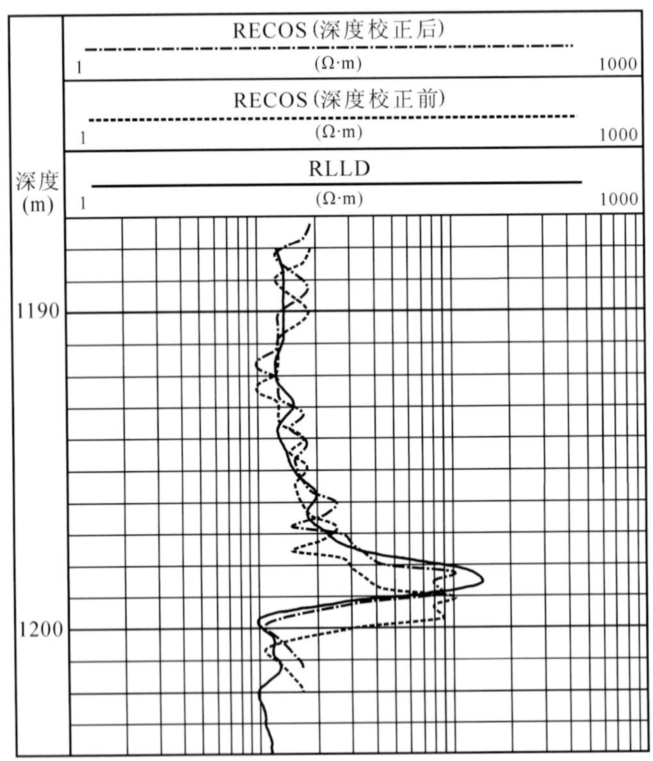

图 3-4-2 T8× 井一个井段过套管地层电阻率曲线深度校正图

图 3-4-3 中以互相关系数 $C(k)$ 的记录点 k 为横轴，负号表示应向上校正过套管地层电阻率测井曲线，正号代表应向下校正该曲线。互相关系数最大点对应的横坐标为 −6，故针对 T8× 井 1188 ~ 1202m 井段的过套管地层电阻率测井曲线应曲线向上校正 6 个步长，即 0.75m，与裸眼井曲线具有最大相关性，如图 3-4-2 所示。而根据其他资料可知，该过套管地层电阻率测井曲线的深度偏差为 0.787m，与本节采用的校正方法结果相近。

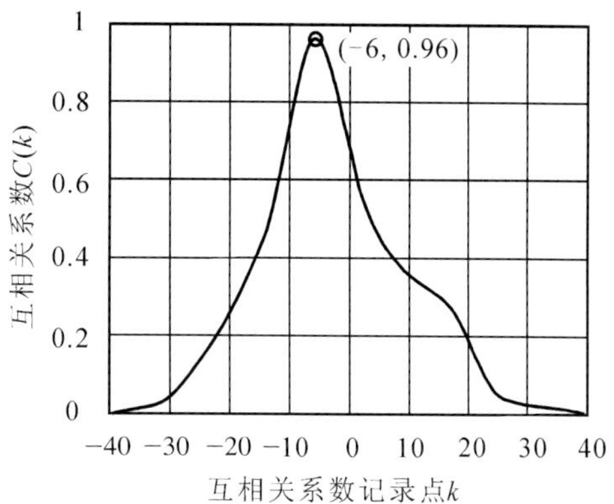

图 3−4−3 T8× 井 1196.0 ~ 1201.0m 井段过套管地层电阻率与裸眼井电阻率互相关系数图

利用以上基于互相关系数法的深度校正方法，对新疆油田一口开发井 1×−A 进行了深度校正，部分校正结果如图 3−4−4 所示。该井于 1992 年完钻，过套管地层电阻率于 2008 年由俄罗斯仪器 ECOS−13−7 测得，测量深度间隔为 0.5m。经以上基于 Grubbs 检验法的测量值选点、三次样条插值后形成了图 3−4−4 中的过套管地层电阻率测井曲线。对比图中裸眼井电阻率曲线与过套管地层电阻率曲线可以发现，两者存在较明显的深度误差。选择 390 ~ 398m 作为计算互相关系数的深度范围。计算该深度段内的裸眼井电阻率与过套管地层电阻率的互相关系数为 0.991，最终将过套管地层电阻率曲线向上校正 0.5m（4 个步长），如图 3−4−4 所示。

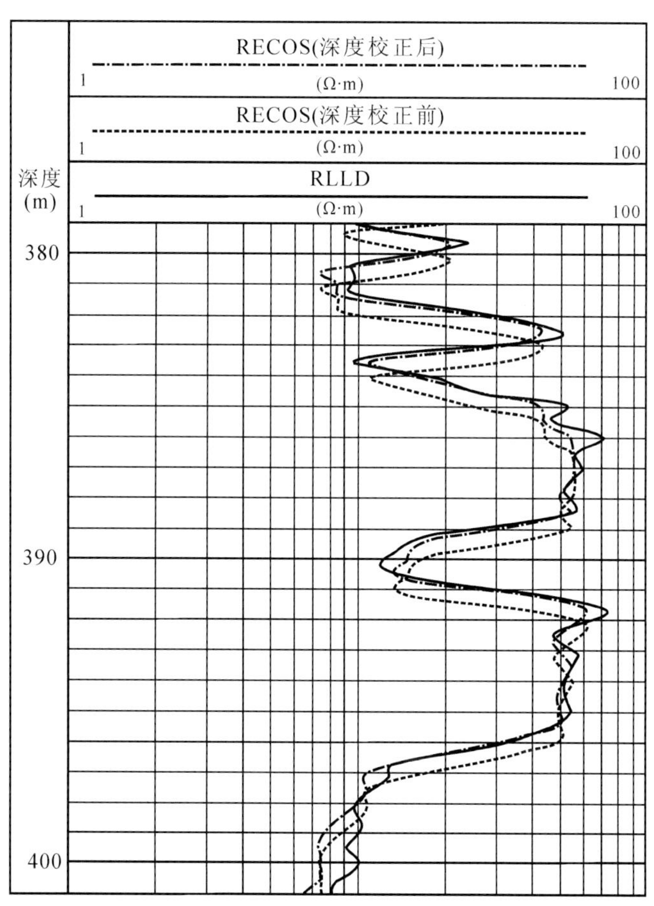

图 3−4−4 1×−A 井一个井段过套管地层电阻率曲线深度校正图

第四章 过套管地层电阻率测井资料的环境校正

过套管地层电阻率测井资料受诸多环境因素的影响，当这些因素严重影响地层电阻率的测量时，需要采用一些方法降低或消除这些影响。本章介绍过套管地层电阻率测井资料的主要影响因素及其分析方法；在这些分析的基础上，通过数值模拟，建立了一系列校正图版；提出了一套通过校正图版消除主要影响因素的方法。

第一节 测井资料的主要影响因素及其分析方法

本节主要介绍了过套管地层电阻率测井资料的主要影响因素（套管、水泥环和围岩）及其理论分析方法（修正的传输线方程近似解和积分方程精确解）。

一、过套管地层电阻率测井资料的主要影响因素

由于套管质量（如腐蚀、变形严重、射孔孔眼）或套管内壁存在附着物（如结垢、结蜡、锈斑）等影响因素，使井下仪器的供电电极、测量电极与套管内壁的接触不良，对仪器测量造成影响，使仪器测不到资料或测到的资料不合格。对于套管结垢、结蜡、锈斑等对测量的影响，可以通过测前洗井、刮蜡、酸洗等作业来降低或消除，而对套管严重变形或腐蚀等对测量的影响，目前还没法消除，只有在过套管地层电阻率测井项目设计时通过测量前选井、选取合适的测量井段避开。

图 4−1−1 中显示了当套管腐蚀严重时，过套管地层电阻率测井仪器测不到地层电阻率资料的情况。图中第三道为底电极测量的套管电阻 LCSR 曲线，在测量值发生异常的井段指示为套管腐蚀。与此相对应，在第二道仪器 CHFR 测得的过套管电阻率测量值 RCHFR 也出现严重异常，测量值忽大忽小，急剧跳动，测井资料已不能反映地层真实的电阻率大小。

在仪器的电极与套管内壁接触良好时，影响地层电阻率测量值的因素就来源于仪器的测量环境，包括套管、水泥环和围岩三个方面，以下参数就成为过套管地层电阻率测井的主要影响因素。

（1）套管：套管的几何参数（如长度）、非均质性（如套管接箍）。

（2）水泥环：电阻率、厚度、胶结情况。

（3）围岩：围岩的电阻率、目的地层的电阻率和厚度。

此外，由于测量环境的变化对仪器 K 因子会带来影响。当这些环境因素严重影响过套管地层电阻率测井仪器对目的地层电阻率测量时，必须采用一定的方法进行校正。

二、主要影响因素的分析方法

电法测井通常采用理论分析结合数值模拟的方法来研究各种条件下的测井响应，以分析其影响因素等。下面介绍了两种过套管地层电阻率测井的主要影响因素的理论分析方法。

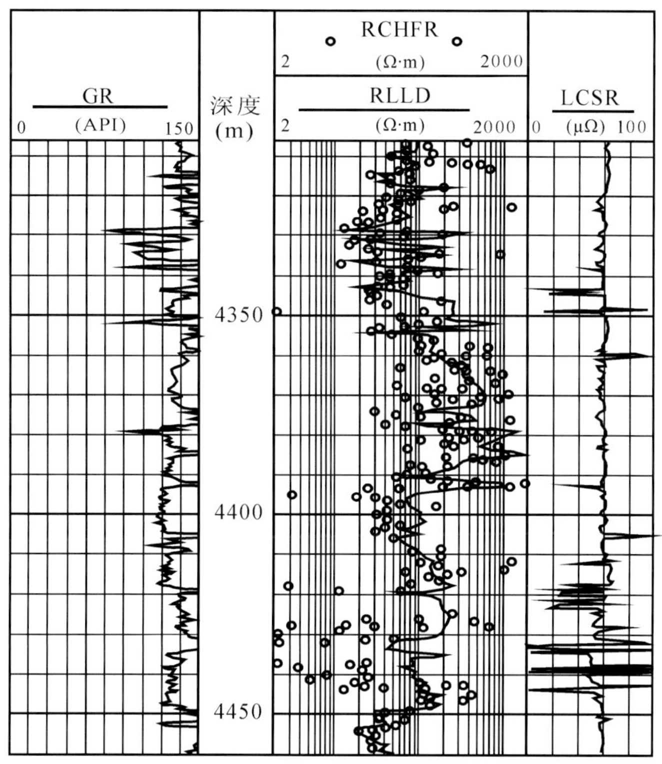

图 4-1-1　套管腐蚀严重时测量出现异常的实例

1. 修正的传输线方程近似解

Kaufman 提出的过套管地层电阻率测井的近似传输线方程适用于分析套管为无限长，套管、套管外介质水泥环和地层都均匀的情况。通过对这种近似传输线方程的过套管地层电阻率测井理论作一定的修正后，可以分析套管非均质性（套管接箍、腐蚀变薄等）影响、套管外介质非均质（水泥环和围岩）的影响（刘福平等，2007；高杰等，2008），下面简要介绍。

1）修正的传输线理论

将套管外介质为非均质的问题简化为分块均质问题。图 4-1-2 为分块均匀的地层模型，在柱坐标系中，地层在轴向上由 n 层组成，在径向上由同轴的多层柱体组成。设金属套管半径为 a，电阻率为 ρ_c，套管单位长度的电阻为 R_c。

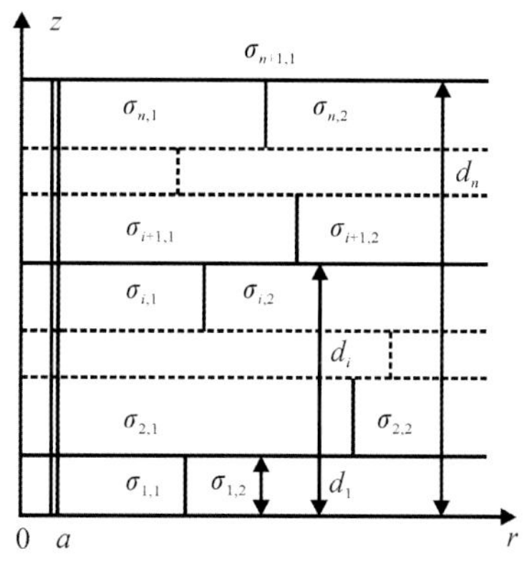

图 4-1-2　径向非均质地层模型

采用该模型可以考虑水泥环、侵入带、径向阶跃变化等地层模型的影响，还可以考虑扇形地层对测量结果的影响，使传输线方程能够解决更复杂的实际问题。

横向电阻 T 包含了地层的各种信息。如图 4-1-3 所示，设地层是由 n 层同轴的圆柱体组成，单位长度的横向电阻 T 为：

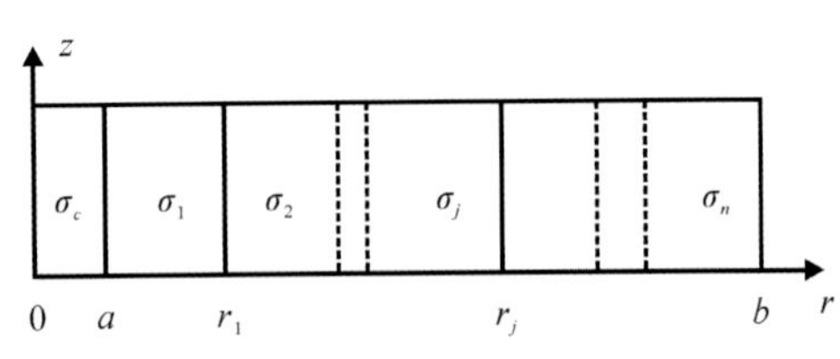

图 4-1-3　套管横向电阻模型

$$T=\sum_{j=1}^{n}\int_{r_{j-1}}^{r_j}\frac{\mathrm{d}r}{2\pi r\sigma_j}=\sum_{j=1}^{n}\frac{1}{2\pi\sigma_j}\ln\frac{r_j}{r_{j-1}}\quad (j=1,\ 2,\ \cdots,\ n) \tag{4-1-1}$$

式中　σ_j——径向第 j 层地层的电导率；

r_j——径向第 j 层圆柱体地层的半径。

若模型成扇状分布（实际地层对井眼是可以简化为扇状的），则按扇状求出每一个扇状地层的横向电阻，然后再求出总的单位长度套管的横向电阻 T。由于在传输线方程中用的是横向电阻 T，而不是地层电阻率 ρ_f，因此在求测井响应时，利用电位求出的是横向电阻（不是地层的真电阻率）：

$$T=\frac{1}{S_c\alpha^2}=\frac{S_0U(z)}{U''(z)} \tag{4-1-2}$$

均匀地层和非均匀地层皆适用下列二阶椭圆微分方程组：

$$\begin{cases}\dfrac{\mathrm{d}^2U}{\mathrm{d}z^2}=I\dfrac{\mathrm{d}R_c}{\mathrm{d}z}+\dfrac{\mathrm{d}I}{\mathrm{d}z}R_c=I\dfrac{\mathrm{d}R_c}{\mathrm{d}z}+R_cYU\\[2ex]\dfrac{\mathrm{d}^2I}{\mathrm{d}z^2}=U\dfrac{\mathrm{d}Y}{\mathrm{d}z}+Y\dfrac{\mathrm{d}U}{\mathrm{d}z}=U\dfrac{\mathrm{d}Y}{\mathrm{d}z}+R_cYI\end{cases} \tag{4-1-3}$$

若沿 z 方向套管是均匀的或分段均匀的，地层是分层块状均匀的，即在层块内有：

$$\begin{cases}\dfrac{\mathrm{d}R_c}{\mathrm{d}z}=0\\[2ex]\dfrac{\mathrm{d}Y}{\mathrm{d}z}=0\end{cases}$$

则式（4-1-3）可简化为：

$$\begin{cases}\dfrac{\mathrm{d}^2U}{\mathrm{d}z^2}=R_cYU=\alpha^2U\\[2ex]\dfrac{\mathrm{d}^2I}{\mathrm{d}z^2}=R_cYI=\alpha^2I\end{cases} \tag{4-1-4}$$

其中：

$$\alpha=\sqrt{YR_c}=\sqrt{\frac{1}{S_cT}}$$

相应地，地层视电阻率 ρ_a 公式应为：

$$\rho_a=\frac{2\pi U(z)}{S_cU''(z)\ln(b/a)} \tag{4-1-5}$$

实际上，由套管壁电位的测量值计算的地层视电阻率是地层真实电阻率的综合结果。

利用上述模型可计算图 4−1−2 中各层介质中的方程系数 α_i（i=1，2，…，n）。图 4−1−2 中 d_i（i=1，2，…，n）为轴向第 i 层界面的 z 坐标，$\sigma_{i,\ j}$ 为轴向第 i 层、径向第 j 层的电导率。若电源所在位置为坐标原点，则各层之间的边界条件可写为：

$$\begin{cases} I_1(0)=I, I_1(d_1)=I_2(d_1), U_1(d_1)=U_2(d_1) \\ \cdots \\ I_i(d_i)=I_{i+1}(d_i), U_i(d_i)=U_{i+1}(d_i) \\ \cdots \\ I_n(d_n)=I_{n+1}(d_n), U_n(d_n)=U_{n+1}(d_n) \end{cases} \tag{4-1-6}$$

求解各层中由微分方程组（4−1−4）及边界条件式（4−1−6）所组成的线性方程组，可得套管壁上的电位分布。利用式（4−1−5）计算图 4−1−2 地层模型的视电阻率。

2）修正传输线方程解的递推公式

在轴向第 i（i=1，2，…，n）层地层（块状均匀）中，由式（4−1−4）可得：

$$\begin{cases} I_i(z)=A_i e^{\alpha_i z}+B_i e^{-\alpha_i z} \\ U_i(z)=\xi_i A_i e^{\alpha_i z}-\xi_i B_i e^{-\alpha_i + z} \end{cases} \tag{4-1-7}$$

$$d_i \leqslant z \leqslant d_{i+1},\ d_0=0;\ \xi_i=T_i\alpha_i$$

式中 A_i，B_i——待定系数。

由第 i 层和第 i+1 层的边界条件得：

$$\begin{cases} A_i e^{\alpha_i d_i}+B_i e^{\alpha_i d_i}=A_{i+1}e^{\alpha_{i+1}d_i}+B_{i+1}e^{-\alpha_{i+1}d_i} \\ \xi_i A_i e^{\alpha_i d_i}-\xi_i B_i e^{-\alpha_i d_i}=\xi_{i+1}A_{i+1}e^{\alpha_{i+1}d_i}-\xi_{i+1}B_{i+1}e^{-\alpha_{i+1}d_i} \end{cases} \tag{4-1-8}$$

式（4−1−8）中 A_i、B_i 及 A_{i+1}、B_{i+1} 的系数矩阵分别为：

$$\boldsymbol{P}_i=\begin{pmatrix} e^{\alpha_i d_i} & e^{-\alpha_i d_i} \\ \xi_i e^{\alpha_i d_i} & -\xi_i e^{-\alpha_i d_i} \end{pmatrix} \tag{4-1-9}$$

$$\boldsymbol{Q}_i=\begin{pmatrix} e^{\alpha_{i+1} d_i} & e^{-\alpha_{i+1} d_i} \\ \xi_{i+1} e^{\alpha_{i+1} d_i} & -\xi_{i+1} e^{-\alpha_{i+1} d_i} \end{pmatrix} \tag{4-1-10}$$

从而，式（4−1−8）可写为：

$$\boldsymbol{P}_i\begin{pmatrix} A_i \\ B_i \end{pmatrix}=\boldsymbol{Q}_i\begin{pmatrix} A_{i+1} \\ B_{i+1} \end{pmatrix} \tag{4-1-11a}$$

或

$$\begin{pmatrix} A_i \\ B_i \end{pmatrix}=\boldsymbol{P}_i^{-1}\boldsymbol{Q}_i\begin{pmatrix} A_{i+1} \\ B_{i+1} \end{pmatrix} \tag{4-1-11b}$$

考虑 n+1 层地层，则有：

$$\begin{pmatrix} A_1 \\ B_1 \end{pmatrix} = \boldsymbol{P}_1^{-1}\boldsymbol{Q}_1\boldsymbol{P}_2^{-1}\boldsymbol{Q}_2\cdots\boldsymbol{P}_i^{-1}\boldsymbol{Q}_i\cdots\boldsymbol{P}_n^{-1}\boldsymbol{Q}_n\begin{pmatrix} A_{n+1} \\ B_{n+1} \end{pmatrix} \tag{4-1-12}$$

由于在 n+1 层中 z 可以取无限远，为保证电流 I（z）有限，则有 A_{n+1}=0。设：

$$\boldsymbol{T} = \boldsymbol{P}_1^{-1}\boldsymbol{Q}_1\boldsymbol{P}_2^{-1}\boldsymbol{Q}_2\cdots\boldsymbol{P}_i^{-1}\boldsymbol{Q}_i\cdots\boldsymbol{P}_n^{-1}\boldsymbol{Q}_n = \begin{pmatrix} T_{11} & T_{12} \\ T_{21} & T_{22} \end{pmatrix} \tag{4-1-13}$$

则式（4−1−12）变为：

$$\begin{pmatrix} A_1 \\ B_1 \end{pmatrix} = \boldsymbol{T}\begin{pmatrix} A_{n+1} \\ B_{n+1} \end{pmatrix} = \boldsymbol{T}\begin{pmatrix} T_{12}B_{n+1} \\ T_{22}B_{n+1} \end{pmatrix} \tag{4-1-14}$$

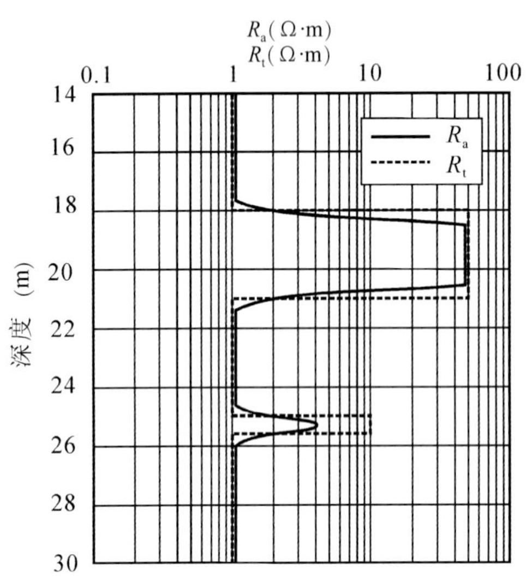

图 4−1−4　5 个地层的理论视电阻率测井曲线

若电源在坐标原点，则有 I_1（0）=I_0，其中 I_0 为由电源流出而流向上半个空间的电流。利用电流源条件和式（4−1−14）可得 B_{n+1}、A_1、B_1，再利用式（4−1−11）即可得任意一层中的解。

对于套管的分均质分析，如套管接箍、套管变薄等，可以将套管分段来处理，每一段内套管是均质的。

图 4−1−4 是采用修正的传输线方程计算套管外为非均匀介质时的视电阻率 R_a 测井曲线的实例。套管外含水泥环，地层为径向五层。上、下 2 个目的地层厚度分别为 3.0m 和 0.6m，电阻率 R_t 分别为 50Ω · m 和 10Ω · m；围岩电阻率为 1Ω · m；水泥环厚度为 0.05m，电阻率为 2Ω · m。仪器的电极距为 1.0m。图中反映了水泥环对地层电阻率测量值的影响、围岩对薄地层的电阻率测量值的影响。

2. 积分方程精确解

传输线方程模型将套管视为无限长，认为泄漏电流只有径向分量。但是在实际中，套管井的套管长度是有限的，而且通过接箍把套管连接，套管底有套管鞋，套管外有水泥层。水泥在套管外还有一段返高，周围地层是分层的，电阻率也不同。1994 年 Schenkel 利用曲面积分方程的数值解计算电场中的电位，模拟井眼流体、套管和周围半空间的非均匀地层，成功解决了这类复杂的地层模型。以下对该方法作简要介绍。

设点电流源在垂向井轴 z 上，此时套管和非均匀介质关于 z 轴对称，因此，可以应用柱坐标系。由于对称性，电场可用径向分量 x 和垂向分量 z 表示。

将 Green 定理应用到 Poisson 方程和边界条件中，可以得到电势函数 Φ（r）的第二类

Fredholm 积分方程：

$$\Phi(r)=\Phi_0(r)+\left(1-\frac{\sigma_1}{\sigma_0}\right)\int_S \Phi(r')\nabla' G(r,r')\cdot\hat{\boldsymbol{n}}(r')\mathrm{d}s' \tag{4-1-15}$$

$$G(r,r')=\frac{1}{4\pi}\int_0^{\infty}J_0(\lambda x)J_0(\lambda x')\cdot\left[\mathrm{e}^{-\lambda|z-z'|}+\mathrm{e}^{-\lambda(z+z')}\right]\mathrm{d}\lambda \tag{4-1-16}$$

式中　σ_0——周围介质电导率；

σ_1——电流扰动体电导率；

r——场点；

r'——源点密度；

$\hat{\boldsymbol{n}}$——面 S 上单位曲面元的向外法向矢量；

G（r，r'）——轴对称性半空间 Green 函数（Schenkel，Morrison，1990）；

J_0（y）——零阶贝塞尔函数，其主值和次值分别由源点和场点的位置决定。

对于式（4-1-15）的解，可以把该函数扩展为 N 段一系列常数基函数。然后在定义域区间内的 N 个离散点的每一个点上使用 DiracΔ 函数满足式（4-1-15），每个子区间积分的总和即为该定义域区间内的积分。从而，式（4-1-15）可近似为：

$$\Phi(r_m)=\Phi_0(r_m)+\left(1-\frac{\sigma_1}{\sigma_0}\right)\sum_{n=1}^{N}K(r_m,r_n')\cdot\Phi(r_n') \tag{4-1-17}$$

$$K(r_m,r_n')=\int_{S_n}\nabla' G(r_m,r_n')\cdot\hat{\boldsymbol{n}}(r_n')\mathrm{d}s'=n(r_n')\int_{S_n}\frac{\partial}{\partial n'}G(r_m,r_n')\,\mathrm{d}s' \tag{4-1-18}$$

式中　n——第 n 段小区间上的方向余弦。

利用以上矩阵方程组即可求解式（4-1-15）的未知函数。如果表面电位已知，就可以通过式（4-1-17）计算得到电场中任何一点处的电位。

图 4-1-5 表示了同一个柱状体的两类的曲面元。由于曲面积分具有径向和垂向两个分量，因此，式（4-1-18）又可表示为：

$$K(r,r')=n_zK_z(r,r')+n_xK_x(r,r') \tag{4-1-19}$$

积分 K_z 定义了该柱状体的顶、底水平环面，积分 K_x 描述了柱状体的内、外圆柱面，定义如下（Schenkel，1991）：

$$K_z=\frac{1}{2}\left\{\mathrm{sgn}(z-z')\left[F(b,x,|z-z'|)-F(c,x,|z-z'|)\right]-\left[F(b,x,z+z')-F(c,x,z+z')\right]\right\} \tag{4-1-20a}$$

$$K_x=\frac{1}{2}\left\{\begin{bmatrix}+1\\-1\\+1\end{bmatrix}F(x',x,|z-z_0^-|)+\begin{bmatrix}-1\\+1\\-1\end{bmatrix}F(x',x,|z-z_0^+|)+F(x',x,z+z_0^+)-F(x',x,z+z_0^-)\right\}$$

$$-\begin{bmatrix}0\\0\\1\end{bmatrix}F(x',x,0),\begin{bmatrix}z\leqslant z_0^-\\z\geqslant z_0^+\\z_0^-<z<z_0^+\end{bmatrix}\tag{4-1-20b}$$

$$z_0^+=z_0+\Delta z,\ z_0^-=z_0-\Delta z$$

$$F(u,v,w)==\begin{cases}1-\dfrac{wkK(k)}{2\pi(uv)^{1/2}}-\dfrac{1}{2}\Lambda_0(\psi,k) & (u>v)\\ \dfrac{1}{2}-\dfrac{wkK(k)}{2\pi u} & (u=v)\\ -\dfrac{wkK(k)}{2\pi(uv)^{1/2}}+\dfrac{1}{2}\Lambda_0(\psi,k) & (u<v)\end{cases}$$

$$k=\left[\frac{4uv}{w^2+(u+v)^2}\right]^{1/2},\sin\psi=\left[\frac{w^2}{w^2+(u-v)^2}\right]^{1/2}$$

式中　$\Lambda_0(\psi,\ k)$ ——Heuman 函数。

由于实际套管井的套管长度至少上千米，有的达数千米，所以在进行数值模拟计算时，要考虑的空间范围相当大。虽采用不等间距划分网格方法，但为保证一定的精度要求，对于数千米的套管井，网格数量仍相当多。套管越长，网格越多，计算量越大。

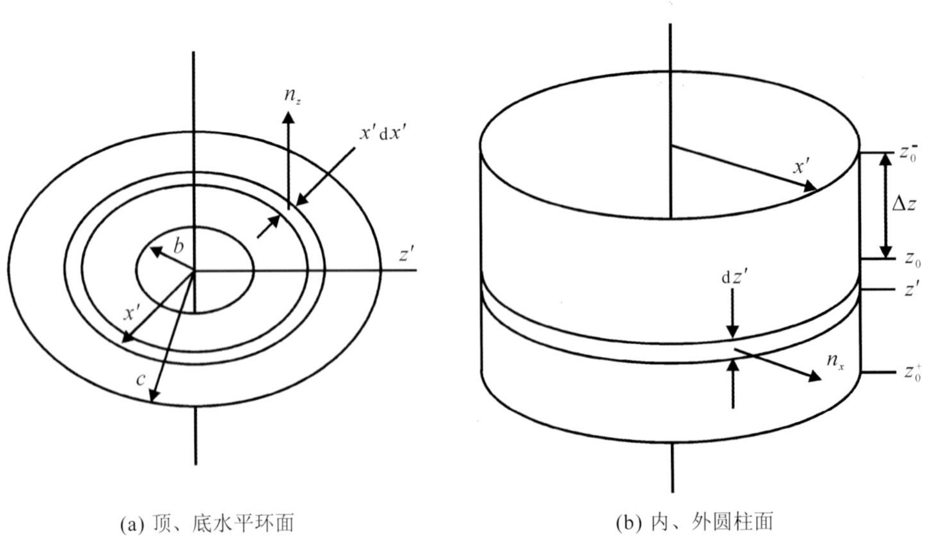

(a) 顶、底水平环面　　(b) 内、外圆柱面

图 4-1-5　与柱状体有关的两种曲面类型

第二节　套管的影响分析与套管接箍校正方法

本节主要分析套管的外径、厚度、长度、套管鞋和套管非均质性对过套管地层电阻率测井的影响，并根据大量的数值模拟结果，建立套管接箍影响校正图版。

一、套管的影响分析

1. 套管的外径、厚度和长度的影响

Schenkel 和 Morrison（1994）研究了套管外径、厚度和长度对过套管地层电阻率测井中地层电阻率测量的影响。研究发现，在套管井中，对于有限长套管，套管的外径 *od*、厚度 Δa 和长度 L 均对地层电阻率 R_t 的测量造成一定的影响（图 4−2−1）。其中，套管厚度的影响较小，套管外径的影响不大，而套管长度的影响较大。

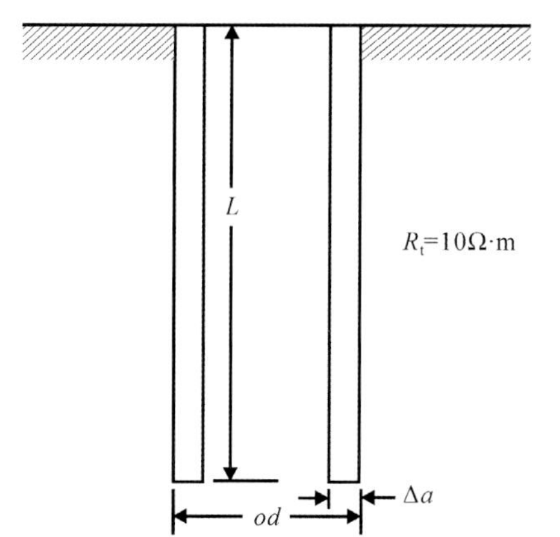

图 4−2−1　套管在地层中的模型

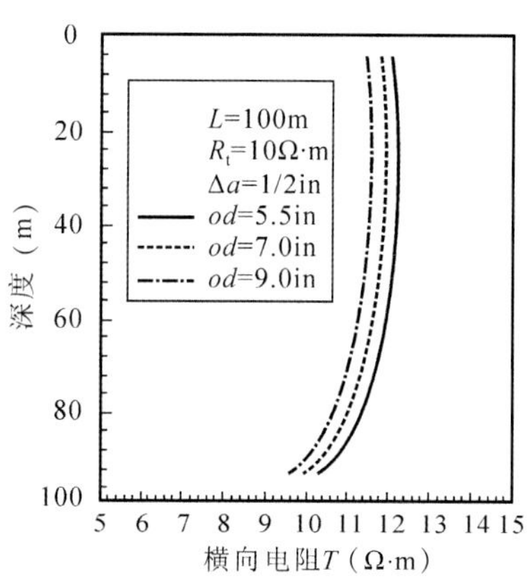

图 4−2−2　不同套管外径的横向电阻 T

例如，在电阻率 R_t 为 10Ω · m 的地层中有一个长度 L 为 100m 的套管，取套管外径 *od* 分别为 5.5in、7.0in 和 9.0in，每一种外径的套管壁厚度 Δa 又分别为 1/4in、3/8in 和 1/2in。如图 4−2−2 所示，数值计算结果表明，套管厚度的变化对地层电阻率测量的影响小于 1%，套管外径的变化带来的影响为 5% ～ 10%。

对于有限长套管，即使地层的电阻率为定值，但是过套管地层电阻率测井的测量值随着测量电极系所在套管中的位置变化而变化。这是因为过套管地层电阻率测井通过测量电位和电位的二阶导数获得套管外介质（地层）的横向电阻 T，最终获得地层的电阻率值。对于套管为无限长的理想情况，由于流入地层中的泄漏电流是纯径向的，T 只与地层电阻率有关。但在实际中，套管为有限长，流入地层中的泄漏电流不仅有径向分量，还有轴向上的分量。

图 4−2−3 中显示了地层电阻率 R_t 分别为 1Ω · m、20Ω · m 和 100Ω · m，套管（厚度 0.0127m，半径 0.1016m）长度分别为 50m、100m、200m、300m 和 600m 时，从地面（井口）到套管底部的横向电阻 T 值。从图中可以看出，即使对于一个长套管，T 值也不是一个常数，它与测量点的位置有关。T 值从地面附近 开始，随深度 z 的增加而缓慢地减小，但在靠井套管底部时迅速地降低。

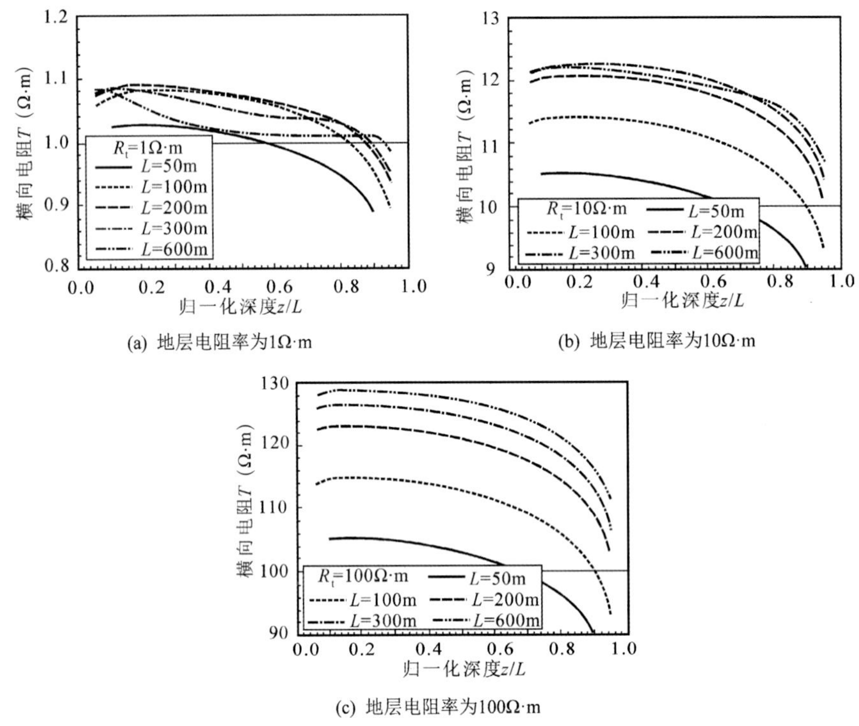

(a) 地层电阻率为1Ω·m

(b) 地层电阻率为10Ω·m

(c) 地层电阻率为100Ω·m

图 4–2–3　不同长度套管下的横向电阻 T（据 Schenkel 等，1994）

2. 套管鞋的影响

过套管地层电阻率测井仪器在套管底部工作时会发生电阻率测量值的失真现象，即测量得到的地层视电阻率值 R_a 与其真电阻率值 R_t 不相等。这种失真本质上与地层中径向电流弯曲有关，此时，电流表现为三维空间上的几何特性（在套管中部主要为二维），如图 4–2–4（a）所示。该模型由半无限长套管和均匀半空间地层组成。套管规格为 N80，29lb/ft（43.17kg/m），外径为 7in（17.78cm），水泥环厚为 5cm，电阻率为 5Ω · m，地层电阻率 R_t 分别为 1Ω · m、10Ω · m 和 100Ω · m，下半空间的电阻率 ρ_1 分别为 1Ω · m、10Ω · m 和 100Ω · m。

针对该模型，采用半解析法模拟计算得到的结果如图 4–2–4（b）至图 4–2–4（d）所示（套管底端相对深度为 0）。由图可知，这种失真现象在高阻层表现很明显，其影响范围可达到离套管底部数十米的位置上。套管底部部分地层中的电流的三维特性增加了泄漏电流的密度。因此，过套管地层电阻率测井仪在套管底部的测量值比地层真电阻率偏小量可达到 50%。

3. 套管非均质性的影响

下面以具体的数值模拟计算结果考察套管变厚、变薄及套管接箍对过套管地层电阻率测井仪器测量地层电阻率的影响。在计算中，仪器的电极距为 1.0m，套管井模型为无限长套管。

1）套管变厚、变薄

（1）小段套管变厚、变薄的影响。

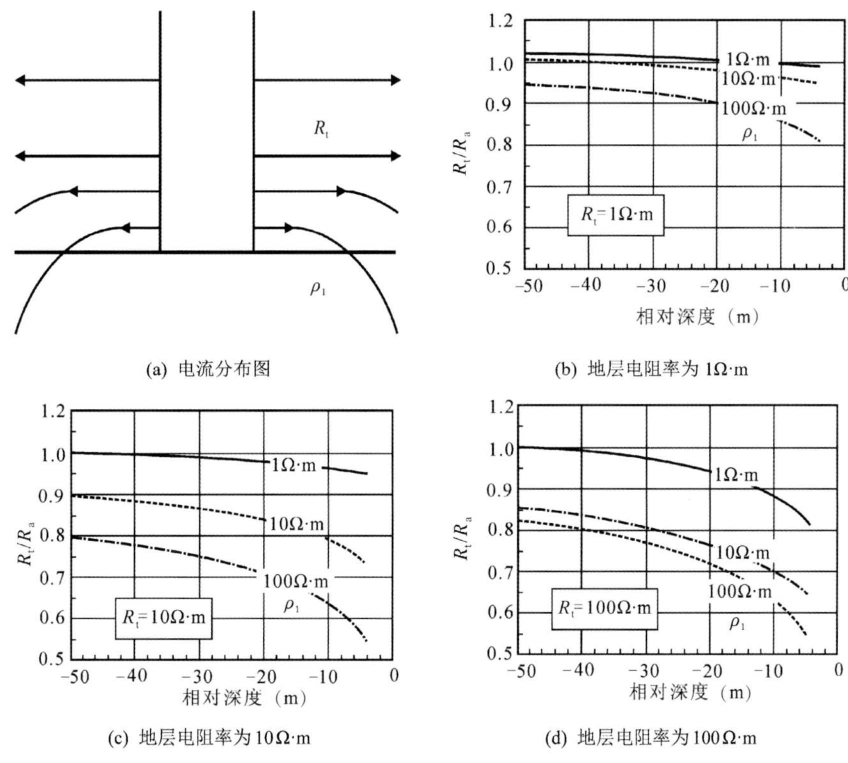

图 4-2-4　套管底部地层电流分布模型及模拟结果（据 Singer 等，1995）

首先分析小段套管变厚、变薄的影响。假设这一小段套管的长度为 0.15m，套管外为均匀地层，地层的电阻率为 10Ω · m。

假设套管变厚的位置在 20.00 ~ 20.15m，此处套管的厚度为正常套管厚度的 2 倍。模拟计算的地层视电阻率曲线见图 4-2-5（a）。该图显示了套管变厚时对测量地层电阻率的影响不大。尽管套管变厚的长度只有 0.15m，但在视电阻率曲线上的影响范围却在 1m 以上。这是测量电极系的电极距的影响所致，因为只有 3 个测量电极中有一个电极进入套管变厚所在的位置，视电阻率就会发生变化。由于套管变厚，在视电阻率曲线上出现了 2 个波峰，中间为 1 个波谷。

另外，假设套管变薄时，此处套管的厚度为正常套管厚度的一半。模拟计算的地层视电阻率曲线见图 4-2-5（b）。该图显示了套管变薄时对测量地层电阻率的影响也不大，影响程度与套管变厚时的基本相同。影响的范围也与套管变厚时的基本相同：尽管套管变薄的长度也只有 0.15m，但在视电阻率曲线上的影响范围也在 1m 以上。但其视电阻率的变化与套管变厚时的变化正好相反：在视电阻率曲线上出现了 2 个波谷，中间为 1 个波峰。

同时也考察了地层电阻率不同时，套管变厚对视电阻率的影响。图 4-2-6 为在地层电阻率不同的两个井段各有一小段套管变厚的视电阻率曲线。地层的电阻率分别为 20Ω · m 和 5Ω · m 时，在 20.00 ~ 20.15m 和 30.00 ~ 30.15m 处各有一个 0.15m 长的套管变厚段。从图中可以看出，在地层电阻率变化时，套管变厚的影响也在测井曲线上反映出来，但影响的程度和范围基本相同。

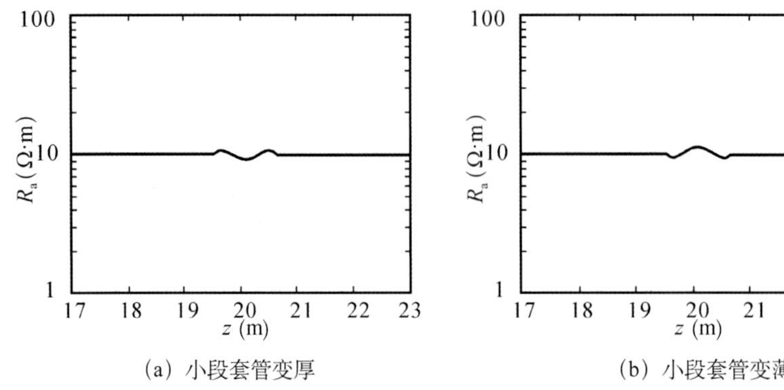

（a）小段套管变厚　（b）小段套管变薄

图 4-2-5　含小段段套管套变厚、变薄的测井响应（据高杰等，2008）

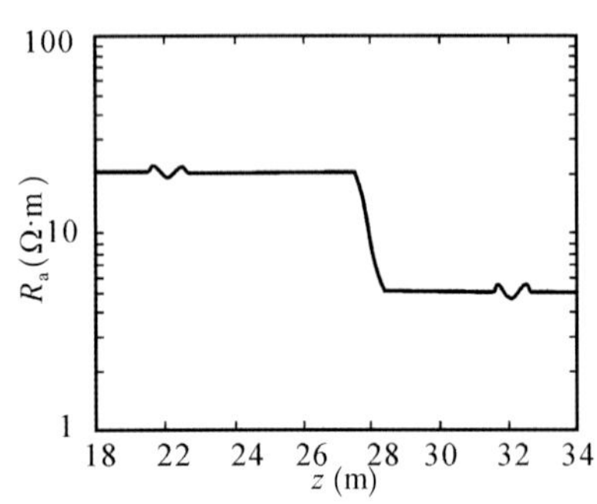

图 4-2-6　不同地层条件小段套管变厚的测井响应（据高杰等，2008）

（2）长段套管变厚、变薄。

如图 4-2-7（a）所示，当长段套管变厚时，只是在套管变厚的两段会出现小的异常变化，异常变化正好为一个电极距的长度。图 4-2-7（b）显示了长段套管变薄时的情况。当长段套管变薄时，与变厚时的情况相仿，但它们不同的是在对应位置上引起的变化正好相反。

2）套管接箍的影响

（1）套管接箍是一个主要的影响因素。

套管接箍为两根相邻套管上下端的连接部位，在几何形态上表现为一小段套管变厚，但其电阻却一般比套管体上同一长度段的电阻明显增大，甚至大几倍。从大量的过套管地层电阻率测井资料中，都证实了这个事实。这是因为在套管接箍内部螺纹（图 4-2-8）之间存在油污或水垢等，使其接触电阻增大许多。因此，套管接箍对地层电阻率的影响不能只认为是套管壁变厚引起的。通常套管接箍的影响比仅由套管壁变厚的影响要大很多。图 4-2-9 中显示了套管接箍严重地影响了仪器的测量，在套管接箍处及其附近一段地层电阻率的测量值出现较大的异常，例如在 720m、730m 和 740m，过套管地层电阻率值与裸眼井电阻率值存在着较大的差异。

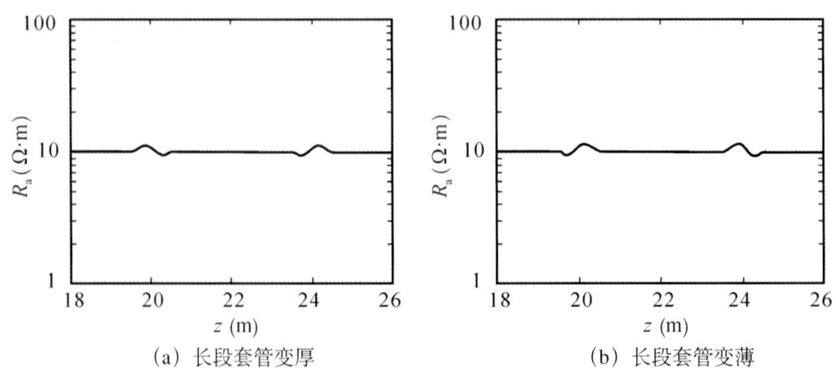

（a）长段套管变厚　（b）长段套管变薄

图 4-2-7　长段套管变厚、变薄的测井响应（据高杰等，2008）

(2) 套管接箍影响分析。

套管接箍的单位长度电阻 R_{co} 明显大于套管的单位长度电阻 R_c，一般为套管的 2 ~ 3 倍，有的甚至高达 5 倍以上。它将会引起在套管接箍附近 1 ~ 2m 井段的地层视电阻率出现不同程度的偏差。

图 4-2-8　套管接箍套实物图

图 4-2-10 显示了一个套管接箍（长度为 0.25m、其单位长度电阻为套管体单位长度电阻的 3 倍，即 $R_{co}/R_c=3$）对测量地层电阻率的影响。套管外地层是均质的，电阻率为一常数。但在套管接箍附近，由于套管接箍单位长度电阻电阻高于套管的单位长度电阻，在 1.25m 井段，即一个电极距（1m）+ 接箍长度（0.25m），地层视电阻率测井值将发生不同程度的变化，测井曲线形态是：中间 1 个大波峰，两侧对称各有 1 个小波谷。

①在接箍的中部，地层视电阻率大于地层真电阻率，有极大值。在极大值处的地层视电阻率高出地层真电阻率 25% 以上。

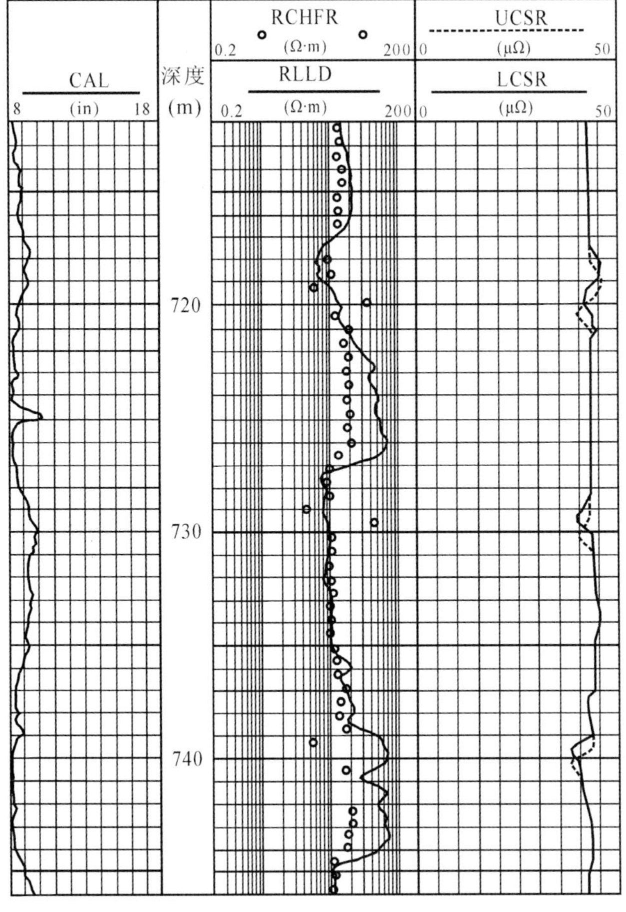

图 4-2-9　套管接箍套对测量的影响（据 Herold 等，2004）

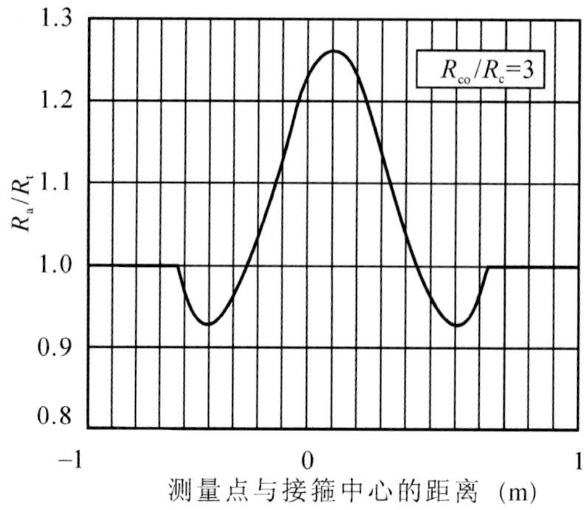

图 4−2−10　套管接箍对地层视电阻率的影响（接箍长度为 25cm）

②在距接箍两端一个接箍长度的深度点，地层视电阻率小于地层真电阻率，有极小值。在极小值处的地层视电阻率比地层真电阻率低 7% 左右。

③套管接箍电阻越大，对地层视电阻率的影响也越大。

图 4−2−11 显示了套管接箍长度相同（长度均为 0.25m）但电阻大小不同时的一组地层视电阻率曲线。这些视电阻率曲线的形态基本一致。当套管接箍单位长度电阻从套管体单位长度电阻的 2 倍增大到 5 倍时，视电阻率最大值和地层真电阻率相比，增大量从 12% 到 50%；而最小值变化不大，与地层真电阻率相比，减小量从 5% 到 9%。

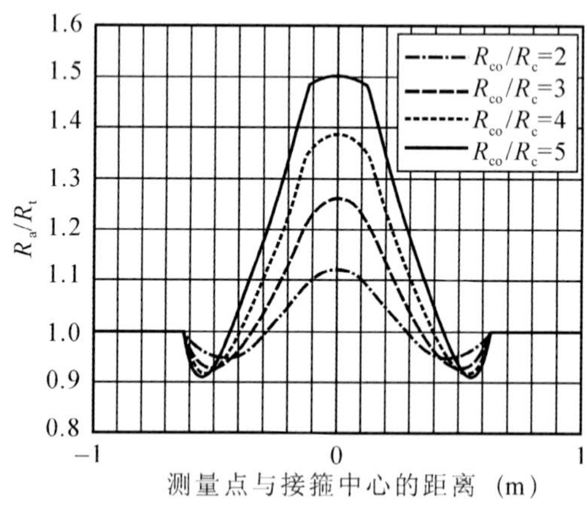

图 4−2−11　接箍电阻不同对地层视电阻率的影响（接箍长度为 25cm）

二、套管接箍校正方法

当套管接箍对视电阻率曲线的影响比较严重时，需采用一定的方法来消除。斯伦贝谢公司对其仪器 CHFR 所测的测井资料采用滤波的方法来消除套管接箍的影响。图 4−2−12 显示了在套管接箍影响消除的结果。图中第三道中的套管电阻曲线显示有 3 个套管接箍影响严重的井段。在资料处理中心对这 3 个井段的测井资料进行了套管接箍校正。在第二道中显示了存在套管接箍影响的测井资料（RCHFR）、消除套管接箍影响后的测井资料（R_CHFR_Nocol）及消除套管接箍影响前后测井值的差异（Collar_Removal）。

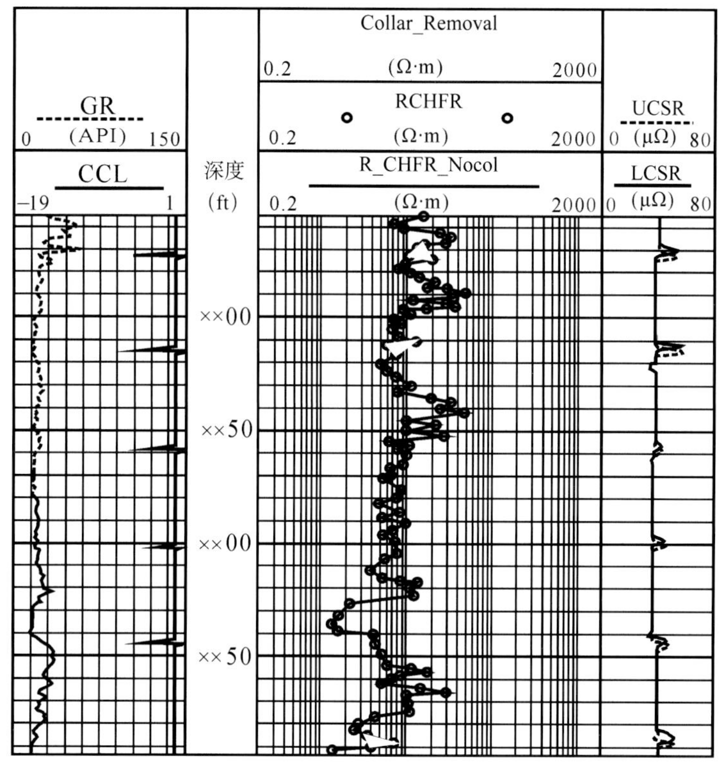

图 4−2−12 套管接箍套影响的消除（据 Herold 等，2004）

本书采用另一种方法——图版校正方法来消除套管接箍对视电阻率曲线的影响。采用图版来校正影响因素在测井界由来已久，关键是首先要建立有关图版，然后通过查图版来确定校正后的值。

1. 套管接箍影响校正图版的建立

采用如图 4−2−13 所示的套管井模型，套管外为均匀介质，分析由套管接箍这一单因素的影响。对给定的过套管地层电阻率测井仪器，根据其电极距的长度，进行大量的数值模拟，建立不同的套管接箍长度下的套管接箍影响校正图版。

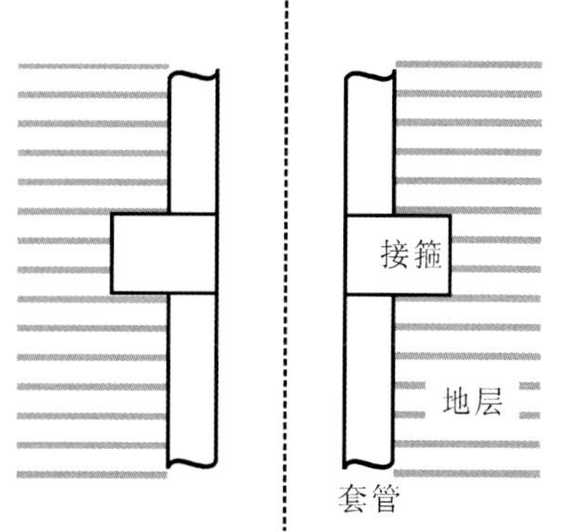

图 4−2−13 套管接箍影响分析的套管井模型

对于电极距为 1.0m 的仪器，建立的 4 个校正图版如图 4−2−14（a）至图 4−2−14（d）所示，纵轴为校正系数 K_c（R_t/R_a），对应的接箍长度分别为 14cm、16cm、18cm 和 25cm，图版中曲线参数为套管接箍单位长度电阻与套管体单位长度电阻的比值 R_{co}/R_c。图

4-2-14 可用来对俄罗斯仪器或国产仪器的测井资料进行套管接箍影响校正。

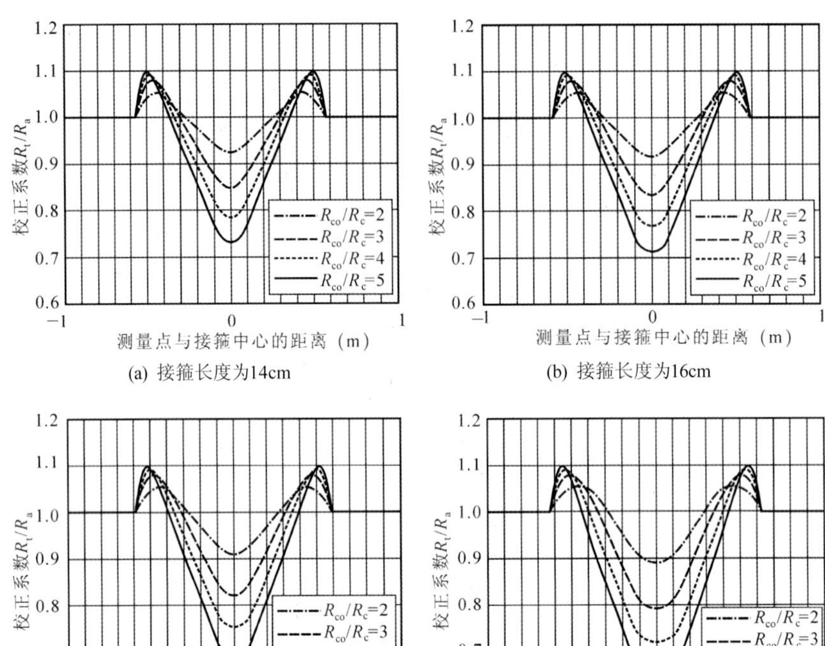

(a) 接箍长度为14cm

(b) 接箍长度为16cm

(c) 接箍长度为18cm

(d) 接箍长度为25cm

图 4-2-14　套管接箍影响校正图版

2. 采用图版校正套管接箍影响的实例

采用图版校正套管接箍影响实质上是一个查图版的过程，其步骤为：

（1）按套管接箍的长度选择相应的校正图版。

（2）在套管电阻测井曲线上读取套管接箍电阻值、套管体电阻值。

（3）求取套管接箍电阻与套管体电阻的比值。

（4）按套管接箍电阻与套管体电阻的比值大小，选择对应的曲线。若图中没有对应的曲线，可由相邻的 2 条曲线插值得出所需曲线。

（5）按测量点距套管中心的距离，在所选曲线上查出校正系数 K_c，则校正后的视电阻率值 =K_c× 校正前的视电阻率值。

例如，在一口井中，采用俄罗斯仪器 ECOS 测量，套管接箍的长度为 25cm，套管接箍单位长度电阻和套管体单位长度电阻分别为 150μΩ 和 50μΩ，在套管接箍中心处视电阻率为 50Ω · m，求该点校正后的地层电阻率值。首先，选择针对套管接箍的长度为 25cm 的校正图版；然后，按套管接箍电阻与套管体电阻的比值 =150/50=3，在图版中选择对应的曲线；在图版上，横坐标值为距套管中心距离为 0（即在对应套管中心位置上），在所选曲线上找到一点；查出该点的纵坐标的值——校正系数 K_c 为 0.81；最后，求出该点校正后的地层电阻率值 =K_c× 校正前的视电阻率值 =0.81×50=40.5Ω · m。

图 4-2-15 显示了对新疆油田 A7 井中 3189 ~ 3202m 井段内一个套管接箍影响的校正结果。图中套管接箍单位长度电阻与套管单位长度电阻比值约为 3.4，查套管接箍影响校正图版获得影响井段各深度点的校正系数 K_c，例如套管接箍中心点的校正系数为 0.65，校正量最大。校正后，在套管接箍处及附近的电阻率测量值基本消除套管接箍的影响。

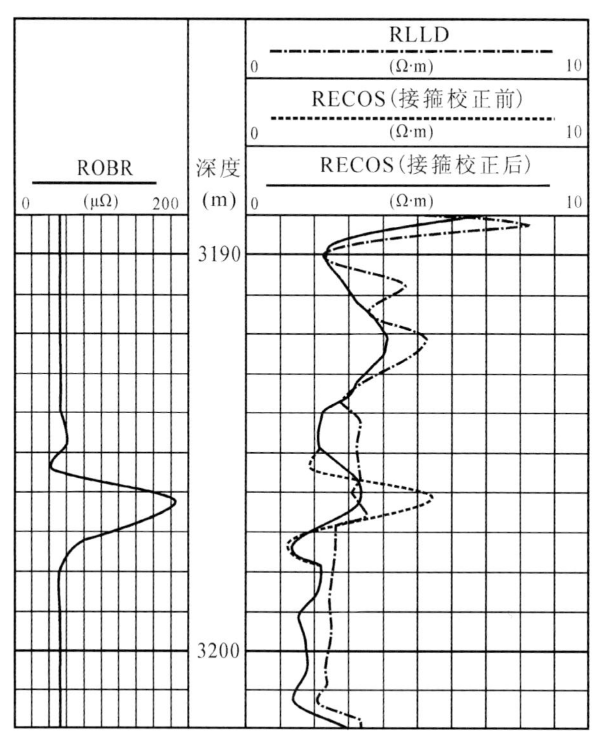

图 4-2-15　A7 井一个套管接箍影响井段的校正

第三节　水泥环的影响分析与校正方法

在过套管地层电阻率测井中，水泥环在地层电阻率测量中所扮演的角色与裸眼井中的侵入带相同，关键性的参数为水泥环电阻率 R_{cem} 与地层电阻率 R_t 的对比程度（R_t/R_{cem}）、水泥环的厚度 d_{cem}。数值模拟结果表明，相对地层而言，若水泥环的导电性好（$R_t/R_{cem}>1$），其对过套管地层电阻率测量值的影响较小；反之，如果水泥环的导电性差（$R_t/R_{cem}<1$）或较厚，其影响较大。本节从分析水泥环的影响入手，建立了水泥环影响校正的图版。

一、水泥环的影响分析

水泥环的厚度 d_{cem}、电阻率 R_{cem} 大小及水泥胶结情况（固井质量）对过套管地层电阻率测井仪器的测量都有影响。其中，关于固井质量的影响也可以等效成水泥环电阻率的影响。这是因为，当固井质量较差时，水泥环厚度减小，套管与地层之间就增加了一个流体环层。如果流体为水，一般会使等效的水泥环电阻率降低；如果流体为油气，则会使等效的水泥环电阻率增大。从而，水泥环对过套管地层电阻率测量值的影响可归结为两个因素：水泥环的

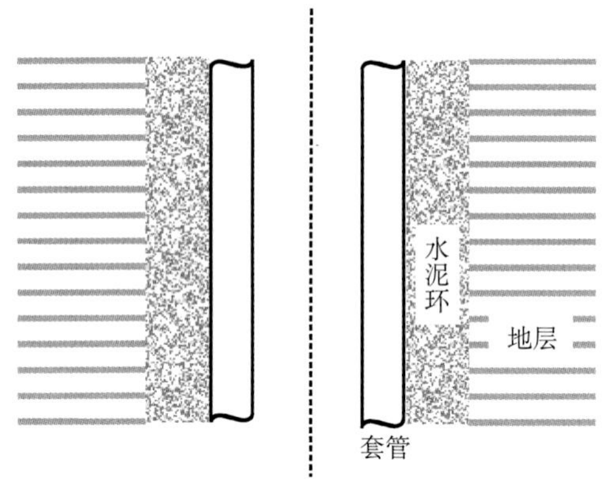

图 4–3–1　水泥环影响分析的套管井模型

厚度 d_{cem} 和电阻率 R_{cem}。利用数值模拟的结果分析水泥环对视电阻率测量值的影响，采用的套管井模型如图 4–3–1 所示。

理论模拟计算的套管井模型中径向为 3 层介质：套管、水泥环和地层。主要的参数为：套管外半径 a、水泥环半径 a_{cem}、水泥环电阻率 R_{cem}、地层电阻率 R_t、电气无穷远点到井轴的距离 b。此时，套管外介质的单位长度的横向电阻 T 含有水泥环的厚度（$d_{cem}=a_{cem}-a$）及电阻率参数，可用下式表示：

$$T=\frac{R_{cem}}{2\pi}\ln\frac{a_{cem}}{a}+\frac{R_t}{2\pi}\ln\frac{b}{a_{cem}} \tag{4-3-1}$$

1. 水泥环厚度对地层视电阻率的影响

这里通过一个算例说明水泥环的厚度 d_{cem} 对地层电阻率测量值 R_a 的影响。

设过套管地层电阻率测井仪器的电极距 l 为 1m，套管外为水泥环和地层。其中，地层为径向 3 层介质。中间目的地层的厚度 h 为 6m，其电阻率 R_t 为 50Ω · m；上、下围岩的电阻率 R_s 均为 5Ω · m。取水泥环的电阻率 R_{cem} 为 2Ω · m，即 $R_t/R_{cem}>1$。此时，随水泥厚度 d_{cem} 的增大，地层的视电阻率 R_a 偏小的程度也随之增大。当为薄水泥环（例如 d_{cem}=1cm）时，对地层视电阻率值 R_a 的影响一般很小，其影响可以忽略不计，数值模拟计算的结果如图 4–3–2（a）所示；当为厚水泥环（例如 d_{cem}=20cm）时，对地层的视电阻率值 R_a 的影响相对较大，数值模拟计算的结果如图 4–3–2（b）所示。

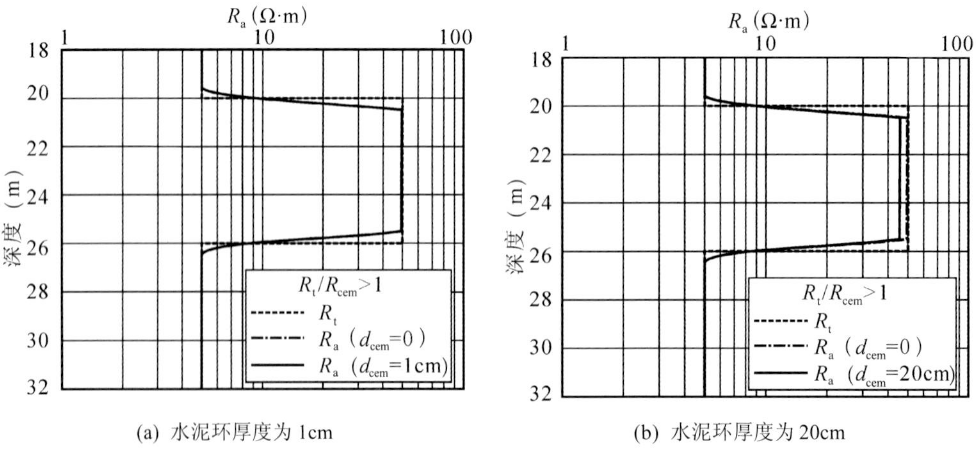

(a) 水泥环厚度为 1cm　　(b) 水泥环厚度为 20cm

图 4–3–2　水泥环厚度对地层视电阻率的影响

2. 水泥环的电阻率对地层视电阻率的影响

以下分 2 种情况（$R_{cem}<R_t$ 和 $R_{cem}>R_t$）分别考察水泥环电阻率 R_{cem} 对不同电阻率地层的视电阻率值 R_a 的影响。选取模型地层为水平 5 层介质，其中 3 个目的地层厚度 h 均为 2m，自上而下电阻率 R_t 分别为 10Ω · m、20Ω · m 和 50Ω · m，上、下围岩的电阻率 R_s 均为 5Ω · m；水泥环的厚度 d_{cem} 为 5cm。

取水泥环的电阻率 R_{cem} 为 2Ω · m，即水泥环电阻率 R_{cem} 小于地层电阻率 R_t，数值模拟计算的结果如图 4−3−3（a）所示。从图中可以看出，此时，水泥环的存在使地层的视电阻率 R_a 小于地层真电阻率 R_t，这种影响一般较小，并且随着地层电阻率 R_t 的增大，其影响也越大。

取水泥环的电阻率 R_{cem} 为 50Ω · m，即水泥环电阻率 R_{cem} 不小于地层电阻率 R_t，数值模拟计算的结果如图 4−3−3（b）所示。此时，水泥环的存在使地层的视电阻率 R_a 大于地层真电阻率 R_t，这种影响较大，并且地层的电阻率 R_t 越小，其影响也越大。

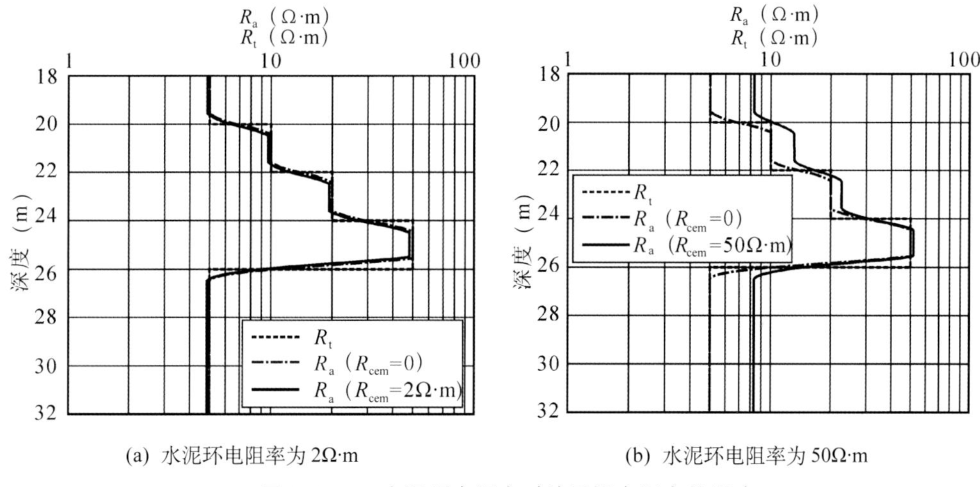

(a) 水泥环电阻率为 2Ω·m　　(b) 水泥环电阻率为 50Ω·m

图 4−3−3　水泥环电阻率对地层视电阻率的影响

3. 水泥环对地层电阻率测量值影响的相对误差

过套管地层电阻率测井仪器的一个重要的技术参数——地层电阻率测量的准确度正是在考虑水泥环的影响后得出来的。下面分析水泥环对地层电阻率测量值影响的相对误差。模型中套管井外径为 5.5in，水泥厚度 d_{cem} 的分别为 0、1cm、3cm、6cm 和 10cm，地层电阻率与水泥环的比值 R_t/R_{cem} 的范围为 0.1 ～ 100，如图 4−3−4 所示，其具有如下特点：

（1）当 $R_t/R_{cem}<1$ 即水泥环的电阻率大于地层的真电阻率时，视电阻率测井值的误差相对较大；而当 $R_t/R_{cem}>1$ 即水泥环的电阻率小于地层的真电阻率时，误差相对较小。例如，当水泥环的厚度为 10cm 时，如果地层的电阻率为水泥环电阻率的 0.2 倍，则其视电阻率测井值比地层的真电阻率大近 0.3 倍，即偏大 30%；如果地层的电阻率为水泥环电阻率的 10 倍，其视电阻率测井值比地层的真电阻率偏小约 0.05 倍，即偏小 5%。

（2）水泥环的电阻率与地层的电阻率之间的差异越大，水泥环的影响就越大。

（3）水泥环的厚度越大，其地层视电阻率的影响也越大。例如，当地层的电阻率为水泥环电阻率的 0.1 倍，水泥环的厚度为 1cm 时，其视电阻率测井值比地层的真电阻率偏大约

10%；而当水泥环的厚度为 10cm 时，这种偏大已经超过 65%。

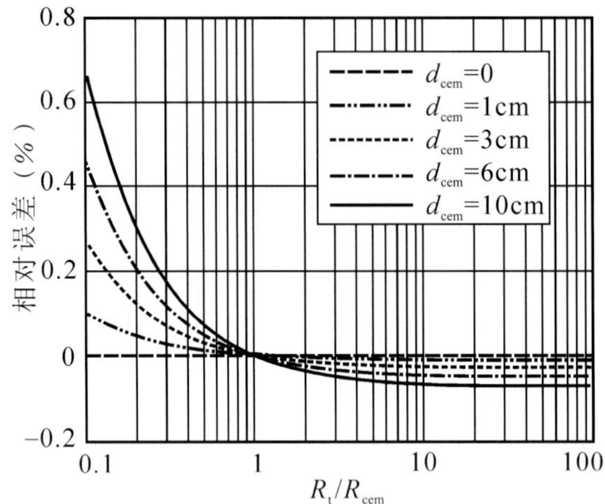

图 4−3−4　水泥环对地层视电阻率的影响（套管外径为 5.5in）

二、水泥环电阻率的实验分析

针对过套管地层电阻率测井中水泥环电阻率的问题，美国 ARCO 公司 J. D. Klein 等进行了较深入的实验研究，并于 1993 年在 SPE 年会上公布了他们的研究成果。实验表明，水泥环的电阻率一般较低，在 120 ℉时，一般介于 1 ~ 8Ω · m；水泥环的电阻率几乎不受孔隙压力和上覆压力的影响；水泥环中主要为微孔隙，孔喉半径一般小于 0.1μm；在大多数情况下，水泥环的存在不会导致过套管地层电阻率的测量值严重偏低。

1. 水泥环样品的制作

为了对比分析，在水泥环样品的制作过程中，采用了两种不同类型的混合水：自来水（68 ℉时电阻率为 68Ω · m）和含 NaCl 的盐水。水泥样品的凝固条件也分为两种：在实验室的温度和压力（室内条件）下，位于水中凝固 7d；在 150 ℉的温度、3000psi 的压力（地层条件）下，在固化器中凝固 7d。试验中也制作了不同类型的水泥环样品。

在边长为 2in 的立方体模具中钻取直径为 1.5in 的圆柱体样品时，会沿长度方向的表面上产生裂缝。为了研究这些裂缝对水泥环样品电阻率的影响，试验中也制作了另外一种样品，即直接在高为 2in、直径为 1.5in 的圆柱体模具中制作样品。两种取样方式不同的水泥环样品均用自来水混合，并在室内条件下凝固 7d。在 120 ℉的温度、500psi 的孔隙压力、1500psi 的上覆压力下测量各样品的电阻率见表 4−3−1。由于钻取水泥环样品的表面裂缝干燥而不含水，导致表中来自圆柱体模具的样品电阻率小于钻取的样品电阻率。因此，钻取的水泥环样品的电阻率测量值大于水泥环电阻率真实值。

表 4−3−1　取样方式对样品电阻率的影响

样品编号	水泥级别	取样方式	电阻率（Ω · m）	测量温度（℉）
1	G	模具	4.85	120

续表

样品编号	水泥级别	取样方式	电阻率（Ω · m）	测量温度（℉）
2	G	模具	4.35	120
3	G	钻取	5.63	120
4	G	钻取	5.94	120

为了研究水泥环样品的混合水和凝固条件对电阻率的影响，设置了 4–3–2 中的实验。样品均采用钻取的方式取样，混合水类型和凝固条件见表 4–3–2，电阻率均在 120 ℉的温度、500psi 的孔隙压力、1500psi 的上覆压力下测量。表中样品 8 的电阻率测量值出现了异常，因为根据其他的实验数据表明，采用含 18% 的 NaCl 盐水混合的样品电阻率主要分布在 1.7 ~ 2.1Ω · m。从表中可以发现，混合水的矿化度对水泥环的电阻率影响较大，混合水矿化度越高，水泥环的电阻率越小。此外，对比分析样品 5 和样品 6 可以发现，样品凝固的条件不会对电阻率造成较大的影响。

表 4–3–2　配制方法对样品电阻率的影响

样品编号	水泥级别	凝固条件	搅拌水类型	电阻率（Ω · m）	测量温度（℉）
5	G	150 ℉，3000psi	自来水	4.88	120
6	G	室温	自来水	4.55	120
7	G	150 ℉，3000psi	18%NaCl	2.37	120
8	G	室温	18%NaCl	5.18	120

2. 压力和温度的影响

如图 4–3–5 所示，为了研究孔隙压力和上覆压力对水泥环电阻率的影响，在各种压力下测得得到了表 4–3–2 中的样品 5 的电阻率。图中数据表明，在 4000psi 的上覆压力下，孔隙压力从 1000psi 变化到 3500psi 时［图 4–3–5（a)］，或在 500psi 的孔隙压力下，上覆压力从 1000psi 变化到 4000psi 时［图 4–3–5（b)］，样品的电阻率基本保持不变。因此，水泥环的电阻率几乎与孔隙压力和上覆压力无关。

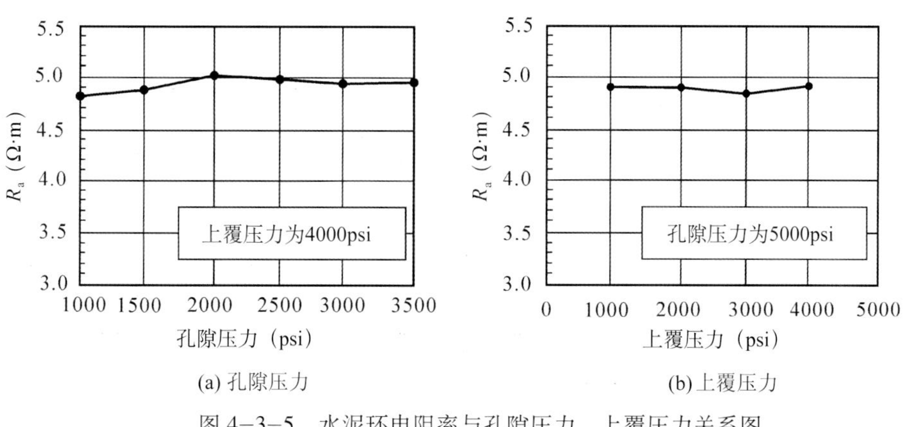

(a) 孔隙压力　　(b) 上覆压力

图 4–3–5　水泥环电阻率与孔隙压力、上覆压力关系图

为了研究水泥环电阻率与温度的关系，采用 3% 的 NaCl 盐水、水泥钻井液密度为 16 lb/gal 配制了样品。在不同温度下测量其电阻率，如图 4–3–6 所示，水泥环的电阻率随温度的升高而降低，满足如下 Arp 关系式：

$$R_2 = \frac{T_1 + 6.77}{T_2 + 6.77} R_1 \ (\text{℉}) \quad 或 \quad R_2 = \frac{T_1 + 21.5}{T_2 + 21.5} R_1 \ (\text{℃}) \tag{4-3-2}$$

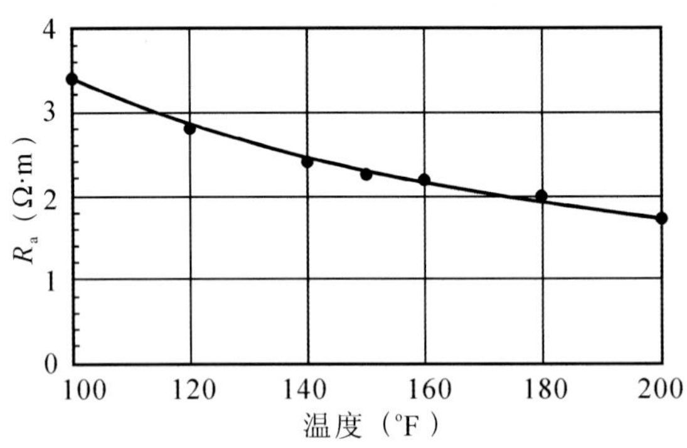

图 4–3–6　水泥环电阻率与温度关系图

因此，可以利用式（4–3–2），通过一个温度下的水泥环电阻率测量值计算得到另一个温度下的电阻率。

3. 水泥类型的影响

试验中测量了各种类型的水泥环电阻率，见表 4–3–3 和表 4–3–4。表 4–3–3 中样品均来自钻取，自来水混合，电阻率值均在 72 ℉的温度、500psi 的孔隙压力、1500psi 的上覆压力下测量。表 4–3–4 中的样品用含 3% 的 NaCl 盐水混合，电阻率资料在温度为 150 ℉、2000psi 上覆压力环境下测得。实际应用中，一般不会在水泥钻井液中添加空心微珠（降低水泥环的密度）。这些空心微珠由玻璃制成，内部填充空气，因此导致水泥环的电阻率很大（表 4–3–4 中的样品 18、19）。利用式（4–3–2）。将表 4–3–3 和表 4–3–4 中的各电阻率值换算到 120 ℉时，可以发现水泥环的电阻率一般介于 1 ～ 8Ω · m，且随着水泥密度的增加而增大。

表 4–3–3　水泥类型对电阻率的影响

样品编号	水泥级别	添加剂	凝固条件	电阻率（Ω · m）	测量温度（℉）
9	A	无	150 ℉，3000psi	7.23	72
10	H	无	150 ℉，3000psi	11.23	72
11	轻质	无	150 ℉，3000psi	0.79	72
12	H	1.5% ～ 2.0% 聚乙烯醇	150 ℉，3000psi	12.33	72
13	H	聚苯乙烯树脂	150 ℉，3000psi	10.90	72
14	G	8% 凝胶	室温	1.90	72

表 4-3-4 H 级水泥中添加物对电阻率的影响

样品编号	添加剂	钻井液密度（lb/gal）	电阻率（Ω · m）	测量温度（℉）
15	无		2.50	150
16	1% 聚合物		2.55	150
17	35% 硅粉		1.93	150
18	空心微珠	10	30.50	150
19	空心微珠	12	33.95	150
20	凝胶	14	0.80	150
21	凝胶或偏硅酸钠	15	1.16	150
22	无	16	2.28	150
23	分散剂	17	2.98	150
24	赤铁矿粉	18	3.80	150
25	赤铁矿粉	20	4.43	150

4. 离子扩散的影响

如果地层水都以束缚水的形式存在，则水泥环与地层水几乎不会发生离子交换。但是裂缝中自由水和毛细管水中的离子通过扩散与水泥环发生离子交换。一定时间后，水泥环才与地层水达到离子平衡。为了分析水泥环与室温地层水的离子交换，设计了以下两组实验。

（1）将 3 个样品（样品 15、16、17）浸泡在 150 ℉、含盐量为 3% 的盐水（与混合水相同）中，每隔一段时间取出测量其电阻率，如图 4-3-7（a）所示。图中水泥环样品的电阻率随时间的推移而减小，说明样品内部孔隙结构发生了改变，或者离子从盐水中向水泥环样品产生了净扩散。

（2）将两个水泥环样品（样品 21、23）放置于 150 ℉的蒸馏水中，其电阻率与时间的关系如图 4-3-7（b）所示。在初始的 30d 内，样品电阻率随时间的推移而增大；30d 后，电阻率随时间的推移而略微减小。实验表明离子从样品内向室温的蒸馏水中产生净扩散，但长期的侵泡使样品水泥溶蚀，导致电阻率略降低。

5. 水泥环样品的物性

表 4-3-5 列出了表 4-3-1 中各样品的孔隙度和骨架密度，从表中可以看出，水泥环样品孔隙度测量值较大，一般分布在 35% ~ 40%。样品 3 的渗透率为 0.261mD，压汞毛管压力数据和压汞毛管压力曲线如图 4-3-8 所示，由图可知，孔喉半径一般小于 0.1μm。因此，水泥环的孔隙主要以微孔隙的形式存在，主要含束缚水或毛细管水，几乎不含可动水。

表 4-3-5 水泥环样品的孔隙度与骨架密度

样品编号	1	2	3	4
孔隙度（%）	38.7	37.4	40.1	36.7
骨架密度（g/cm^3）	2.27	2.28	2.28	2.28

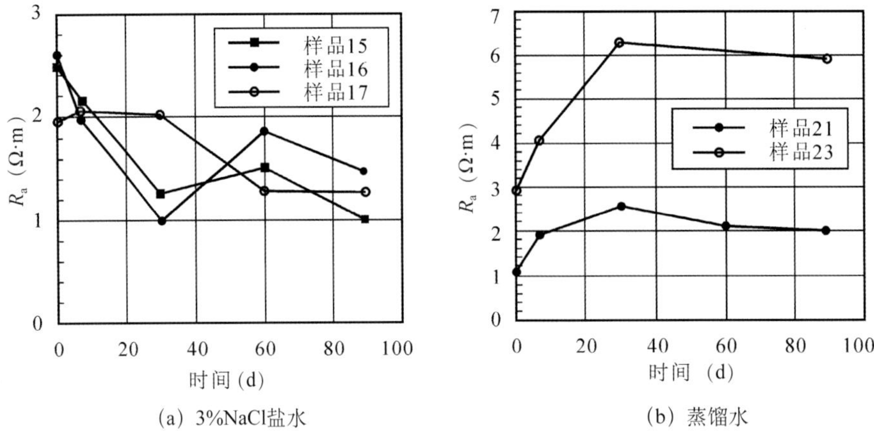

（a）3%NaCl盐水
（b）蒸馏水

图 4–3–7　水泥环电阻率与时间的关系图

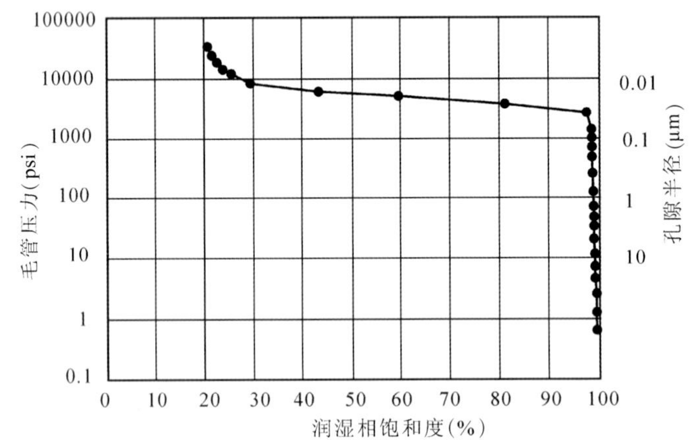

图 4–3–8　水泥环样品压汞毛管压力曲线图

三、水泥环影响校正图版的建立

根据水泥环对地层视电阻率 R_a 的影响关系，建立了大量不同套管规格的水泥环影响校正图版，对水泥环的影响进行校正。其中，一种规格的套管对应一个水泥环校正图版。图版只与套管的外径有关，而与套管的厚度和电阻率无关，水泥环厚度取值范围为 0 ～ 20cm。这些图版既适用于俄罗斯仪器 ECOS，又适用于斯伦贝谢仪器 CHFR。套管外径分别为 6.625in、7.625in、8.625in 和 9.625in 的水泥环影响校正图版，如图 4–3–9（a）至图 4–3–9（d）所示，纵轴为校正系数 K_{cem}（R_t/R_a）。从这些图版中可以看出，在其他条件相同的情况下，随着套管外径的增大，校正量相应减小。实际中根据套管的外径，选定不同的校正图版对地层视电阻率 R_a 进行校正。

四、水泥环影响的校正

综上所述，水泥环影响的校正与水泥环的厚度、水泥环的电阻率及套管外径参数有关。其中，套管外径用于图版的选择，可从固井资料中获取；水泥环厚度由套管外径与井径测井

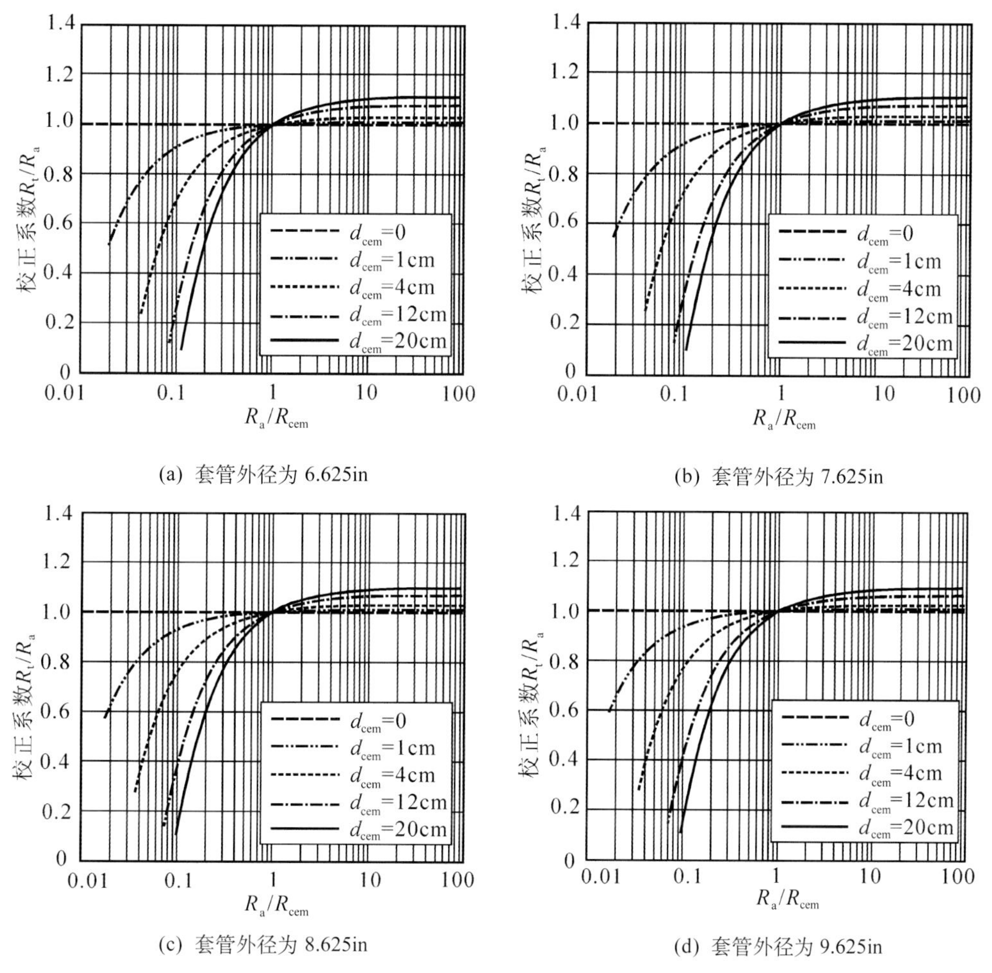

(a) 套管外径为 6.625in　(b) 套管外径为 7.625in

(c) 套管外径为 8.625in　(d) 套管外径为 9.625in

图 4−3−9　水泥环影响校正图版

值确定；由于井下水泥环的电阻率难以测量，一般根据固井资料，参照水泥环电阻率的实验结论估计。

通常情况下，水泥环的电阻率较小，取值范围一般为 1 ~ 5Ω · m，小于地层电阻率。下面以 SQX34 井为例说明这种情况下的水泥环影响的校正，如图 4−3−10 所示。

由图可知：

（1）该井水泥环影响的校正系数均大于 1，因此进行该项校正后，过套管地层视电阻率值均增大。

（2）水泥环影响的校正系数大小与水泥环厚度（或井径）关系密切，随水泥环厚度的增加而增大。在扩径井段，水泥环厚度相对较大，水泥环的影响相应较大；在其他井段，水泥环影响校正前后差异不大。例如，在 2559 ~ 2559.7m 井段，扩径较严重，井径约为 46.5cm（18.3in），此时水泥环厚度为 16.3cm（6.4in），从而对应水泥环影响的校正系数为 1.1，即校正量达到 10%；而在 2580 ~ 2583m 深度段内井径均较小，约为 20.3cm（8.0in），水泥环厚

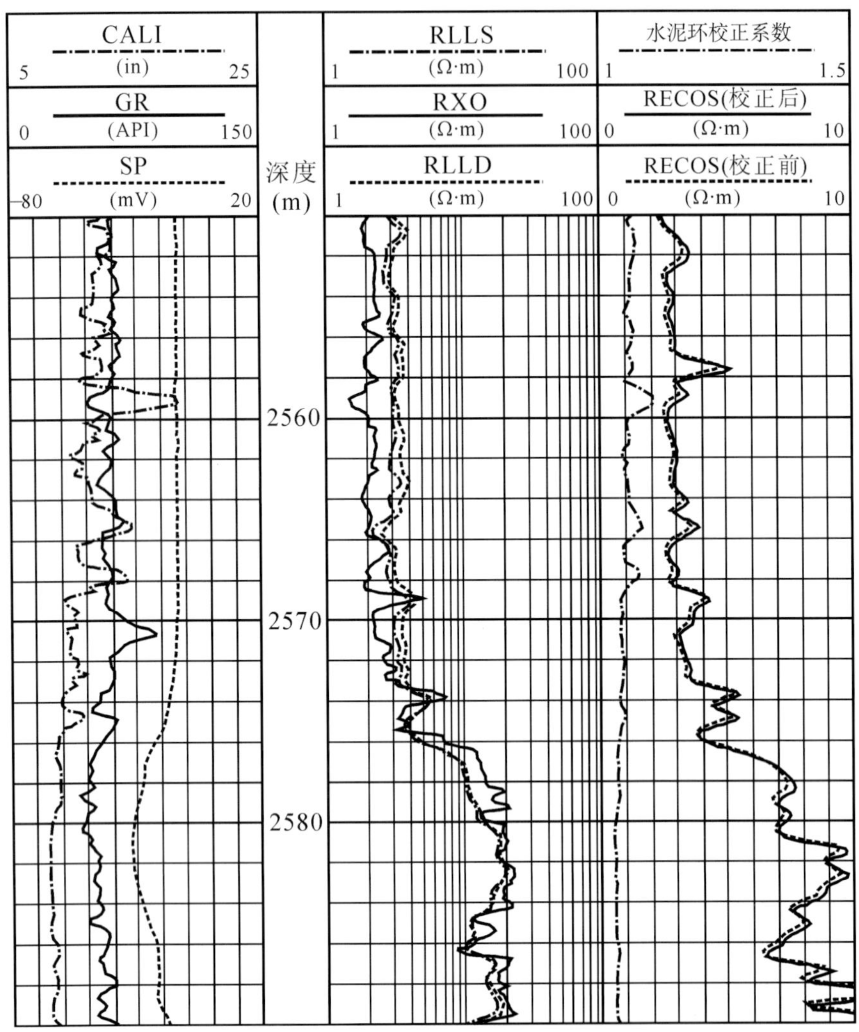

图 4-3-10 SQX34 井过套管电阻率水泥环影响校正结果

度为 3.2cm（1.25in），对应的校正系数为 1.03，校正量只有 3%。

从而，当水泥环的电阻率小于地层电阻率，且水泥环较厚或过套管视电阻率值与水泥环电阻率相差大时，水泥环影响的校正是有必要的；在一般情况下，这种影响并不太大。

然而，在特殊情况下，当水泥环的电阻率大于地层的电阻率时，水泥环影响的校正则是很有必要的。例如，在图 4-3-11 中（May 等，2006），井段 8800 ~ 9010ft 为泥岩段，电阻率约为 3Ω · m；下段为砂岩层，电阻率在 20Ω · m 左右。由于井下实际水泥环的电阻率未知，选择水泥环的电阻率 R_{cem} 分别为 20Ω · m、50Ω · m 和 100Ω · m 进行校正，其中采用 50Ω · m 进行校正的过套管地层电阻率测井曲线与裸眼井的电阻率测井曲线匹配最好。

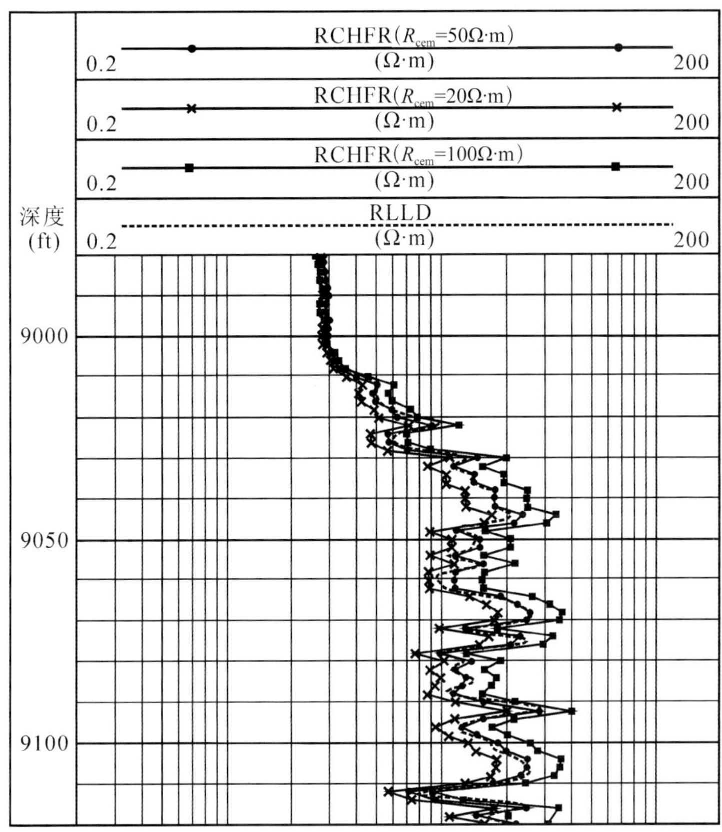

图 4-3-11　水泥环电阻率大于地层电阻率的校正（据 May 等，2006）

第四节　围岩的影响与校正方法

本节主要介绍了围岩对过套管地层电阻率测井的影响，分析了目的层厚度不同时的地层视电阻率理论曲线，并根据大量的数值模拟结果建立了围岩影响校正图版。

一、围岩的影响分析

为了分析围岩对目的地层视电阻率测井值的影响，对过套管地层电阻率的测井响应进行了数值模拟。

套管井模型为径向 2 层介质：套管和地层。地层为纵向 3 层：上、下为围岩，中间为目的层，目的层为有限厚度，厚度为 h，如图 4-4-1 所示。

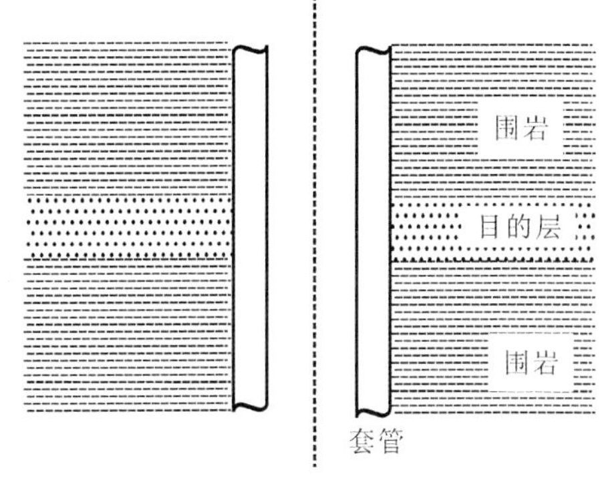

图 4-4-1　围岩影响分析的套管井模型

为简化分析，上、下围岩相同，无限厚。其他模型参数为：目的层的电阻率 R_t 为 50Ω · m，上、

下围岩的电阻率 R_s 为 10Ω · m，过套管电阻率测井仪器的电极距 l 取为 1.0m。针对目的层不同的厚度 h，分三种情况分析了其对视电阻率 R_a 的影响，即 $h>l$、$h=l$ 和 $h<l$。从而，取目的层厚度 h 分别为 0.25m、0.5m、1.0m 和 2.0m，计算了地层视电阻率的理论曲线，如图 4−4−2 所示。

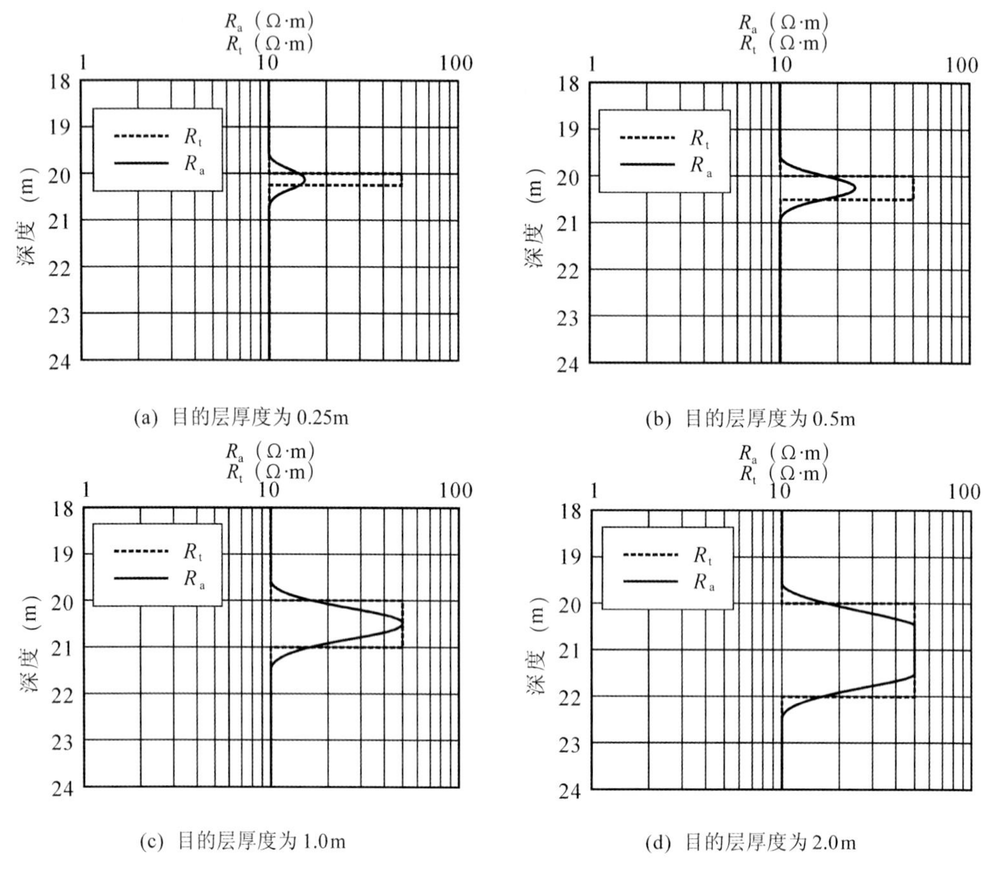

(a) 目的层厚度为 0.25m

(b) 目的层厚度为 0.5m

(c) 目的层厚度为 1.0m

(d) 目的层厚度为 2.0m

图 4−4−2 目的层厚度对视电阻率曲线的影响

从这些地层视电阻率的理论曲线图中可以发现：

（1）当目的层的厚度 h 大于或等于井下仪器的电极距 l，即 $h \geqslant l$ 时，围岩对目的层视电阻率值 R_a 无影响。

（2）但当目的层厚度 h 小于井下仪器的电极距 l，即 $h < l$ 时，围岩将影响目的层视电阻率测井值，并且，目的层厚度 h 越小，这种影响越大。例如，当目的层厚度为 0.5m 时，目的层视电阻率 R_a 为 25Ω · m，比地层真电阻率偏低 50%；而当目的层厚度为 0.25m 时，这种误差更大。

二、围岩影响的校正图版

针对围岩对过套管地层电阻率测量值的影响，采用图版法对其进行校正。对新疆油田不同规格套管外径的大量数值模拟计算结果表明，不同规格套管的校正图版是相同的。但是，

不同电极距 l（l=1.2m 或 l=1.0m）的两类过套管地层电阻率测井仪器的围岩校正图版还是有所差异。

1. 电极距为 1.2m 的仪器围岩校正图版

斯伦贝谢公司仪器 CHFR 的电极距 l 为 1.2m，因此，需要对目的层厚度 h 小于 1.2m 的进行围岩校正，其校正图版如图 4–4–3 所示。该图版的横坐标是目的层视电阻率与围岩电阻率的比值（R_a/R_s），纵坐标是目的层真电阻率与目的层视电阻率的比值（R_t/R_a），即校正系数 K_s。

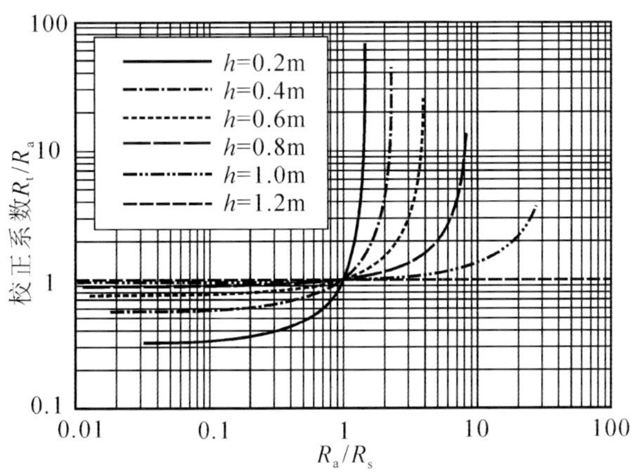

图 4–4–3　仪器 CHFR 围岩校正图版

2. 电极距为 1m 的仪器围岩校正图版

俄罗斯仪器 ECOS 和国产仪器 XCRL 的电极距 l 为 1.0m，需要对目的层厚度 h 小于 1.0m 的进行围岩校正，其校正图版如图 4–4–4 所示。

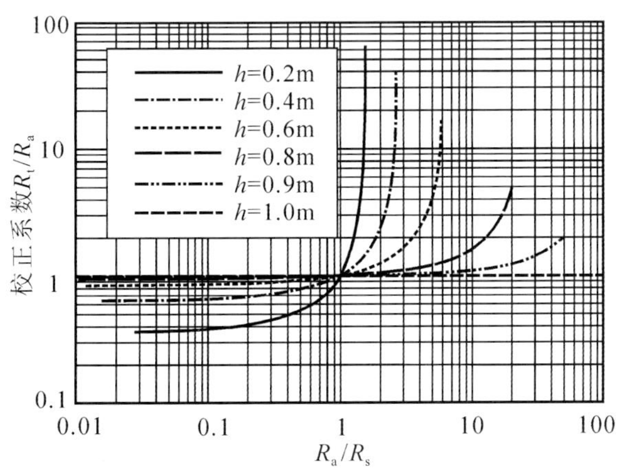

图 4–4–4　仪器 ECOS 与 XCRL 围岩校正图版

从电极距不同的两类仪器的围岩校正图版上可以归纳出如下几点：

（1）目的层厚度越小，目的层的视电阻率的校正量越大。

（2）当目的层视电阻率大于围岩电阻率时，目的层的视电阻率偏小，校正系数大于 1。

（3）当目的层视电阻率小于围岩电阻率时，目的层的视电阻率偏大，校正系数小于 1。

三、围岩影响校正

综上所述，在过套管地层电阻率测井中，当目的层为薄层即其厚度小于仪器的分辨率（电极距）时，围岩的影响较大，则有必要进行地层视电阻率的围岩影响校正。首先，要确定目的层厚度、围岩电阻率等地层参数；然后，选用相应的校正图版进行校正。下面以新疆油田某开发区块的 T8× 井为例，说明其一个井段的围岩校正情况。

如图 4–4–5 所示，在 T8× 井的过套管地层电阻率测井井段（1984 ~ 1993m）有一个高阻薄层（1988.5m 附近），厚度约为 0.75m。其过套管地层视电阻率约为 39.0Ω · m，围岩电阻率约为 7.0Ω · m。图中的过套管地层电阻率测井资料是在固井后不久由俄罗斯仪器 ECOS 测量，并经过预处理（详见第三章）后得到的。由于俄罗斯仪器 ECOS 的分辨率为 1m，因此需要对该薄层进行围岩影响校正。查相应的图版（图 4–4–4），计算得到校正后的过套管地层电阻率为 60.0Ω · m，几乎与裸眼井深侧向电阻率（约为 60.0Ω · m）接近。由于在下套后很短的时间内（认为地层基本未发生变化）就进行过套管地层电阻率测井，该测量值理论上应该与深侧向电阻率很接近。由此也可以认为，进行围岩校正后的过套管电阻率更为合理。同时也表明，当薄层出现时，围岩对过套管电阻率测量影响较大，必须进行相应的围岩校正。

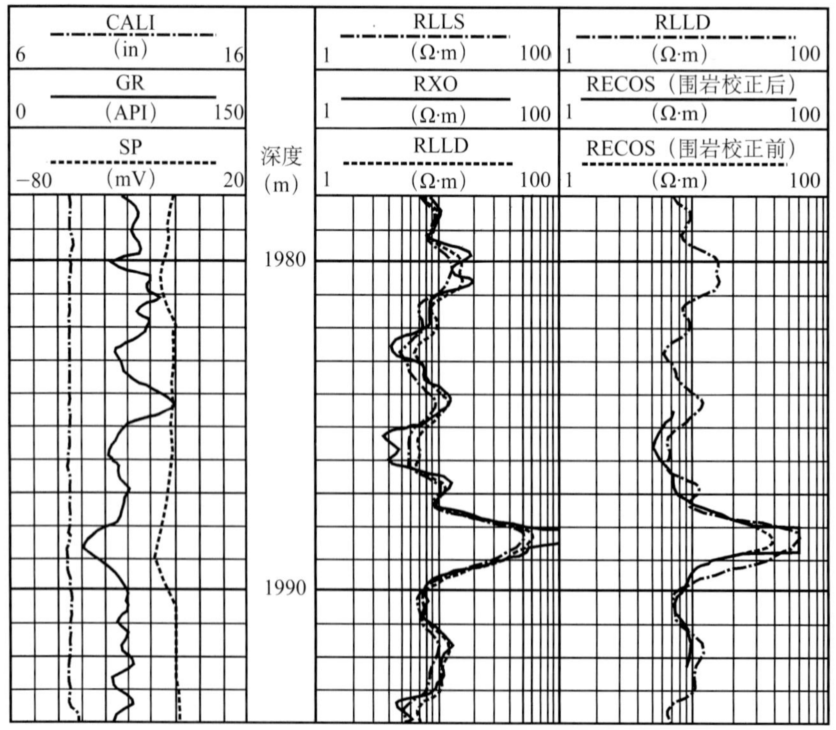

图 4–4–5 T8× 井薄层围岩校正结果图

第五节 仪器的 *K* 因子影响与校正方法

本节主要分析俄罗斯过套管电阻率测井仪器 ECOS 的 *K* 因子对过套管地层电阻率测井的影响，得出大量的数值模拟结果，建立了仪器 *K* 因子影响校正图版。

一、仪器 ECOS 的 *K* 因子影响分析

理论研究表明，俄罗斯过套管电阻率测井仪器 ECOS 的 *K* 因子是套管单位长度的电阻、套管外径和地层电阻率的函数。通过对径向层状介质模型的理论分析可知，该类仪器的 *K* 因子可表示为：

$$\begin{cases} K=\dfrac{2\pi}{\ln\left(\beta\lambda_{\mathrm{L}}/a\right)} \\ \lambda_{\mathrm{L}}=\sqrt{\dfrac{\rho}{2\pi R_{\mathrm{c}}}\ln\left(\beta\dfrac{\lambda_{\mathrm{L}}}{a}\right)} \\ \beta=2\mathrm{e}^{-0.57721566} \end{cases} \tag{4-5-1}$$

式中 ρ——地层电阻率，Ω · m；

R_{c}——套管单位长度的电阻，Ω；

a——金属套管的外半径，m。

在深度上，即使套管外径和套管单位长度的电阻保持不变，但是由于地层的电阻率是变化的，因此仪器的 *K* 因子随着深度的变化而变化。使用迭代法进行求解式（4−5−1），可以得到 *K* 因子的数值解。例如，当套管单位长度电阻取 20μΩ 时，计算得到了的不同套管外径下仪器 ECOS 的 *K* 因子与地层电阻率的关系，如图 4−5−1 所示。

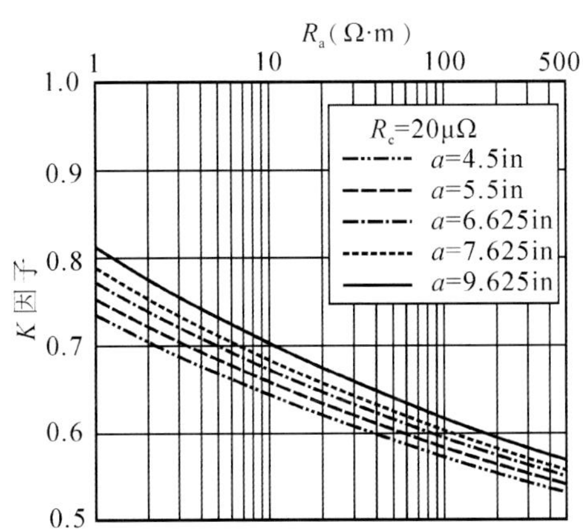

图 4−5−1 仪器 ECOS 的 *K* 因子与地层电阻率的关系（套管单位长度电阻为 20μΩ）

由图 4−5−1 可知：

（1）当套管外径一定时，*K* 因子随着地层电阻率的增大而减小。

（2）当地层电阻率一定时，*K* 因子随套管外径的增大而增大。

二、仪器 ECOS 的 *K* 因子影响校正图版的建立

根据不同套管单位长度电阻和套管外径下仪器 ECOS 的 *K* 因子与地层电阻率的关系，建立了大量不同套管规格的仪器 ECOS 的 *K* 因子影响校正图版，对由仪器 ECOS 测得的过套管地层电阻率值进行校正。图 4−5−2（a）至图 4−5−2（c）分别为套管单位长度电阻取 40μΩ、60μΩ 和 80μΩ 时的 *K* 因子影响校正图版。每个图版中套管外径又分别为 4.5in、5.5in、6.625in、7.625in 和 9.625in。

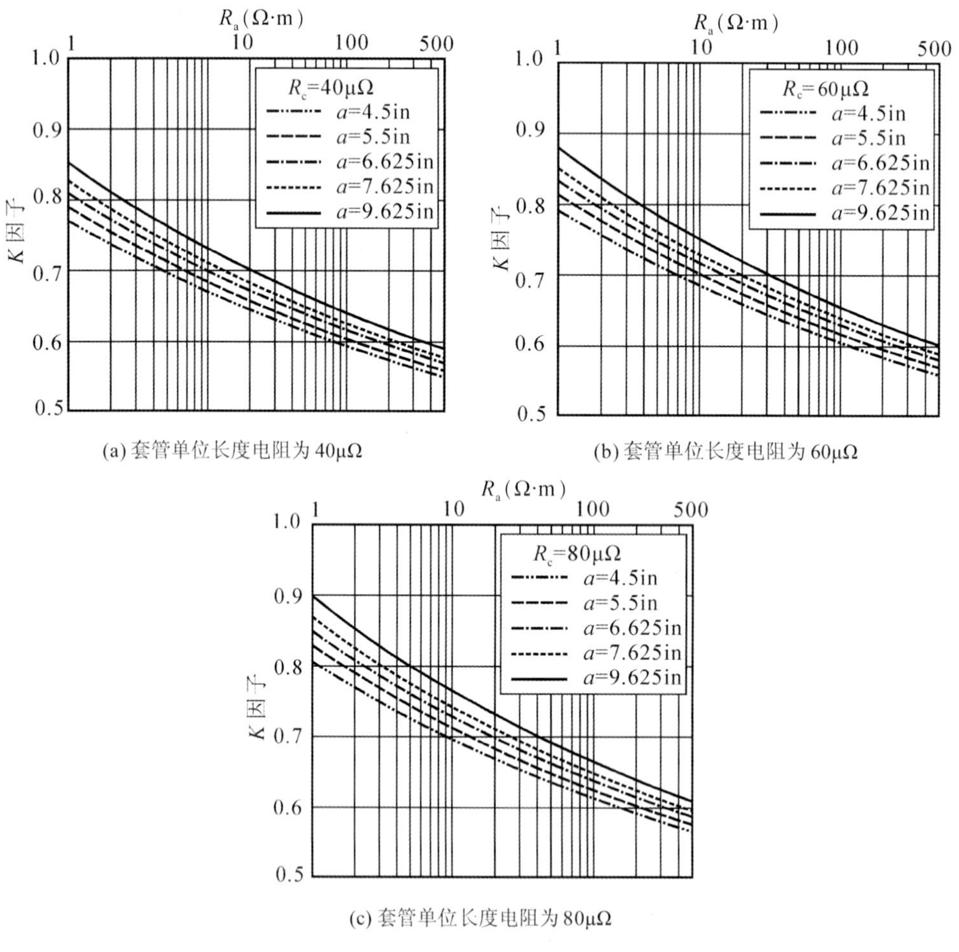

(a) 套管单位长度电阻为 40μΩ

(b) 套管单位长度电阻为 60μΩ

(c) 套管单位长度电阻为 80μΩ

图 4−5−2　仪器 ECOS 的 *K* 因子校正图版

从这些图版中不难发现，随着套管单位长度电阻的增大，仪器 ECOS 的 *K* 因子相应随之增大。

俄罗斯仪器 ECOS 的 *K* 因子校正方法如下：根据套管单位长度电阻的大小与选择对应的校正图版；根据套管外径与刻度井段（稳定的非渗透层或泥岩段）的过套管地层电阻率测

量值，在图版中查得 K 因子为 K_1；读取目的层某一深度点处的过套管地层电阻率测量值 R_a，在图版中查得对应的 K 因子为 K_2。此时，该深度点处仪器 ECOS 的 K 因子的校正系数 K_K 为：

$$K_K = \frac{K_2}{K_1} \tag{4-5-2}$$

三、仪器 ECOS 的 *K* 因子影响校正

俄罗斯仪器 ECOS 和 XCRL（以上各 K 因子校正图版也适用于该类仪器）均需要进行仪器 K 因子影响校正。通常在使用 ECOS 或 XCRL 仪器测井时，首先选取该井内一段比较稳定的泥岩段进行刻度。下面利用校正图版，以开发井 T7× 井 1000 ～ 1024m 井段的过套管地层电阻率测量值为例，介绍仪器 K 因子影响的校正，校正结果如图 4−5−3 所示。此井的刻度井段为 954 ～ 956m 深度，过套管地层视电阻率约为 3.0Ω · m。

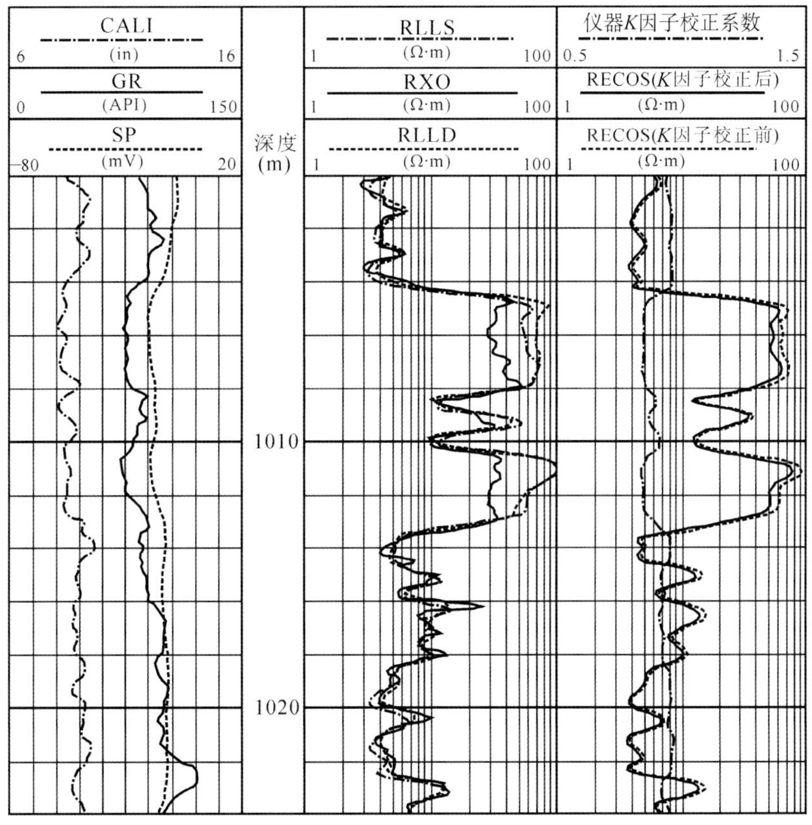

图 4−5−3　T7× 井的过套管地层电阻率仪器 K 因子影响校正结果图

从图 4−5−3 中的仪器 K 因子校正结果可知：

（1）在 T7× 井中，仪器 K 因子影响校正系数均小于 1，即校正后过套管地层电阻率值一般减小。这是因为该井中目的层的过套管地层视电阻率值均大于刻度层视电阻率。

（2）校正系数随着过套管地层视电阻率值的增大而减小。例如，在 1011m 处地层的视电阻率为 93.6Ω · m，其对应的仪器 K 因子校正系数为 0.83；而在 1022.25m 处地层的视电

阻率较小，只有 3.7Ω · m，其对应校正系数为 0.96。

因此，在考虑套管单位长度电阻和套管外径后，当目的层的过套管地层电阻率值与刻度段的相差不太大时，仪器 K 因子的影响不大。但是，当过套管地层电阻率比刻度井段的电阻率大得多时，这种校正是很有必要的。

四、单井的环境校正

在本章前面的各种环境影响校正中均是单因素校正，而单井的环境影响校正处理应该是这几种影响因素的综合处理结果，即上述环境影响的总校正系数 K_0 应该是各种影响校正系数的乘积：

$$K_0=K_c\times K_{cem}\times K_s\times K_K \tag{4-5-3}$$

式中 K_c——套管接箍影响校正系数；

K_{cem}——水泥环影响校正系数；

K_s——围岩影响校正系数；

K_K——仪器 K 因子影响校正系数。

图 4-5-4 是 12-×× 井 388 ～ 415m 井段的过套管地层电阻率环境影响校正结果图。该井资料由俄罗斯仪器 ECOS 测量，图中给出了过套管地层电阻率测井所受套管接箍影响、水泥环影响、围岩影响和仪器 K 因子影响的校正系数。

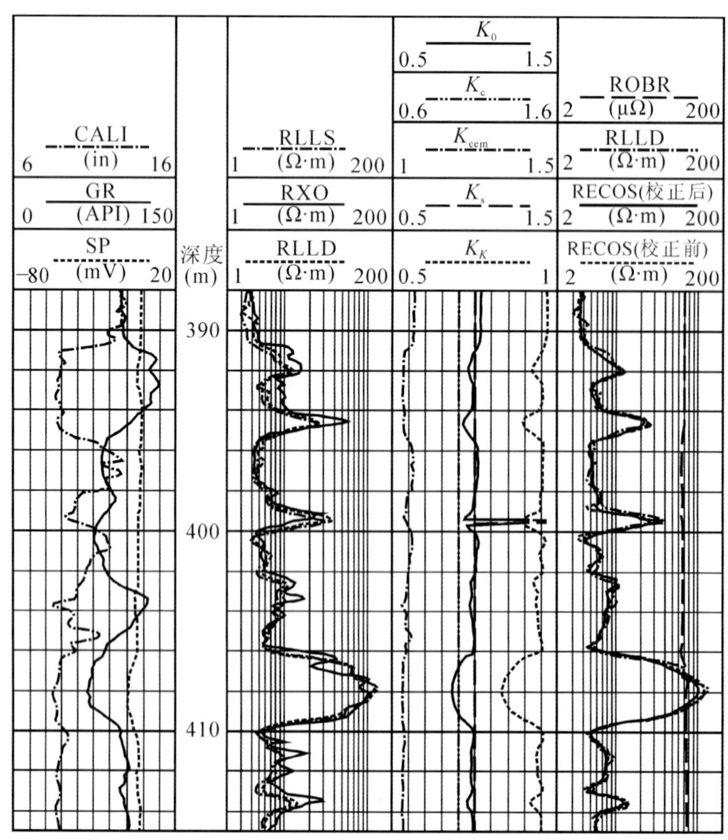

图 4-5-4　12-×× 井环境影响校正结果

分析图 4–5–4 中所示曲线得：

（1）从套管电阻曲线可以发现，在该井段没有明显的套管接箍影响，因此，套管套管接箍影响的校正系数 K_c 均为 1。

（2）水泥环影响的校正系数与水泥环厚度（井径）大小关系密切。因为水泥环电阻率低于该井段内的过套管地层视电阻率值，所以水泥环影响的校正系数 K_{cem} 均大于 1，而且随着水泥环厚度（井径）的增大而增大。

（3）这里只对一个薄层进行了围岩校正。这个薄层在 399.5m 附近，厚度约为 0.7m，围岩的电阻率约为 6.5Ω · m，过套管视电阻率约为 26.2Ω · m。围岩影响的校正系数 K_s 为 1.43。

（4）仪器 K 因子影响的校正系数 K_K 与过套管地层视电阻率偏离刻度层视电阻率的程度有关。由于该井段内的过套管地层电阻率均大于刻度段的过套管地层电阻率，所以仪器 K 因子影响的校正系数 K_K 均小于 1。

第五章 过套管地层电阻率测井资料的应用

尽管过套管地层电阻率测井技术投入油田服务的时间并不长，但在油气勘探和开发中已展现出了独特的应用优势和广阔的应用前景。目前，过套管地层电阻率测井主要应用于油气开发领域中油藏的动态监测，如监测油水界面的变化、含油饱和度的变化，及油藏的剩余油气资源评价。过套管地层电阻率测井在油气勘探领域中主要应用于：在新探井中不利于进行裸眼井电阻率测井的井况条件下，下套管后补测地层电阻率资料；老探井中对储层重新评价，发现可能漏失的油气层。随着应用的推广和研究的深入，这种测井新技术将在油气勘探和开发中发挥越来越重要的作用。

过套管地层电阻率测井在油气开发中油藏动态监测和剩余油气评价方面有着独特的应用优势。在油田开发中，广泛采用测井方法进行油藏动态监测和剩余油气评价，目前主要采用开发井的裸眼井常规测井及套管井的核测井。与裸眼井常规测井相比，过套管地层电阻率测井的优势主要有两个：

(1) 过套管地层电阻率测井将不再受钻井液侵入的影响。众所周知，裸眼井电阻率测井受钻井液侵入的影响不可避免。过套管地层电阻率测井由于在套管井中测量，一般井附近地层中的钻井液侵入带由于注入水的驱动等原因而消散。

(2) 过套管地层电阻率测井可用于在套管井中进行时间推移测井。裸眼井常规测井只能在生产井下套管前进行测量，其资料仅能用于当时的油藏动态监测和剩余油气评价。过套管地层电阻率测井可以根据油气开发生产需要，在不同时期在已下套管的生产井中多次测量，因此，可用于对比和分析在不同的开发时期油藏的动态变化。

目前用于在套管井中进行油藏动态监测和剩余油气资源评价的核测井方法主要有碳氧比测井（C/O）、中子寿命测井（TDT）和脉冲中子—中子测井（PNN），它们的应用都受到一定条件的限制。碳氧比测井（C/O）适用高孔隙度（孔隙度大于 15%）的地层，因此，在低孔隙度地层中应用受到限制。中子寿命测井在地层水矿化度高时才有利于测量，当地层水为淡水时，由于油和水的俘获截面相近，无法用其判断油、水层。对于地层水为淡水的情况，采用注入具有高俘获截面的硼酸，采用“测—注—测”施工方法进行中子寿命测井，利用注硼前后测井曲线的差异评价地层的可动水含量和剩余油的分布状况，这无疑增加了施工的复杂性。近年来投入使用的脉冲中子—中子测井（PNN）直接记录俘获反应前后的热中子计数率，避免了其他脉冲中子测井仪器在低矿化度、氯元素少的地层下不能获得高计数率的缺点，能在低矿化度地层条件下也能可靠地测量剩余油饱和度。此外，这些核测井方法的探测深度都很浅，一般在 0.3m 左右，最大不超过 0.5m，它们不能适用于扩径井况，或井附近地层中存在井眼流体影响的情况。由此可见，这些核测井方法在许多情况下不能获得满意的应用效果。

与这些核测井方法比较，过套管地层电阻率测井的主要优势有以下几个方面：

(1) 能适用于低孔隙度地层；

（2）不受地层水矿化度高低的限制；

（3）探测深度大。

过套管地层电阻率测井仪器的探测深度一般在 2m 以上，受扩径或井附近地层中存在井眼流体的影响相对较小。

在国外，过套管地层电阻率测井技术于 2000 年正式投入油田商业测井服务。不久，我国在一些油田也开展了过套管地层电阻率测井技术的应用试验。从 2002 年至 2008 年，斯伦贝谢公司采用其过套管电阻率测井 CHFR 系列仪器在我国大庆、新疆、华北、吐哈等许多油田进行了多年的测井服务。从 2006 年起，一些测井公司陆续引进了俄罗斯过套管地层电阻率测井 ECOS 系列仪器，开展了测井服务。2006 年后，国内研制的过套管地层电阻率测井仪器也纷纷投入测井服务。迄今在国内外油田已测了大量的过套管地层电阻率测井资料，例如，在新疆油田已累计测量了 100 余口井。很多实例证实了过套管地层电阻率测井能在油藏动态监测和剩余油气资源评价方面获得好的应用效果。

本章首先介绍了油层注水开发过程中电阻率的变化特征，这是利用过套管地层电阻率测井进行油藏动态监测和剩余油气资源评价的基础；然后，介绍了过套管地层电阻率测井资料的水淹层识别方法、剩余油饱和度评价方法，主要通过在新疆油田的应用实例，介绍了在水淹层识别、油水界面变化、油层动用情况监测、剩余油分布研究等方面的应用；最后，介绍了过套管地层电阻率测井资料在勘探中的应用，重点介绍了笔者近几年在新探井下套管后进行储层流体识别探索性研究的成果和认识。

第一节 油层注水开发过程中电阻率的变化特征

一、油层注水开发后地层的变化

油田注水开发后，随着注入水进入油层，地层将会发生一系列变化。在不同的注水开发时期，或不同的注入水类型下，地层的主要变化包括孔隙度和渗透率的变化、黏土矿物微观结构的变化、岩石润湿性的变化、油层水淹后压力与温度的变化、地层含油性及油水分布的变化、地层水的矿化度和电阻率的变化。

1. 孔隙度和渗透率的变化

孔隙度和渗透率是表述储层物性的两个最重要的宏观特征参数。由于注入水的冲刷，岩石孔壁上黏附的黏土剥落下来，一方面，大孔隙中的黏土被冲散、冲走，孔隙半径普遍增大，使流体在孔隙中的渗流变得畅通；另一方面，连通孔隙的喉道半径加大，迂曲度减小，连通性变好，使流体渗流的路径缩短。因而，对物性较好的储层，可能其孔隙度将有一定程度的增加，而渗透率将会明显增大。在距注水井近、水洗程度高的井中，水淹层的渗透率比距注水井远、水洗程度低的井有明显的增高。例如，河南油田相邻的两口井水洗后，油层的岩心资料与相同层位的原始状态油层岩心资料对比表明，粒度中值大于 0.35mm 的中细砂岩、含砾砂岩、砾状砂岩，水洗后的渗透率比水洗前增加 1.2 ～ 1.7 倍；粒度中值在 0.15mm 以下、渗透率小于 0.065D 的细砂岩、粉细砂岩，水洗前后油层的渗透率和孔隙度均无明显变化。又如，大庆油田砂岩中粒度中值为 0.15mm 时，水驱后岩石的孔隙半径（中值）约为水驱前的 2.86 倍；而粒度中值小于 0.1mm、渗透率小于 0.15D 的低渗透性细砂岩，水驱前后油层的渗透率基本相同。

在有些油田还发现，在黏土中含蒙皂石较多的油层中，由于蒙皂石具有遇水膨胀的特性，对地层的疏通与堵塞作用可能同时存在，因此，油层的渗透率变化比较复杂。

2. 黏土矿物微观结构的变化

大庆油田对岩心的电镜扫描观察到，未被水洗的岩样，岩石颗粒和孔道表面黏土覆盖比较丰富，在喉道处有黏土堆积，高岭石的“书页状”结构完整，排列整齐；岩样经过长期水洗后，岩石颗粒表面覆盖的黏土明显减少，岩石颗粒表面与粒间附着的高岭石被溶解，黏附在颗粒表面的高岭石晶形很差（呈叶片状），绿泥石和伊蒙混层黏土矿物明显相对减少，而伊利石明显相对增多。表 5−1−1 给出了大庆油田两块典型岩样在注水前后黏土矿物相对含量的变化。

表 5−1−1　注水前后黏土矿物的变化（据牛超群等，1989）

岩样编号	注水情况	黏土矿物成分（%）				
		蒙皂石	伊利石	高岭石	绿泥石	伊蒙混层
27	注水前	0	33	15	39	13
	注水后	0	89	8	2	1
35	注水前	0	16	59	19	6
	注水后	0	34	45	14	6

油层注水后，注入水与油层中黏土矿物的作用很复杂，它与注入水的性质及黏土矿物的性质、分布状态、含量等有关。注入水与黏土矿物的作用是引起油层物性参数发生变化的重要原因。

3. 岩石润湿性的变化

岩石的润湿性是指当存在其他非混相流体时，某种流体附着或延展到岩石固体表面的倾向性，在储层中就是油、气和水对岩石表面附着或延展的倾向性。

在岩石表面亲水的情况下，注水开发过程中，在未受到注入水波及的地方，含水饱和度较低，水存在于附着颗粒表面的水膜与粒隙尖角的地方，呈环状分布；而油则以迂回状分布连续存在于孔隙中间。在水驱油过程中，水沿着岩石孔壁窜流。在油、水同时流动的地方，部分油以渠道态流动，有些油则处于死胡同式的岔道内；部分油则被注入水分割、包围，形成滞留的油滴、油珠或油块，并堵塞小孔道。水淹后岩石孔隙空间只剩下被分割的孤立油滴、油珠。

当岩石表面亲油的情况下，注水开发过程中，进入岩石的注入水首先沿着大孔道形成曲折迂回的连续水流渠道；当继续注水时，水逐渐侵入较小的孔道，并使这些水浸小孔道串联起来形成另外一些水流渠道。当形成的水流渠道数目多得使水能畅通地渗流时，油流实际已被憋死。残余的油除了一些停留在小的油渠道内，其余则在大的水流渠道固相表面形成油膜。

由此可见，一方面油、水在岩石孔隙空间中的分布不仅与油、水的饱和度大小有关，而且与油、水的饱和度变化有关。在油层水淹过程中，随着含水饱和度的不断增加，注入水一方面逐渐占据岩石孔隙中的有利位置，将原油驱走；另一方面，注入水又将油切断，形成滞留的油滴、油珠和油膜，增加油流的毛细管阻力，产生水锁效应。于是，水的相对渗透率迅速升高，油的相对渗透率极具下降，直到最终出现油层只产水。

大量实践表明，在注水开发过程中，油、水和岩石三者之间原有的吸附和脱附作用的动态平衡遭到破坏，岩石表面的润湿性会发生变化。例如，大庆油田对 21 口井水淹油层的 270 块岩样的测定结果表明，油层被水淹后，岩石的润湿性由偏亲油转化为偏亲水的非均匀润湿性；而且润湿性与含水饱和度有关。当含水饱和度大于 40% 时，大部分油层的岩石润混性由偏亲油转化为偏亲水；当含水饱和度大于 60% 时，将全部转化为亲水。

4. 油层水淹后压力与温度的变化

油田投入开发后，油层的压力就开始发生变化；到了开发的中、后期，地层压力的变化更明显。在注水开发过程中，由于各层段产出量和注水量不同，造成各层段地层压力明显不同于原始地层压力，并产生不同的差异。

长期从地面往油层注入冷水，可使地层温度降低，这在注水井附近更为明显。

5. 地层含油性及油水分布的变化

油层在注水开发中，随着注入水不断驱替地层中的原油，油层水淹的程度加剧，油层的含水饱和度 S_w 不断增加，含油饱和度 S_o 不断下降。例如，大庆油田根据水驱油岩心试验和试油资料统计分析表明，油层弱水淹时，S_o 下降约 10%；油层的水淹程度为中等时，S_o 下降约 20% ~ 30%；油层强水淹时，S_o 下降 30% 以上。

在注入水的水洗作用下，油层的黏土含量和泥质含量下降，粒度中值相对变大，使地层的束缚水饱和度 S_{wb} 相应降低。

在注水开发中，随着注入水不断增加，油层中的油水分布也随之发生变化。通常，油层或油层组的物性（孔隙性和渗透性）都有不同程度的非均质性。注入水首先将大孔隙中的油以较快的速度沿着渗透性好的地带推进，直到渗透性好的地带大孔隙中的大部分油被水驱走；而渗透性差的地层或厚油层中渗透性差的部分小孔隙中仍保留着相当多的原油。物性好（孔隙度大、渗透率大）的部位早水淹，水淹程度高；物性差（孔隙度小、渗透率低）的部位晚水淹，水淹程度低，甚至未被水淹。这样，在油井注水开采后期，尽管产液含水率高，油井开采处在高含水期，但低孔低渗油层、薄油层或厚油层中的低孔低渗部分仍然有可观的剩余油，它们将成为高含水期或特高含水期油田挖潜稳产的开发对象。

油层注水开发后，其中的油、水分布规律因地层的沉积韵律类型的不同而不同。正韵律油层，如河道砂、点沙坝油层，岩性从下至上逐渐由粗变细，注入水先由底部（粗岩性高渗透部位）突进，形成大孔道的水窜，造成底部水淹早、顶部水淹晚，底部强水淹、顶部弱水淹或未水淹。与此相反，在反韵律沉积的三角洲河口沙坝等油层，岩性从下至上逐渐由细变粗，注入水先由顶部（粗岩性高渗透部位）突进，但由于受毛细管力和重力的影响，使注入水推进相对稳定，且注入水波及面积、厚度及驱油效率都较高，水淹程度自上而下由强变弱。复合韵律油层内具有多个岩性夹层。当注入水沿沉积单元推进时，垂向窜流受到抑制，垂向上水淹程度极不均匀：岩石颗粒粗、岩性均匀、物性好的层段水淹程度高；而岩石颗粒细、岩性不均匀、物性差的层段注入水波影响小，水淹程度低。

6. 地层水的矿化度和电阻率的变化

油层水淹后，注入水（或边水、底水）与原始地层水相混合。混合地层水的矿化度（C_{wz}）和电阻率（R_{wz}）将取决于原始地层水和注入水（或边水、底水）的矿化度及注入水量。相对于原始地层水矿化度来说，注入水有淡水、地层水（盐水）和污水，相应地，有淡水型、盐水型和污水型水淹层。地层水型水淹油层（如边水、底水水淹油层）中，混合地层水的矿化度变化不大。污水型水淹层的混合地层水矿化度有一定的变化，其大小视注入水（污水）的矿化度及注入量而变化。淡水型水淹层的混合地层水矿化度变化最大。注水初期，注入的淡水主要沿储层大孔隙驱油，溶解储层中的盐类，并同高矿化度地层水发生离子交换，注入水被咸化。故在驱替前缘及附近地带内，混合地层水的矿化度常常接近原始地层水的矿化度。随着注入淡水水量的增大，水淹程度增大，地层水淡化速度明显加快，混合地层水的矿化度迅速下降，直到与注入水（淡水）的矿化度接近为止。故在远离驱替前缘地带，混合地层水的矿化度与注入水（淡水）的矿化度很接近。例如，在大庆油田的一个开发区块，原始地层水矿化度约为 8000mg/L，注入水（河水、水塘水或污水回注）的矿化度通常小于地层水的矿化度，故属于淡水型水淹。注水开采后的一个时期，地层水矿化度在 3000 ～ 5000mg/L 之间，地层水矿化度变化情况大致是：弱水淹层中地层水的矿化度降低约 35%，强水淹油层中地层水的矿化度下降达 75% 以上。

从地层水电阻率来看，与原始地层水电阻率 R_w 相比，混合地层水电阻率 R_{wz} 也有 3 种可能：淡水型水淹层，R_{wz} 增大，$R_{wz}>R_w$；地层水型水淹层，R_{wz} 基本不变，$R_{wz} \approx R_w$；污水型水淹层，当污水的矿化度大于原始地层水的矿化度时，R_{wz} 降低，$R_{wz}<R_w$。

我国许多油田在注水开发的不同时期采用矿化度和电阻率不同的注入水（如淡水、咸水、污水），因而造成水淹层中混合地层水的矿化度和电阻率复杂多变。在这种情况下，地层水的电阻率难以确定，这给利用电阻率测井资料评价水淹层含水饱和度造成极大的困难。

此外，水淹油层过程中，地层水中的伴生气也将发生变化。油层含有一定量的伴生气，在地层压力和温度条件下，这些气体按各自的溶解度溶解于油和水中。在注入水驱油过程中，在地层条件下，注入水也会溶解一定量的伴生气。在水淹初期，从驱替前缘地层中取出的混合液水样会带有油膜，并含有大量的溶解气；在水淹中期，混合液水样的含气饱和度仍较高；在水淹后期，水样中实际已无原油，其含气量也很低。

二、油层注水开发过程中电阻率的变化特征

油层注水开发后，由于地层性质发生变化，特别是其中含水饱和度的变化、混合地层水矿化度（或电阻率）的变化，将引起地层电阻率的变化。大量的实践表明，油田注水开

发后，地层的电阻率将发生变化；注水开发的初期、中期和后期，地层电阻率的变化特征不同。弄清油田注水开发后地层电阻率变化的规律，对利用过套管地层电阻率测井资料进行水淹层识别、油水界面变化等油藏开发动态监测和剩余油饱和度评价、剩余油分布研究等应用有重要意义。

自 20 世纪 80 年代以来，我国就进行了大量的关于注水后油层电阻率变化特征的研究，主要是采用水驱油岩电实验进行研究。研究结果表明，注水后油层电阻率的变化特征依注入水的类型（按注入水与油层中地层水矿化度的相对大小，分为淡水型、盐水型和污水型）的不同而不同。另外，地层电阻率与混合地层水电阻率、含水饱和度的关系也依然满足阿尔奇（Archie）公式。

1. 注入水为咸水

注入水为咸水时，注入水的矿化度高于油层中地层水的矿化度，相应地，注入水的电阻率低于油层中原始地层水的电阻率。随着注入水进入油层，地层的含水饱和度 S_w 逐渐升高，油层的产水率增加，水淹程度也逐渐增大，则混合地层水电阻率 R_{wz} 逐渐降低。水淹层的电阻率 R_t 随含水饱和度 S_w 的升高而急剧地单调降低，一般呈 L 形曲线。

图 5−1−1 为一块岩心在注入水为咸水时的水驱油岩电实验和相驱实验结果。该岩心的岩性为含砾砂岩，孔隙度为 23.69%，渗透率为 0.658D，束缚水饱和度为 33.06%。实验中地层水电阻率为 0.59Ω · m，注入水的电阻率为 0.289Ω · m。从图中可见，在注水初期，岩心电阻率随着含水饱和度的升高急剧降低；在注水的中、后期，岩心电阻率随着含水饱和度的升高而降低的速率趋缓。

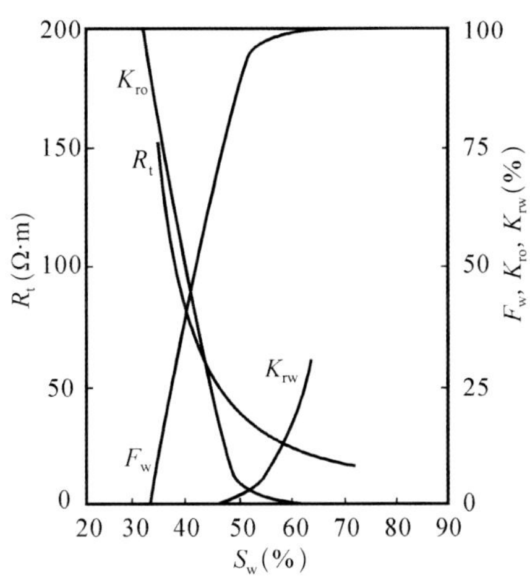

图 5−1−1 $R_{wj}<R_w$ 时 R_t 与 S_w 关系曲线图（据林纯增等，1988）

根据阿尔奇公式可知，当地层一定时，水淹层的电阻率 R_t 取决于水淹层内混合地层水的电阻率 R_{wz} 与水淹层的含水饱和度 S_w：

$$R_t = \frac{abR_{wz}}{\phi^m S_w^n} \tag{5-1-1}$$

在这种情况水下，一方面，由于注入水的电阻率 R_{wj} 小于原始地层水的电阻率，则混合地层水的电阻率 R_{wz} 也低于原始地层水的电阻率，使地层电阻率降低；另一方面，随油层水淹程度增大，地层的含水饱和度增加，也使地层电阻率降低。因此，无论在注水开发的初期，还是中、后期，地层电阻率总是低于原始油层的电阻率，并且依次降低。但地层电阻率降低的速度在注水的初期较快，致使地层电阻率 R_t 在这一期间变化剧烈，在 R_t−S_w 曲线上呈现为较陡的形态。当注水开发进入中、后期后，因混合地层水的电阻率 R_{wz} 和地层含水饱和度变化趋缓，致使地层电阻率 R_t 的变化也变缓，在 R_t−S_w 曲线上呈现为较平缓的形态。这样，油层在注水开发的全过程，地层电阻率 R_t 与含水饱和度 S_w 的关系曲线就呈 L 形。

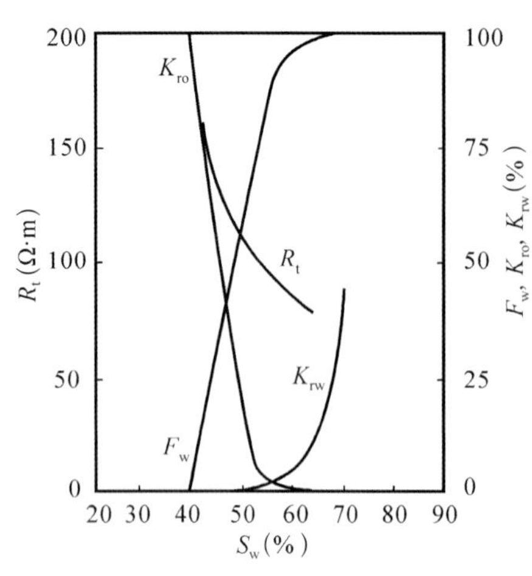

图 5−1−2 $R_{wj} \approx R_w$ 时 R_t 与 S_w 关系曲线图（据林纯增等，1988）

2. 注入水为地层水

当注入水为地层水时，注入水矿化度与原始地层水矿化度基本相等，即地层水回注，或驱动水为边水、底水，注入水为地层水。此时，注入水电阻率基本等于原始地层水电阻率，即 $R_{wj} \approx R_w$。水淹层的电阻率 R_t 随 S_w 的升高而降低，也呈 L 形曲线。

图 5−1−2 为一块岩心在注入水为地层水时的水驱油岩电实验和相驱实验结果。该岩心的岩性为含砾砂岩，孔隙度为 25.62%，渗透为 0.451D，束缚水饱和度为 40.69%。实验中地层水电阻率为 0.59Ω · m，注入水的电阻率为 0.59Ω · m。从图中可见，地层电阻率随着含水饱和度的增大而单调降低。由于混合地层水电阻率 R_{wz} 基本不变，根据阿尔奇公式可知，地层电阻率随着含水饱和度的增大而单调降低。与图 5−1−1 比较，此时，R_t 随 S_w 的变化速率比注入水为咸水时的要小。

3. 注入水为淡水

注入水为淡水时，注入水的矿化度低于油层中地层水的矿化度，相应地，注入水的电阻率高于油层中原始地层水的电阻率，即 $R_{wj}>R_w$。我国大多数油田采用注淡水开采，特别是在注水开发的初期，因此，关于注淡水开采过程中地层电阻率的变化规律的研究受到广泛的重视。注入水为淡水时，地层电阻率的变化比注入水为咸水或地层水时地层电阻率的变化复杂得多。大量的实验研究表明，当注入水的电阻率与油层中原始地层水的电阻率的比值（R_{wj}/R_w）大于 2.5 时，许多淡水驱油岩电实验结果表明，淡水水淹层电阻率 R_t 与 S_w 的关系为一非对称的 U 形曲线，但还有一些为平卧的 S 形。

1）地层电阻率变化曲线呈 U 形

图 5−1−3（a）为一块岩心在注入水为淡水时的水驱油岩电实验和相驱实验结果。该岩心的岩性为细砂岩，孔隙度为 20.93%，渗透率为 0.156D，束缚水饱和度为 35.81%。实验中地层水电阻率为 0.59Ω · m，注入水的电阻率为 5.25Ω · m。从图中可见，在注水的初期，地层电阻率随着含水饱和度的增大从原始油层电阻率开始急剧降低；在注入的中期，地层电阻率随含水饱和度的增加进一步下降；在注水的后期，地层电阻率随含水饱和度的增加先缓慢下降至最小值，然后地层电阻率随含水饱和度的增加而急剧增大，甚至超过原始油层的电阻率。图中，U 形曲线可分为三部分。第一部分，在 U 形曲线的左半枝，随着含水饱和度增大，地层电阻率下降。在曲线明显向上弯曲处为产液见水点，在该见水点之前为无水产油期。第二部分，在见水点至 U 形曲线的底部（拐点），随着含水饱和度增大，地层电阻率缓慢地下降至最小值。一般，拐点（最小点）位于油、水两相渗透率曲线交叉点的右侧，此时产水率为 90% 左右。

当岩心为其他岩性如砾岩、砂岩和粉砂时，在注淡水开发过程中，R_t 与 S_w 的关系也呈一非对称的U形曲线，如图5−1−3（b）所示。

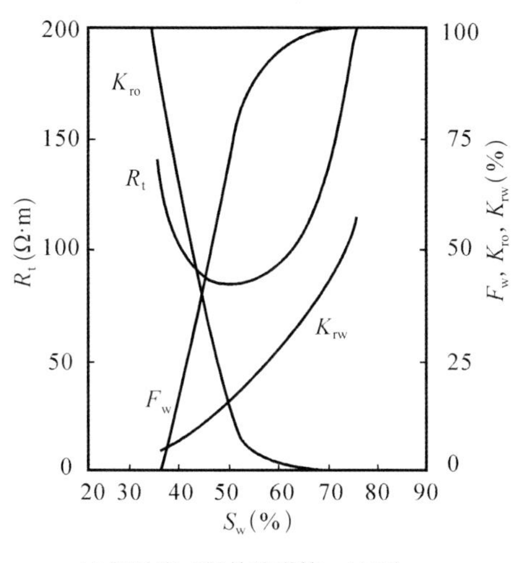

(a) 细砂岩（据林纯增等，1988）

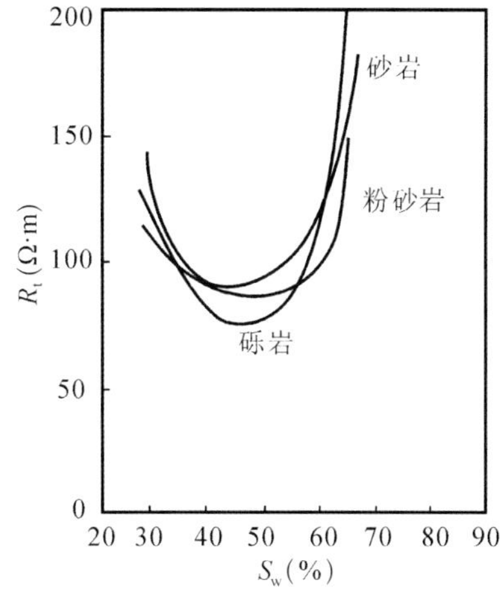

(b) 砾岩、粉砂和砂岩（据周渤然等，1996）

图5−1−3　$R_{wj}>R_w$ 时不同岩性岩心电阻率呈U形曲线

在注淡水开发过程中，R_t 与 S_w 的关系呈U形曲线主要是由混合地层水电阻率的变化和 S_w 的变化而引起的，因此，可以通过分析在注水过程中地层中这两个宏观参数的变化来解释这条U形曲线。随着注入水的增加，混合地层水电阻率 R_{wz} 逐渐增大，地层含水饱和度 S_w 逐渐升高。由式（5−1−1）可知，对未水淹的油层而言，水淹层的电阻率 R_t 可能降低，也可能增高，还有可能不变，这由 R_{wz} 和 S_w 综合决定。岩心电阻率随着含水饱和度的升高表现为先减小后增大的现象。在注淡水开发过程中，随着淡水不断注入油层，驱赶地层中的原油，一方面，油层的 S_o 不断下降，S_w 不断增加，产水率 F_w 不断升高，直到油层完全产水；另一方面，注入的淡水不断溶解地层中的盐类，并与油层中的束缚水进行离子交换，尽管注入水的矿化度有一定的增加，但整个储集层中混合液地层水的矿化度却不断下降，即所谓地层水被“淡化”，R_{wz} 不断增高，直到混合地层水矿化度与注入水矿化度接近，整个离子交换趋于动态平衡。因此，在油层水淹初期，随着具有一定导电性的淡水进入油层，油层含水饱和度增加，R_t 呈明显下降趋势。当油层水淹到一定程度时，由于淡化作用，混合地层水矿化度下降，其对 R_t 的影响程度超过 S_w 的增加对 R_t 的影响时，水淹层电阻率便会增加，且随着注入淡水的不断增加，R_w 不断增高，水淹油层的电阻率将随之迅速增大，其上升幅度主要决定于注入水的矿化度（或电阻率）和注入量。注入水的含盐量越低或电阻率越高，则强水淹油层的电阻率越高，往往接近甚至明显超过油层的电阻率。

原海涵等（1996）利用毛管理论和流体力学理论从微观的角度分析对U形曲线进行了解释，认为U形曲线的左半枝是由两种不同导电流体“活塞式驱动”造成的，注入水的影响较小；U形曲线的右半枝为多种环状油膜分隔的柱状注入水和管状薄膜水毛管导电造成的，注入水的影响较大。

近年来，一些研究人员采用数值模拟的方法在理论上分析注淡水开采油层电阻率的变化规律。例如，申辉林等（2011）发表的岩心 A 的电阻率曲线的数值模拟结果呈 U 形，并与实验结果进行了比较。岩心 A 试验参数如下：地层水矿化度为 6000mg/L，注入水矿化度为 500mg/L，地层水电阻率为 1.276Ω · m，注入水电阻率为 13.526Ω · m，孔隙度为 0.1472，a、b、m 和 n 由试验结果分别取 1、1、1.5 和 1.5。根据理论模型，采用数值迭代逼近方法进行理论模拟，其理论模拟与水驱试验得到的地层电阻率及地层水电阻率变化规律如图 5-1-4 所示。

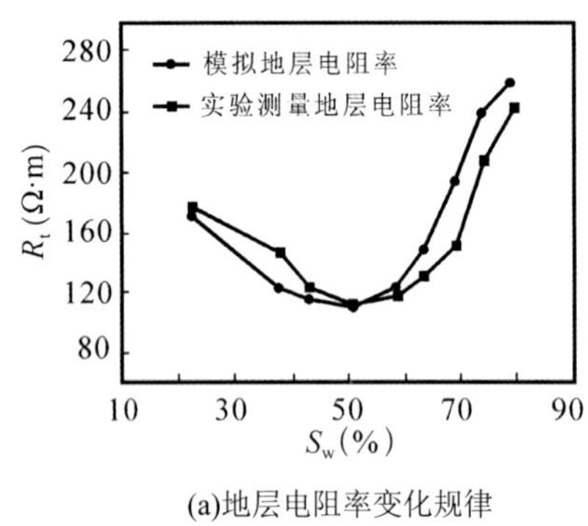

(a)地层电阻率变化规律

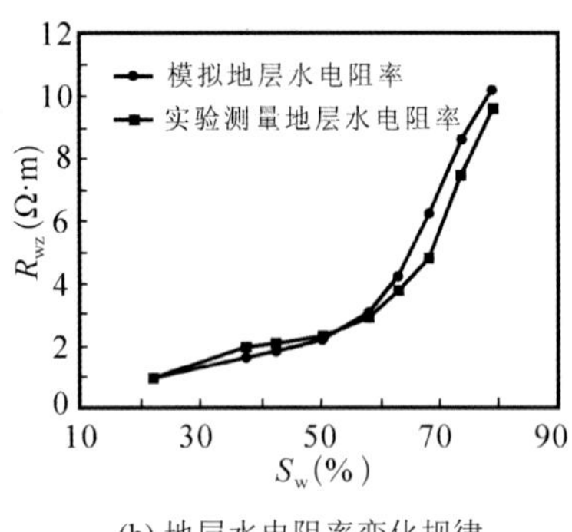

(b) 地层水电阻率变化规律

图 5-1-4　地层电阻率及地层水电阻率变化规律（据申辉林等，2011）

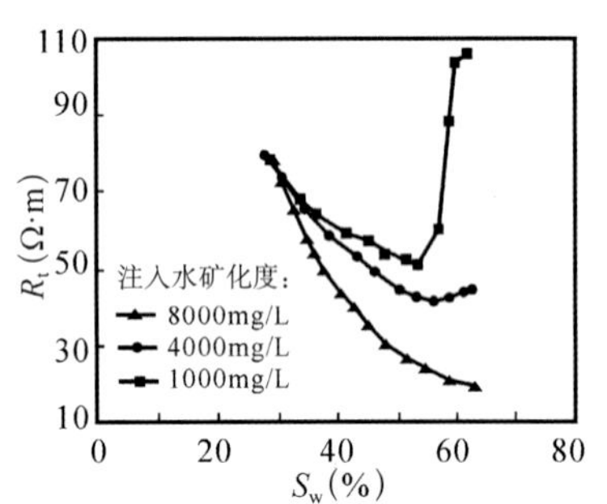

图 5-1-5　亲水岩心淡水驱替过程中电阻率变化曲线（据俞军等，2011）

俞军等（2008）在实验的基础上，研究了淡水驱替过程中岩石电性特征与润湿性的关系。如图 5-1-5 所示，某亲水岩心的孔隙度为 27.56%，渗透率为 0.377D，原始地层水电阻率模拟为 8000 mg/L。当用 8000mg/L 的 $NaHCO_3$ 水溶液驱替岩心时，电阻率呈单调下降趋势；当用 4000mg/L 的 $NaHCO_3$ 水溶液驱替岩心时，岩心电阻率先下降，然后略有升高，即 L 形；当用 1000mg/L 的 $NaHCO_3$ 水溶液驱替岩心时，岩心电阻率先下降，然后升高，即 U 形。

如图 5-1-6 所示，两块亲油岩心的孔隙度分别为 27.44% 和 28.43%，渗透率分别为 1.255D 和 2.545D，束缚水矿化度均为 8000mg/L。当分别用 2000mg/L 的 $NaHCO_3$ 水溶液和蒸馏水驱替岩心时，电阻率均呈单调下降趋势，因此对于老化后偏亲油岩心，无论用何种矿化度的 $NaHCO_3$ 水溶液驱替，其电阻率均呈下降趋势。最终他们认为，淡水驱后，亲水岩心电阻率曲线变化形态为 U 形或 L 形，注入水矿化度与原始地层水矿化度差别越大，岩石电阻率升高幅度越大；对于亲油岩心，无论何种浓度的注入水驱替后，岩石电阻率均呈下降趋势。润湿性是影响淡水驱替过程岩石电阻率变化的重要因素。

2）地层电阻率变化曲线呈平卧的 S 形

在淡水驱替岩电实验中，还发现许多岩心电阻率随含水饱和度的变化呈先减小后增大再减小，地层电阻率变化曲线为平卧的 S 形。例如，刘正锋等（2005）根据注水开发油田的实际注水特征，在实验室内利用岩心进行模拟实验。例如，某岩心的孔隙度为 20%，渗透率为

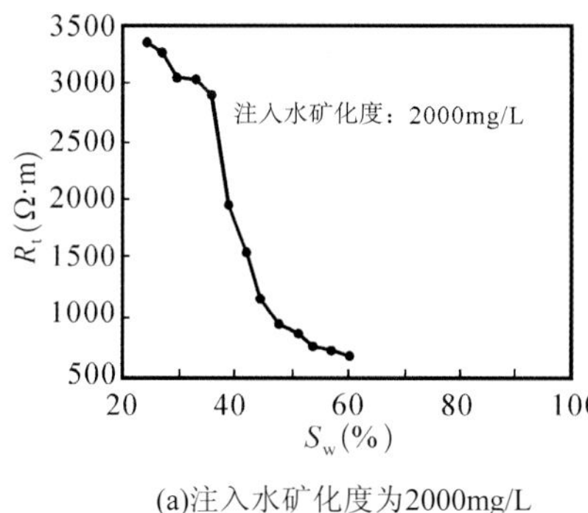

(a)注入水矿化度为2000mg/L

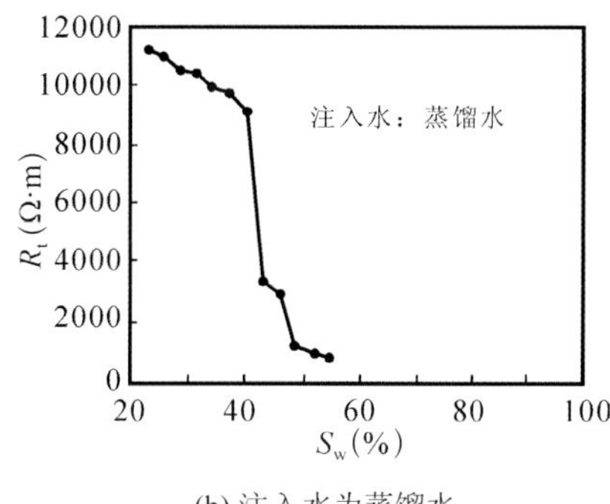

(b) 注入水为蒸馏水

图 5-1-6　亲油岩心淡水驱替过程中电阻率变化曲线（据俞军等，2011）

0.38D，原始地层水矿化度为6000mg/L，注入水水矿化度为2000mg/L（注入水矿化度与原始地层水矿化度的比值为1/3），岩心电阻率与含水饱和度的关系如图5-1-7所示。在注入水矿化度较低时，岩心电阻率随着含水饱和度的升高先减小，然后增大，再减小。他们认为，岩心电阻率变化在一定情况下，注入水矿化度与原始地层水矿化度的比值为1/3 ～ 1/2呈平卧的S形变化趋势，属于特定条件下的电阻率变化形态。产生这种现象主要是两种因素在起作用：一是注入水注入使岩心中导电通路不断增多，造成的岩心电阻率下降；二是岩心中原始地层水矿化度随注入水的不断增多造成的岩心电阻率上升。在注入开始阶段，随注入水的增多，饱含油岩心中的导电通路随注入水的增多而不断增加，这种作用造成的岩心电阻率下降趋势大于地层水电阻率的作用，从而使岩心整体电阻率呈现下降趋势；当岩心中饱含的油被不断驱替出以后，由于岩心中的束缚水矿化度不断被淡化，地层水电阻率上升的趋势超过了由于导电通路增多造成的岩石电阻率下降的趋势，从而表现出岩心整体电阻率的上升；在后期，注入水不断增多，岩心原始束缚水矿化度淡化程度越来越不明显，这时导电通路形成的岩心电阻率下降趋势又开始占主导地位，从而岩心整体电阻率又呈现下降趋势。

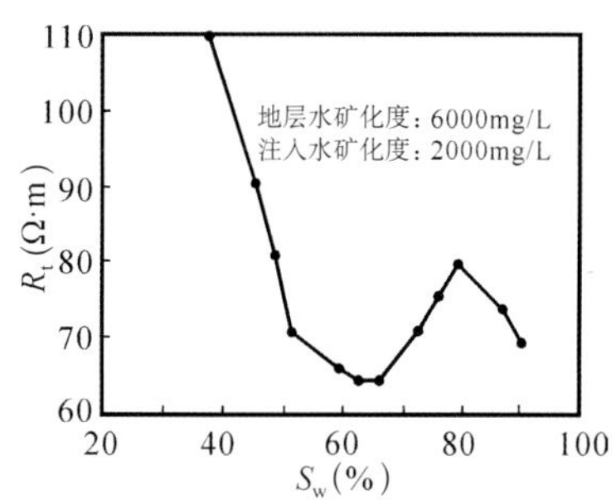

图 5-1-7　$R_{wj}>R_w$ 时 R_t 呈S形曲线（据刘正锋等，2005）

申辉林等（2011）发表的岩心B的电阻率曲线的数值模拟结果呈S形，并与实验结果进行了比较。岩心B的实验参数为：地层水矿化度为15000mg/L，注入水矿化度为5000 mg/L，地层水电阻率为0.3871Ω · m，注入水电阻率为1.0825Ω · m，孔隙度为0.1755，a、b、m和n由试验结果分别取1、1、1.7和1.5。理论模拟与水驱试验得到的地层电阻率及地层水电阻率变化规律如图5-1-8所示。地层电阻率呈平卧的S形曲线变化，理论模拟与实验得到的拐点含水饱和度都约为0.55。

范宜仁等（1998）配制原始地层水矿化度为8000mg/L，注入水水矿化度为3000 mg/L进行室验，同样出现了岩心电阻率随含水饱和度的升高呈平卧的S形的变化特征。他们认为，当注入电阻率大于原始地层水电阻率时，岩心电阻率随含水饱和度的变化出现的U形曲线是平卧的S形曲线的一种特例。影响曲线特征的因素较多，主要与岩石的束缚水饱和

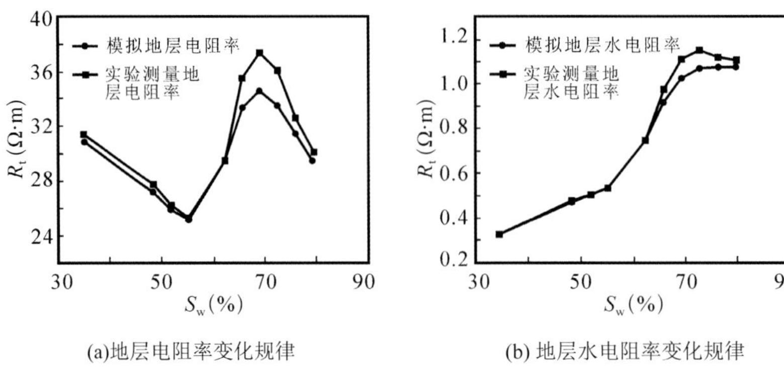

(a)地层电阻率变化规律 (b) 地层水电阻率变化规律

图 5-1-8 地层电阻率及地层水电阻率变化规律（据申辉林等，2011）

度、注入水及地层水矿化度的差别、残余油气饱和度等有关。在两种水矿化度差别不大时，曲线形态基本受残余油气饱和度以及束缚水饱和度的影响。当束缚水饱和度较高、残余油气饱和度较高时，淡水水侵过程的电阻率曲线表现为 U 形；反之，曲线表现为平卧的平卧的 S 形。

魏斌等（2002）发表的实验结果也同样说明了这一点。他们根据闭取心检查井岩心分析资料，采用概率统计法将储集层划分为 3 类流动单元。其中，74 号岩样属Ⅱ类流动单元，水驱油过程中随含水饱和度变化的呈平卧的 S 形，如图 5-1-9（a）所示。该岩心的孔隙度为 23.2%，渗透率为 0.139D，束缚水饱和度为 52.7%，残余油饱和度为 8.2%。可将该平卧的 S 形曲线划分为 3 段：A 段为无水采收期，由于油饱和度的降低，电阻率由 84Ω · m 降低到 38Ω · m；在 B 段，注入的淡水与地层水混合，含水饱和度升高，电阻率逐渐升高到 42Ω · m 左右；在 C 段，驱替水饱和度的进一步升高，油相渗透率随含水饱和度增大而变小至趋近于零，水相渗透率迅速升高，电阻率继续下降至 36Ω · m 左右。34 号岩样属Ⅲ类流动单元，水驱油过程中随含水饱和度变化呈 U 形，如图 5-1-9（b）所示。该岩心的孔隙度为 21.4%，渗透率为 0.0217D，束缚水饱和度为 63.7%，残余油饱和度为 16.3%。与图

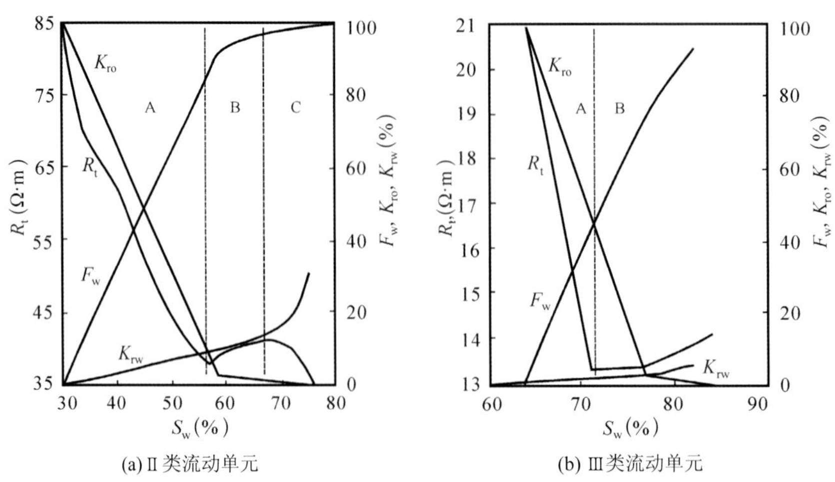

(a) Ⅱ类流动单元 (b) Ⅲ类流动单元

图 5-1-9 不同流动单元水驱油过程实验结果图（据魏斌等，2002）

5-1-9（a）不同的是，U 形曲线划分为 2 段：A 段电阻率由 21Ω · m 快速下降到 13Ω · m 左右；B 段随含水饱和度的升高，水相渗透率曲线仅缓慢上升，油相渗透率曲线逐渐降低，电阻率上升到 14Ω · m。

另外，许多油田在开发的初期注淡水，在开发的中、后期注油田产出水（污水回注），在地层电阻率与含水饱和度形成 U 形曲线之后，将再次出现，地层电阻率随含水饱和度增大而下降。在这种情况下，地层电阻率变化曲线也呈平卧的 S 形。

第二节　水淹层识别与剩余油饱和度评价

在不同的注水开发阶段，生产井水淹层识别与评价是油气藏动态监测及注水效果评价的基础，是一项重要的工作，可以为调整井的设计提供科学的依据。然而，水淹层评价也是老区调整的一个难点，识别率的高低直接关系着油田产量的高低。地层电阻率测井是评价储层含油性的主要手段，也是评价含油气饱和度的重要参数。过套管地层电阻率测井技术可在套管井中测量不同时期由于注水开采而引起的地层电阻率变化。本节首先介绍了利用过套管地层电阻率测井识别和评价水淹层的方法，其中包括计算剩余油饱和度的方法；其次主要以新疆油田的资料为例，分别介绍俄罗斯过套管地层电阻率测井仪器 ECOS 和斯伦贝谢公司过套管地层电阻率测井仪器 CHFR 在水淹层评价方面中的应用。

一、水淹层的识别与剩余油饱和度评价方法

目前，利用过套管地层电阻率测井资料进行水淹层识别与评价的方法有两类：一类为直接利用过套管地层电阻率测井资料与裸眼井深探测电阻率测井资料进行对比，或利用不同时期的过套管地层电阻率测井资料进行对比（如果有不同时期的过套管地层电阻率测井资料），根据地层电阻率大小的变化判断地层的水淹程度；另一类为利用过套管地层电阻率测井资料计算地层的当前含油饱和度（剩余油饱和度），与使用裸眼井深探测电阻率测井资料计算出的原始含油饱和度进行对比，根据饱和度的变化确定地层的水淹程度，如果有不同时期的过套管地层电阻率测井资料，则通过利用这些资料计算地层的剩余油饱和度的变化来确定地层的水淹程度。其中，第一类为定性或半定量的分析法，第二类为定量分析方法。在实际应用中，可根据生产要求、油层的地质情况、分析和测试资料的翔实程度等条件选择应用其中的一种或几种方法。

1. 地层电阻率变化量

在生产井完井前一般都要进行裸眼井常规测井，其中电阻率测井如双侧向测井或感应测井是必测的项目。完井后，油层经过注水开发一段时间，可再进行过套管地层电阻率测井。首先，在测井曲线图上，将过套管地层电阻率测井曲线和裸眼井深探测电阻率测井曲线绘制在一起，直接对比这两条电阻率测井曲线之间的差异，指示出油层注水开采后地层电阻率的变化程度。然后，依据本地区的油层注水开采后地层电阻率的变化特征，按地层电阻率的变化程度来识别油层是否水淹或水淹程度。

这种直接利用过套管地层电阻率与裸眼井深探测电阻率的差值识别和评价水淹层是一种

定性的方法，具有简单、直观和快捷的特点，已被广泛地应用。值得注意的是，在应用本方法前，应在了解本井中油层的物性和注入水的类型、所处的注水阶段等资料的基础上，搞清油层注水开采后油层的电阻率变化特征，还需参考油层的生产动态情况、完井测井解释成果及前一个时期的水淹层评价结果等资料。下面是利用这种定性方法识别水淹层及划分油层水淹程度的几个实例。

图 5−2−1 为新疆油田一个开发区块中一口生产井 T72×× 井 1155 ～ 1178m 井段内 3 个油层的水淹层评价成果图。储层岩性主要由不等粒砂砾岩及细粒不等粒砂岩组成，砾石含量 33% ～ 50%，岩屑成分主要为花岗岩、凝灰岩，其次为石英、长石；储层碎屑颗粒大小不一，砾径变化范围介于 7 ～ 20mm，分选差—中等，颗粒磨圆度差，为次棱角状和棱角状；胶结类型主要有孔隙式、接触孔隙式；油层渗透率为 0.027 ～ 0.675D，平均为 0.25D；油层孔隙度为 9% ～ 24%，平均为 17%，属中孔、中低渗储层。该区块的油层自 20 世纪 60 年代初就已开始注水开发，油藏处于中高含水期开采阶段。该井于 2006 年投产，裸眼井测井资料采集采用 521 测井系列，过套管电阻率测井采用 ECOS 过套管地层电阻率测井。

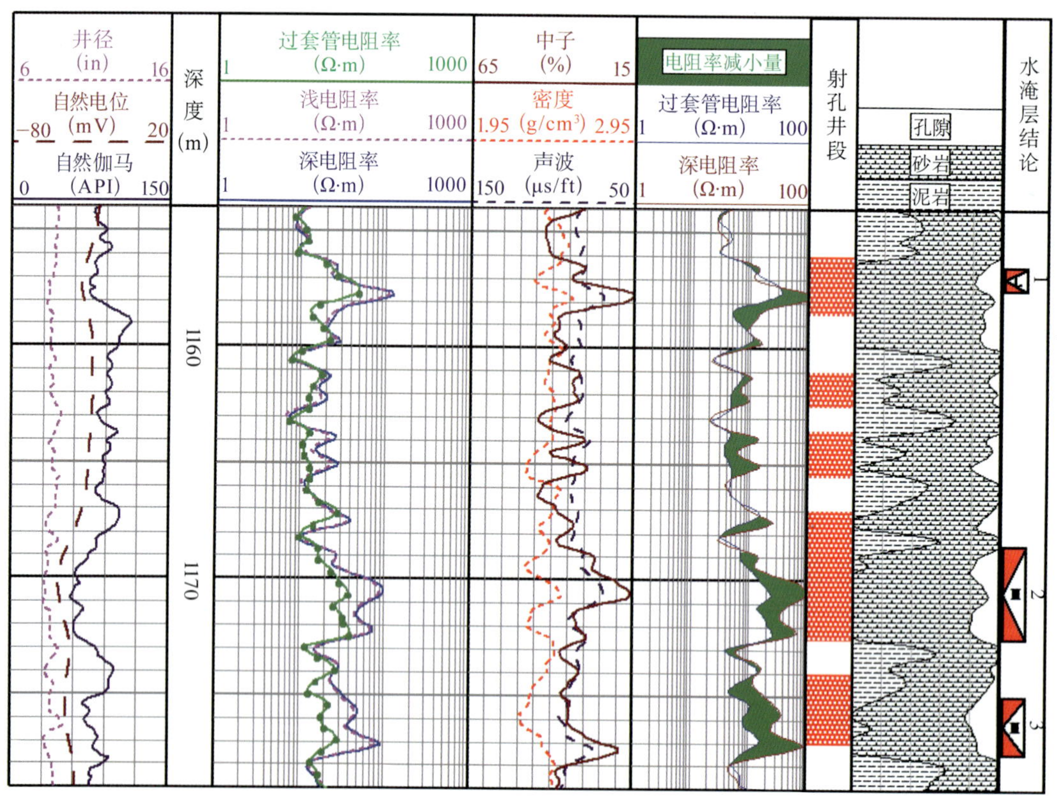

图 5−2−1 T72×× 井的水淹层定性评价

T×× 井 1156.5 ～ 1157.5m 井段的过套管地层电阻率测井值比裸眼井深侧向电阻率测井值略有降低，说明地层流体已经发生一定变化，但变化程度不大，因此该层判定为弱水淹层。1168.5 ～ 1172.5m 和 1175 ～ 1177.5m 这 2 个油层的过套管地层电阻率测井值比裸眼井深侧向电阻率测井值有较大的降低。该 2 个油层由于物性较好，均判定为中强水淹层。在过套管地层电阻率测井前，本井日产液为 12.3m^3，其中日产油为 0.5t，产液综合含水率高，已超过 95%。水淹层测井评价结论与实际生产结果相符合。

据张国杰等（2008），华北油田京Ⅱ断块是较为整装的砂岩油藏，从 1979 年至今分 4 套层系投入注水开发，1996 年进入高含水阶段，目前综合含水 87.5%，采出程度 46.2%。为二次开发提供依据，在该区域进行了 20 口井的过套管地层电阻率测井试验。通过精细解释发现，过套管地层电阻率测井资料的应用必须结合区域地质特征和油田开发动态，才能达到好的应用效果。

他们在分析过套管地层电阻率测井结论与措施情况的关系时发现，过套管地层电阻率的变化趋势可分为降低、基本不变、略升高和升高 4 种特征。电阻率降低对应的均是强水淹层；电阻率升高对应的有中水淹层和强水淹层；电阻率基本不变时，注入效果越明显，水淹强度越高。根据以上分析编制的过套管地层电阻率定性解释图版如图 5−2−2 所示，电阻率降低 2Ω · m 以上的层点均为强水淹层，这些层生产了相当长的时间，多有注水井对应，说明电阻率的降低反映了含油饱和度的降低，剩余油含量不高；电阻率基本不变（差值在 −1.8 ～ 1.5Ω · m 之间）的情况下，注水见效的多为强水淹，注水不见效、见效差或无注水井的为中—弱水淹，没有注水井对应动用程度低的储层，补孔为未水淹；电阻率略升高时（差值在 1.5 ～ 4Ω · m 之间），部分层中水淹，具有一定的生产潜力。采用定性解释图版对 18 口井进行了重新处理解释，总解释符合率提高到 89.5%。

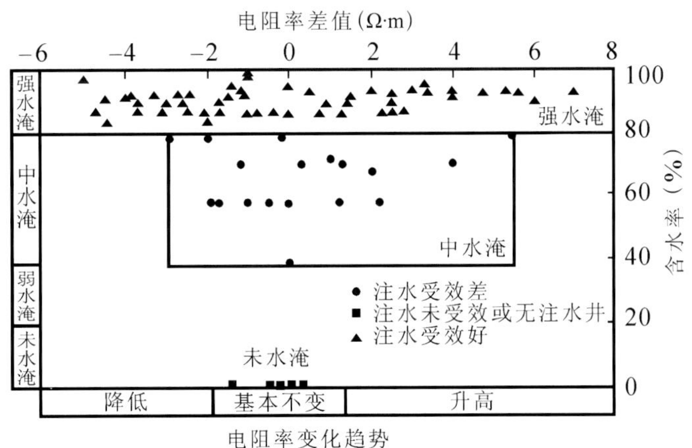

图 5−2−2　华北油田京 11 断块电阻率变化量解释水淹层图版（据张国杰等，2008）

2. 油藏衰竭指数

将原始地层含水饱和度和开采后当前地层含水饱和度的比值定义为油藏衰竭指数，用公式表示为式（5−2−1）。一般，油藏衰竭指数在 0 ～ 1 之间。

对油井未注水开采或由于其邻井的开采引起油层的开采的情况，裸眼井测井和套管井测井时的地层水的矿化度基本不变。此时，地层水矿化度与孔隙结构等参数基本不变，油藏衰竭指数可用过套管电阻率和裸眼井深侧向或深感应电阻率的比值近似得到：

$$\eta = \frac{S_w}{S_{wc}} \approx \sqrt{\frac{R_{tc}}{R_t}} \tag{5-2-1}$$

式中 R_{tc}——过套管地层电阻率；

R_t——裸眼井地层电阻率；

S_w——原始（裸眼井测井时）地层含水饱和度；

S_{wc}——套后（当前）地层含水饱和度；

η——油藏衰竭指数。

这种方法的优点是不需要知道地层实际孔隙度的大小，也不需要知道地层水电阻率，但必须假定地层水矿化度不变。这种方法使用起来，快速、直观，斯伦贝谢公司公开发表的一些资料中常采用这种方法。

如图 5-2-3 所示，在美国阿拉斯加州北部斜坡的一口开采了 27a 的生产井中，油藏衰竭指数提供了水淹层评价的一个定量的指示。过套管地层电阻率测井采用斯伦贝谢公司 CHFR 仪器进行测量。在 ×720 ~ ×740ft 和 ×820 ~ ×955ft 两个井段，过套管地层

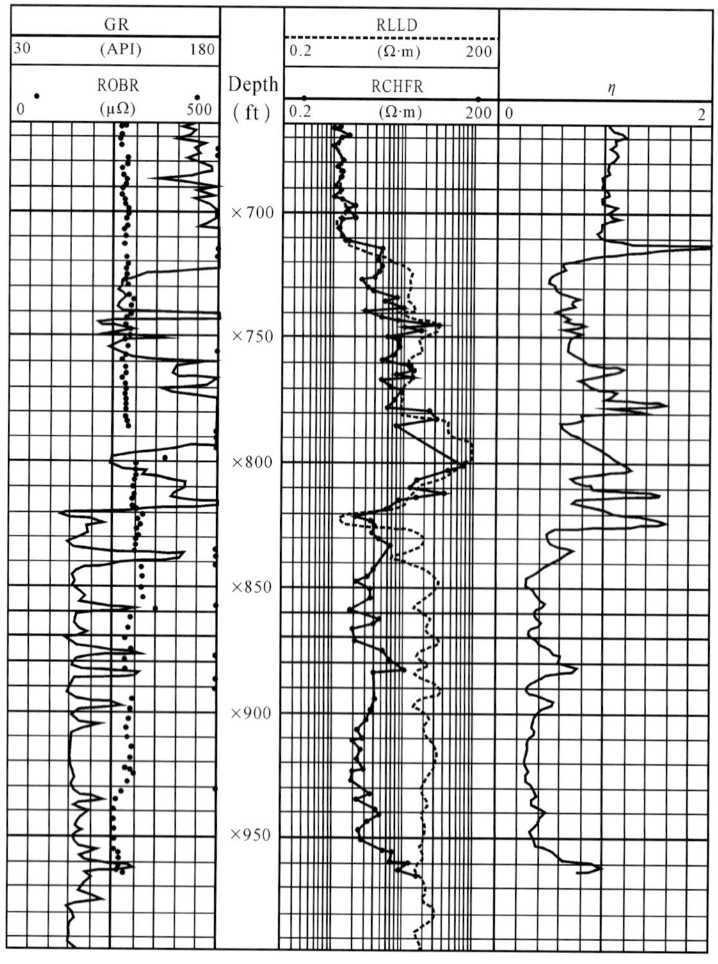

图 5-2-3 利用油藏衰竭指数指示油层的衰竭程度（据 Karsani Aulia 等，2001）

电阻率测井值比裸眼井电阻率测井值明显降低，油藏衰竭指数清楚指示了这两个原油采空区。

3. 剩余油饱和度

油层开采一段时间后，地层中剩余油饱和度的定量评价有着重要的意义。采用过套管地层电阻率测井资料可以定量评价的剩余油饱和度，其方法与裸眼井测井资料的解释方法基本相似。在求取地层含油饱和度之前，需要先确定地层泥质含量、孔隙度等参数。针对不同油田、不同储层的地质特性，建立合适的含油饱和度解释模型。

对较纯的砂岩地层，计算地层含水饱和度和剩余油饱和度可直接采用阿尔奇公式：

$$\begin{cases} S_{\mathrm{wc}} = \left(\dfrac{abR_{\mathrm{wc}}}{\phi^m R_{\mathrm{tc}}} \right)^{1/n} \\ S_{\mathrm{oc}} = 1 - S_{\mathrm{wc}} \end{cases} \tag{5-2-2}$$

式中　R_{wc}——当前（过套管地层电阻率测井时）地层水电阻率；

R_{tc}——过套管地层电阻率；

ϕ——地层孔隙度；

a——与岩性有关的系数；

b——与润湿性有关的系数；

m——地层孔隙结构指数，可通过岩电实验分析资料获得；

n——饱和度指数，可通过岩电实验分析资料获得；

S_{wc}——当前地层含水饱和度；

S_{oc}——当前地层含油饱和度。

对泥质砂岩地层，可采用以下印度尼西亚方程计算饱和度的公式：

$$\begin{cases} \dfrac{1}{\sqrt{R_{\mathrm{tc}}}} = \left[\dfrac{V_{\mathrm{cl}}^{\;1-V_{\mathrm{cl}}/2}}{\sqrt{R_{\mathrm{vcl}}}} + \dfrac{\phi^{m/2}}{a \cdot \sqrt{R_{\mathrm{wc}}}} \right] \cdot S_{\mathrm{wc}}^{\;n/2} \\ S_{\mathrm{oc}} = 1 - S_{\mathrm{wc}} \end{cases} \tag{5-2-3}$$

式中　R_{tc}——过套管地层电阻率；

R_{vcl}——泥岩水电阻率；

V_{cl}——泥岩体积；

a——与岩性有关的系数；

R_{wc}——当前（过套管地层电阻率测井时）地层水电阻率；

ϕ——地层孔隙度；

S_{wc}——当前地层含水饱和度；

S_{oc}——当前地层含油饱和度。

当前地层水电阻率 R_{wc} 可通过测试资料或邻井相同层位的水分析资料求取；如果产层开发程

度较低，也可借用裸眼井地层水电阻率。

利用定量计算的油层剩余油饱和度的大小及其变化量可用来评价油层的水淹情况。图5-2-4为新疆油田一口生产井T×井在474～498.5m井段利用阿尔奇公式计算的含油饱和度解释成果图。计算参数为：a=0.776，b=0.968，m=1.74，n=1.858，R_{wc}=1.09Ω·m。第11号层（494.5～498m井段）含一个射孔段（495～498m），地层含油饱和度下降达15.79%，解释为中水淹层。第8、9、10号层含油饱和度下降约10%，解释为弱水淹层。目前该井日产液10.41m³，日产油6.51t，日产水3.9m³，含水率为37.46%。

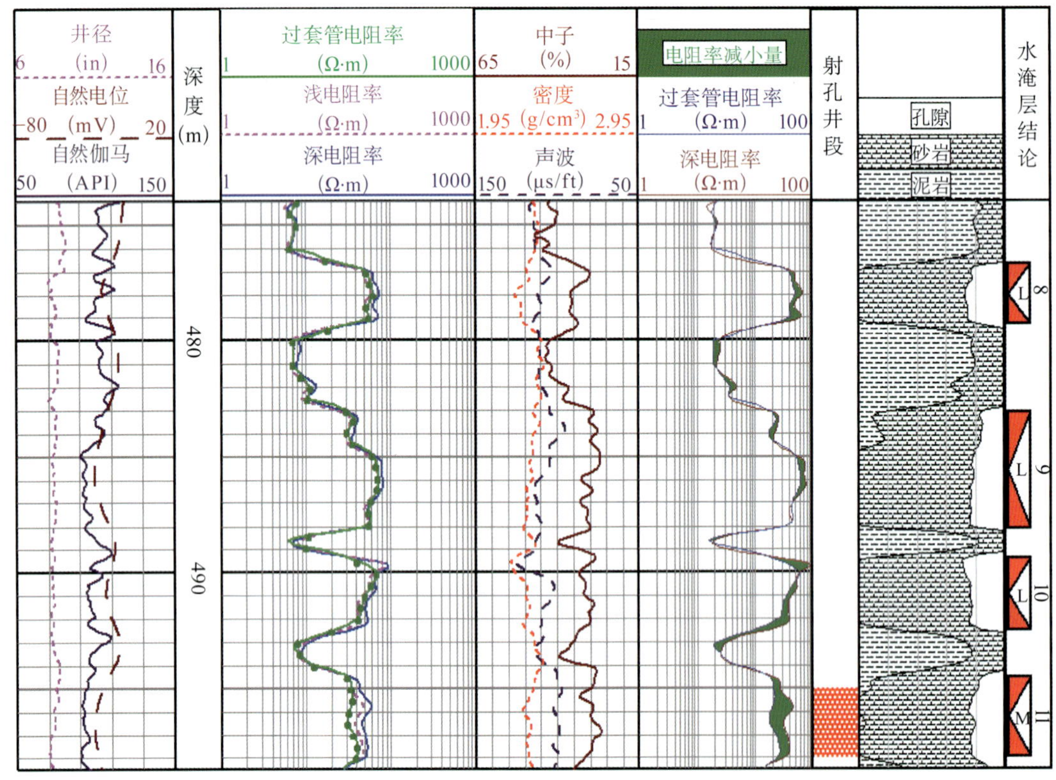

图5-2-4 T×井过套管地层电阻率测井解释成果图

值得说明的是，利用地层电阻率测井资料精确评价剩余油饱和度的难度很大。其中一个最大的困难是在无地层水化学分析资料时当前地层水电阻率的确定。此外，由于孔隙度、泥质含量等参数在注水开发后也将发生变化，如果这些参数与原始地层中的差异较大，就需要采用一些手段来求取。

4. 产水率

对于长期注水开发油田，当注采系统达到平衡时，油井处于稳定生产期，产层压力大于孔隙中流体泡点压力。此时产层只有油、水两相流体流动，其流动方向相同且互不相溶。根据油藏物理学理论导出两相共渗系统各相流体的相对流量，得出油层的产水率为：

$$F_w = \frac{1}{1 + \frac{\mu_w}{\mu_o} \cdot \frac{K_{ro}}{K_{rw}}} \tag{5-2-4}$$

式中　μ_w——水的黏度；

μ_o——油的黏度；

K_{ro}——油的相对渗透率；

K_{rw}——水的相对渗透率。

由于相对渗透率是流体饱和度的函数，除受岩石的非均质性、孔隙结构及分布影响外，还受润湿性、流体性质和分布等因素的影响，其关系式比较复杂，可以对不同的岩石用不同的流体做大量的实验模拟研究，建立有效的经验公式。例如，鄯善油田根据岩心样本的油、水相对渗透率与含水饱和度关系的实验数据，拟合计算油、水相对渗透率的公式为：

$$\begin{cases} K_{ro} = \left(\dfrac{1 - S_{wc} - S_{or}}{1 - S_{wi} - S_{or}} \right)^{1.7143} \\ K_{rw} = 0.6168 \left(\dfrac{S_{wc} - S_{wi}}{1 - S_{wi}} \right)^2 + 0.3744 \dfrac{S_{wc} - S_{wi}}{1 - S_{wi}} + 0.0001 \end{cases} \tag{5-2-5}$$

式中　S_{or}——地层残余油饱和度。

依据油田的实际情况，利用含水率 F_w 划分储层的水淹级别的标准见表 5-2-1，将油层水淹程度划分为四个级别：未水淹、弱水淹、中水淹和强水淹。当 $F_w < 10\%$ 时，定义为未水淹层；当 $10\% \leqslant F_w \leqslant 40\%$ 时，定义为弱水淹层；当 $40\% < F_w \leqslant 80\%$ 时，定义为中水淹层；当 $F_w > 80\%$ 时，定义为强水淹层。

表 5-2-1　鄯善油田含水率定量划分水淹层标准

水淹层级别	未水淹层	弱水淹层	中水淹层	强水淹层
F_w	$F_w < 10\%$	$10\% \leqslant F_w \leqslant 40\%$	$40\% < F_w \leqslant 80\%$	$F_w > 80\%$

此外，驱油效率也可以用于评价水淹层，计算公式为：

$$\xi = \frac{S_{wc} - S_{wi}}{1 - S_{wi}} \tag{5-2-6}$$

式中　S_{wc}——水淹油层的当前含水饱和度；

S_{wi}——地层束缚水饱和度；

ξ——驱油效率。

显然，式中 $S_{wc}-S_{wi}$ 表示进入油层的注入水饱和度，$1-S_{wi}$ 表示油层的原始含油饱和度。由于 S_{wc} 和 S_{wi} 一般是根据过套管地层电阻率、自然电位和岩性孔隙度测井信息计算得到的，因此，驱油效率 ξ 综合了这些测井信息对水淹层的反映，它的大小反映了油层的水淹程度，是定量评价油层水淹级别比较可靠的参数。一般驱油效率越小，说明油层水淹程度越低；其值越大，水淹程度越高。结合油田实际情况，根据驱油效率ξ可将水淹层划分为3种级别：弱水淹时，$\xi<35\%$；中水淹时，$35\% \leqslant \xi \leqslant 55\%$；强水淹时，$\xi \geqslant 55\%$。

二、过套管地层电阻率测井在新疆油田水淹层评价中的应用

在国内，新疆油田较早展开了过套管地层电阻率测井的应用，2005年引进斯伦贝谢公司过套管地层电阻率测井仪器CHFR，在部分区块对主要生产层进行了水淹层评价与解释工作；2007年9月引进俄罗斯过套管地层电阻率测井仪器ECOS，对若干井进行了仪器验收、测试实验性测井和用于水淹层评价的正常生产测井。下面介绍俄罗斯过套管地层电阻率测井仪器ECOS和斯伦贝谢公司过套管地层电阻率测井仪器CHFR在新疆油田水淹层评价方面的应用。

1. ECOS资料在水淹层评价中的应用

2007年利用俄罗斯过套管地层电阻率测井仪器ECOS在新疆油田七中区进行了水淹层评价和剩余油分布研究。该区储层主要由不等粒砂砾岩及细粒不等粒砂岩组成，砾石含量33%～50%，岩屑成分主要为花岗岩、凝灰岩，其次为石英、长石；储层碎屑颗粒大小不一，砾径变化范围介于7～20mm，分选差—中等，颗粒磨圆度差，为次棱角状和棱角状；胶结类型主要有孔隙式、接触孔隙式。油层渗透率0.027～0.675D，平均为0.071D；油层孔隙度9%～24%，平均为16%，属中孔、中低渗储层。有效厚度主要集中在10～20m之间，平均16.4m，主力油层分布稳定，连续性好。在过套管地层电阻率测井资料解释中，使用阿尔奇公式，a=0.8212，b=1.8334，m=1.0306，n=1.9113，在求取地层含油饱和度之前需要先确定地层泥质含量、孔隙度等参数。

通常采用自然电位或自然伽马测井资料评价地层泥质含量：

$$\begin{cases} SH = \dfrac{SHLG - GMIN}{GMAX - GMIN} \\ V_{\mathrm{sh}} = \dfrac{2^{GCUR \times SH} - 1}{2^{GCUR} - 1} \end{cases} \tag{5-2-7}$$

式中 $SHLG$——自然电位或自然伽马测井值；

$GMIN$——纯砂岩对应的测井响应值；

$GMAX$——纯泥岩对应的测井响应值；

$GCUR$——地层系数；

V_{sh}——泥质含量计算值。

通过测井仪器响应分析建立地层体积模型。若已知岩石骨架密度，采用补偿密度测井资料计算孔隙度：

$$\phi = \frac{DEN - D_{\mathrm{g}}}{D_{\mathrm{f}} - D_{\mathrm{g}}} - V_{\mathrm{sh}} \frac{D_{\mathrm{sh}} - D_{\mathrm{g}}}{D_{\mathrm{f}} - D_{\mathrm{g}}} \tag{5-2-8}$$

式中 DEN——补偿密度测井值；

D_g——地层岩石骨架值；

D_{sh}——泥质密度值；

D_f——地层流体密度值；

ϕ——地层孔隙度计算值。

若已知岩石骨架声波时差，则使用补偿声波测井资料计算孔隙度：

$$\phi = \frac{1}{CP} \times \frac{AC - \Delta t_{ma}}{\Delta t_f - \Delta t_{ma}} - V_{sh}\frac{\Delta t_{sh} - \Delta t_{ma}}{\Delta t_f - \Delta t_{ma}} \tag{5-2-9}$$

式中 AC——补偿声波测井值；

CP——压实系数；

Δt_{ma}——地层岩石声波时差骨架值；

Δt_{sh}——泥质声波时差值；

Δt_f——地层流体声波时差值；

ϕ——地层孔隙度计算值。

根据该地区储层特性，结合套后含油饱和度与裸眼井含油饱和度，确定该地区的含油饱和度变化量 ΔS_o。参考其他资料，利用 ΔS_o 进行油层水淹程度评价的标准，见表 5–2–3。将油层水淹程度划分为弱水淹、中水淹和强水淹。当 $\Delta S_o\%<12$ 时，定义为弱水淹层；若 $12\% \leqslant \Delta S_o<22\%$，则定义为中水淹层；若 $\Delta S_o \geqslant 22\%$，则定义为强水淹层。

$$\Delta S_o=S_o-S_{oc} \tag{5-2-10}$$

表 5–2–2 新疆油田七中区根据含油饱和度变化量划分水淹层标准

水淹层级别	弱水淹层	中水淹层	强水淹层
ΔS_o	$\Delta S_o<12\%$	$12\% \leqslant \Delta S_o<22\%$	$\Delta S_o \geqslant 22\%$

图 5–2–5 为 72×× 井 998 ~ 1036m 井段的过套管地层电阻率测井解释成果图。该井由多个射孔井段组成，对比该井的过套管地层电阻率资料与裸眼井电阻率资料发现，该井 1012.2 ~ 1013.5m 井段电阻率降低较严重，含油饱和度下降 6.1% ~ 8%，可定量评价为弱水淹层。其他井段电阻率基本没有变化，含油饱和度也没有变化，属于动用程度比较低的储层，可定量评价为未水淹层。该井段产层实际日产油 3.75t，日产水 0.5t，产水率为 40%，水淹层评价结论与生产实际符合。

图 5–2–6 为 T72×× 井的过套管地层电阻率解释成果图，该井测量井段中大部分过套管地层电阻率测井资料与裸眼井双侧向测井资料基本吻合，只有在 1025.0 ~ 1027.5m 井段内含油饱和度下降了 13.2%，定量分析为有一定程度水淹，但水淹程度中等，为中水淹层。本井实际日产液 11.1m^3，日产油 4.4t。此段水淹层定量解释结论与实际生产结果相符合。

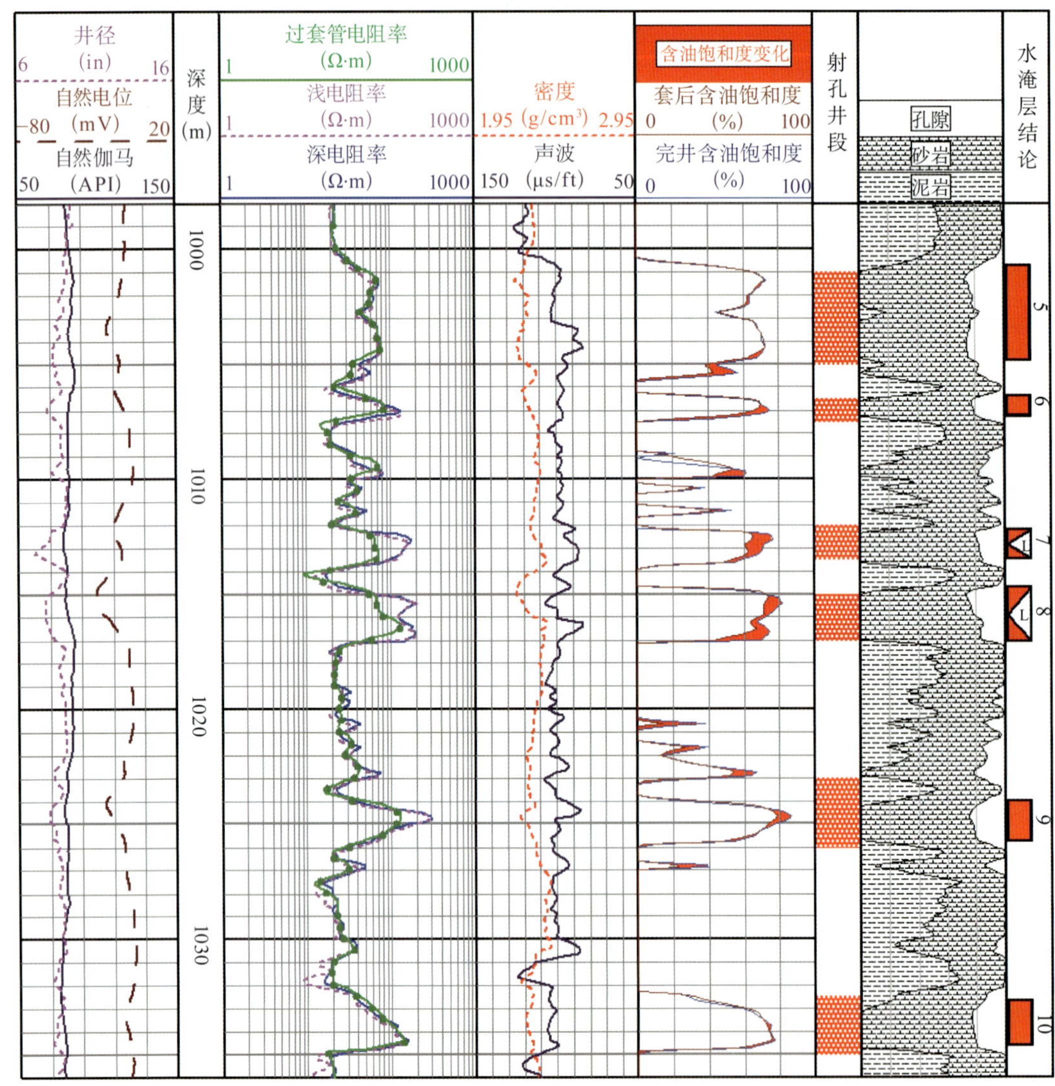

图 5–2–5　72×× 井 ECOS 过套管地层电阻率测井解释成果图

2. CHFR 资料在水淹层评价中的应用

2002 年以来，新疆油田分公司在克拉玛依油田的一区、七—八区和百口泉油田、彩南油田开展过套管电阻率测井（CHFR）工作，共测井 45 口（表 5–2–3）。其中，2002 年在彩南油田测井 3 口，2003 年测井 5 口（百口泉油田 2 口，七—八区 2 口，一东区 1 口），2004 年测井 6 口（彩南油田 2 口，车排子油田 2 口，百口泉油田 2 口），2005 年在百口泉油田测井 11 口，2006 年测井 20 口（百口泉油田 8 口，克拉玛依油田一中区 12 口）❶。

❶新疆油田分公司过套管电阻率测井评价技术应用，2007。

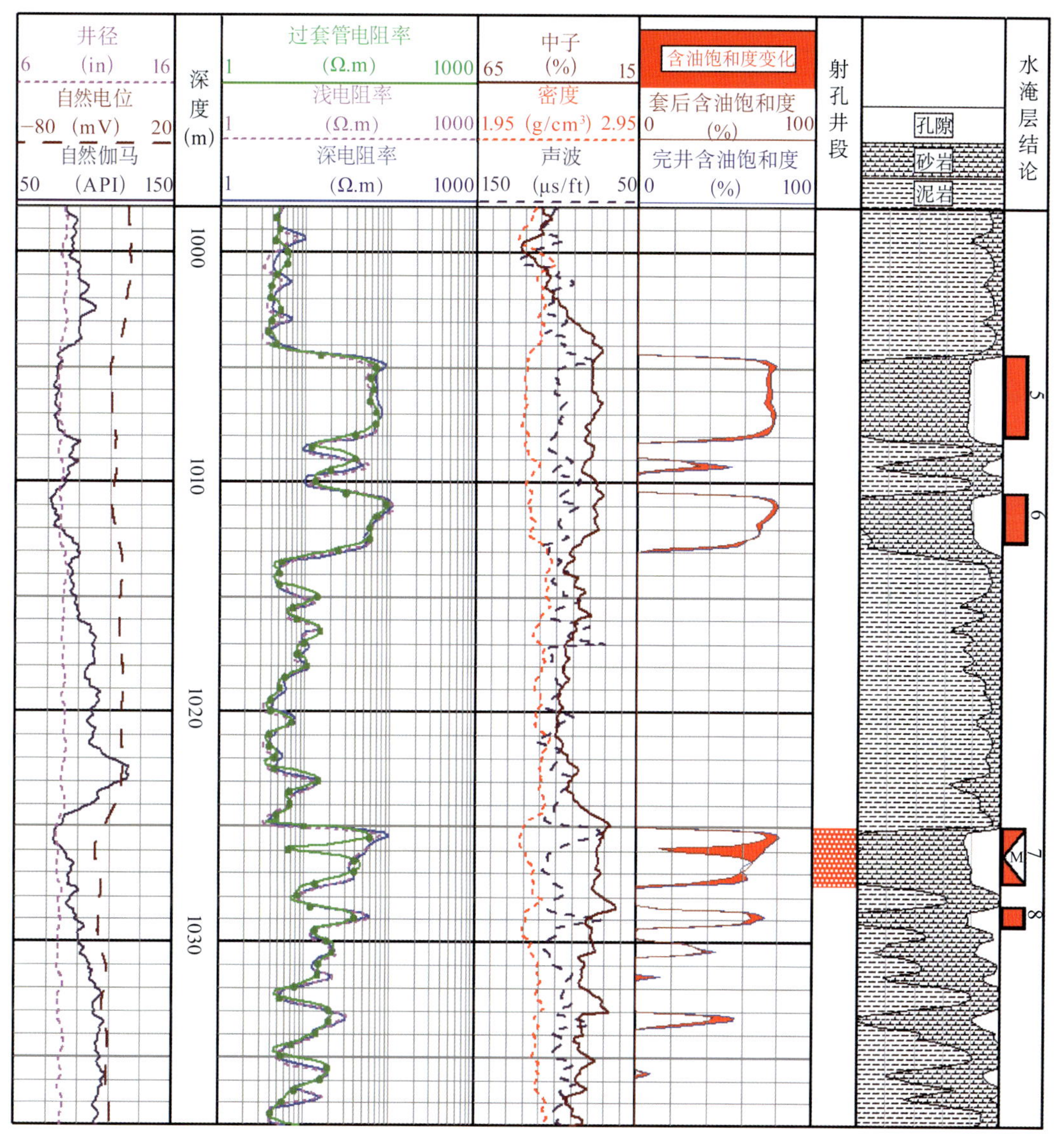

图 5-2-6　T72×× 井 ECOS 过套管地层电阻率测井解释成果图

通过对 CHFR 测试结果的解释、分析、对比及综合研究，部分有潜力的井经后期封堵、压裂改造、补孔等措施后，取得了较好的增产效果，并指导了油田的剩余油分布研究工作。如百 21 井区克下组油藏试验区成规模应用了过套管电阻率测井技术，根据解释结果针对油水井进行相应措施，截至 2007 年，措施油井已增产原油 4112t，同时增加可采储量 16×10^4t。新疆油田砾岩油藏储量巨大，目前由于高含水或低产液而长期关停的井有 1500 余口，其中许多井具有动用程度低或仍未动用的潜力层，利用 CHFR 测井技术找到这些潜力层进行挖潜利用，同时指导油藏的整体开发调整，将获得巨大的效益。下面以沙南油田中的几个应用实例加以说明❶。

❶新疆油田分公司沙南油田 2008 年过套管电阻率测井评价报告，2008。

表 5-2-3　2002—2006 年 CHFR 实施情况表

时间	油田	井数（口）
2002 年	彩南油田	3
2003 年	百口泉油田百 21 井区	2
	克拉玛依油田七—八区	2
	克拉玛依油田一东区	1
2004 年	彩南油田	2
	车排子油田	2
	百口泉油田百 21 井区	2
2005 年	百口泉油田百 21 井区	11
2006 年	百口泉油田百 21 井区	8
	克拉玛依油田一中区	12
合计		45

沙南油田位于准噶尔盆地东部，行政区属于昌吉回族自治州管辖，西南距乌鲁木齐 125km。构造隶属准噶尔盆地东部隆起的帐北断褶带中段，包括沙丘古构造、北三台凸起及两者夹持的平缓鞍部地区，属一正性构造单元。构造形态为由北向南倾伏的鼻状构造，在 SQ5 井附近被断裂切割，造成构造形态不完整。构造两翼地层倾斜幅度差异较大，构造西翼较陡，东翼平缓。依据三维地震解释，结合钻井、测井以及探边测试资料，梧桐沟组油藏发育 3 条断裂，即 S102 井西断裂、S106 井北断裂、SQ5 井南 1 号断裂。

储层岩性以砂岩、砾状砂岩和砂砾岩为主。岩石颗粒成分以碎屑为主（79.1%），其次为长石（8.1%）和石英（6.9%），岩石成分成熟度很低。颗粒磨圆度为次棱—次圆状，分选好—中等—差。填隙物以高岭石为主（4%），胶结物主要为方解石。黏土矿物主要以粒表不规则状伊蒙混层（43.87%）和粒间书页状高岭石（33.75%）为主。孔隙类型为粒间溶孔（平均为 42.75%）、粒间孔（平均为 40.26%）、粒内溶孔（平均为 12.3%）。储层中有微裂缝发育。油层的孔隙度变化范围为 6.3% ~ 23.95%，平均为 16.09%；渗透率变化范围为 0.102 ~ 553.68mD，平均为 4.992mD，属中低孔隙度、低渗透率非均质性较强的储层。

其中，SQ5 井区探明石油地质储量为 1320×10^4t，目前全部动用，探明可采储量为 307.7×10^4t，标定采收率为 23.3%。2008 年 5 月采油井总数 97 口，开井数 84 口，日产液水平 767t，日产油水平为 249t，地质储量采油速度为 0.7，综合含水为 67.6%，累积产油为 175.1×10^4t，可采储量采出程度为 56.89%。注水井总数为 29 口，开井数为 29 口，日注水平为 1063m^3，月度注采比为 1.23，累计注采比为 0.91，年注水量为 18.35×10^4m^3，累积注水量为 300.06×10^4m^3。为了计算测量井段内小层的剩余油饱和度，研究水淹级别和测量井区域剩余油分布，采取针对性的下一步区域调整措施提供依据，2008年斯伦贝谢公司的过套管地层电阻率测井仪器CHFR在该区进行了作业。

斯伦贝谢公司利用过套管地层电阻率资料求取地层含油（水）饱和度时，采用ELANPlus优化的模型组合技术进行测井评价。其原理是将各种测井响应方程联立求解，计算各种矿物和流体的体积。利用优化技术，通过调节各种输入参数，如矿物测井响应参数，输入曲线权值等，使方程矩阵的非相关性达到最小。它可同时求解多个模型，按照一定的组合概率，组合得到最终模型，即地层岩石（或矿物）、流体体积，并运算得到孔、渗、饱等储层物性参数。根据该区块的储层特性和老井已有的岩性分析资料以及常规测井曲线，处理过套管地层电阻率测井资料时，地层岩性以砂泥岩为主，部分层段泥质白云岩。采用的岩石物理模型中的岩石组分应为地层的主要成分，在本区块中为石英、黏土和方解石，地层流体组分包括油、水两种成分。该方法需要输入的测井曲线包括深电阻率曲线（RT）、浅电阻率曲线（RXO）、自然伽马曲线（GR）、中子孔隙度曲线（NPHI）、密度曲线（RHOB）、声波时差曲线（DT）。为了考虑泥质的导电，ELANPlus采用印度尼西亚方程计算饱和度，根据实验及其他资料，取a=0.56，m=2.08，n=1.91。根据该地区储层特性，利用ΔS_o进行油层水淹程度评价的标准，见表5–2–4。

表5–2–4　沙南油田SQ5井区根据含油饱和度变化量划分水淹层标准

水淹层级别	弱水淹层	中水淹层	强水淹层
ΔS_o	ΔS_o<10%	10% ≤ ΔS_o<20%	ΔS_o ≥ 20%

图5–2–7为SQ2×××井过套管地层电阻率测井成果图。图中第一道分别为裸眼井自然伽马曲线（GR_OH）、套管井自然伽马曲线（GR_CH）和裸眼井自然电位曲线（SP）、钻头直径（BS）和裸眼井井径曲线（CALI），第二道为深度和射孔段，第三道为裸眼井深电阻率曲线（RT）和过套管地层电阻率曲线（RTCH），第四道为裸眼井声波时差曲线（DT）、中子孔隙度曲线（NPHI）和密度曲线（RHOB），第五道为利用裸眼井深浅探测电阻率计算的裸眼含水饱和度（SW_OH）和利用过套管地层电阻率计算的当前含水饱和度（SW_CH），第六道为ELAN流体分析剖面，第七道为ELAN岩性剖面，第八道为裸眼井测井解释结论，第九道为水淹层评价结论。总体上讲，本井测井曲线质量良好，满足解释需要。已射孔层段底部层段水淹相对比较弱，顶部层段水淹相对较严重。2582～2587m和2589～2593.1m井段电阻率由20Ω·m下降到10Ω·m左右，饱和度均下降14%，属中等水淹（M）。其他层段2611.9～2615.9m、2621.8～2623.8m、2626.3～2627.5m、2629.1～2629.6m和2631.6～2637.9电阻率下降4～5Ω·m，饱和度下降7%左右，属弱水淹（L）。

SQ240×井1999年8月射孔投产，射孔层段为2613～2617m、2621.5～2624.5m、2624.5～2626.5m和2632～2638m，投产初期日产液8t，日产油8t，不含水。2000年6月进行压裂一次，2006年3月到12月补孔2580.5～2582m、2583.5～2587.5m、2587.5～2591.5m、2591.5～2595.5m和2595.5～2597.5m。目前，该井日产液18.4t，日产油3.9t，含水79%，产液情况如图5–2–8所示。

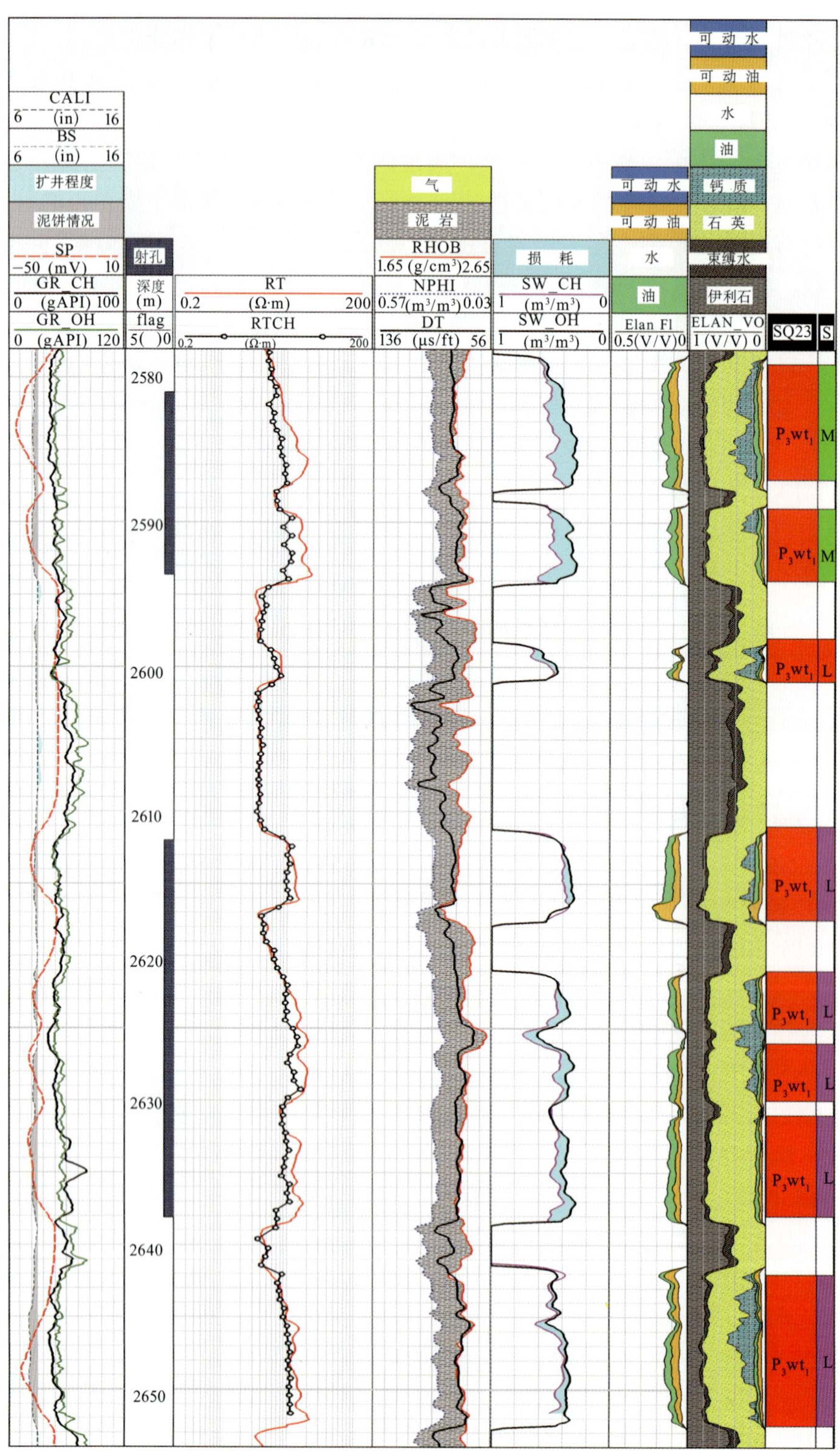

图 5-2-7　SQ2××× 井 CHFR 过套管地层电阻率测井解释成果图

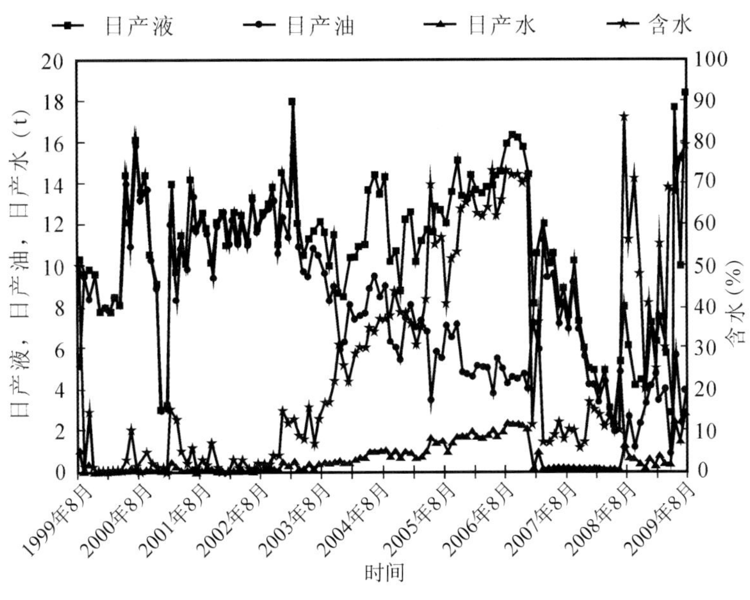

图 5-2-8　SQ240× 井产液情况图

图 5-2-9 为 SQ240× 井过套管地层电阻率测井成果图。总体上讲，本井曲线质量良好，但局部套管变形、结垢或腐蚀，导致测井质量受到影响，没有得到可信的过套管地层电阻率，解释结果存在一定不确定性。处理结果显示，该井已射孔层段存在不同程度的水淹，2581.5 ~ 2582.1m、2582.9 ~ 2586.1m、2587.6 ~ 2593.4m 和 2596.6 ~ 2597.4m 井段电阻率下降 5Ω · m 左右，饱和度下降均小于 10%，属弱水淹；2613 ~ 2617.3m 和 2621.6 ~ 2621.9m 井段水淹情况与上面已射开层段水淹情况类似，电阻率下降 4Ω · m 左右，饱和度下降分别为 3.2% 和 4.5%；2631.9 ~ 2638.8m 井段由于套管变形、结垢或腐蚀等原因，没有得到可信的过套管地层电阻率数据点。

SQ243× 井 1999 年 4 月射孔投产，投产初期日产液 12.4t，日产油 12t，综合含水 3%。2000 年 8 月进行压裂，有一定效果。目前日产液 18.9t，日产油 14.1t，综合含水 25.4%，产液情况如图 5-2-10 所示。

图 5-2-11 为 SQ243× 井过套管地层电阻率测井成果图。总体上讲，本井曲线质量良好，但局部套管变形、结垢或腐蚀，但对测井质量未造成影响，得到的过套管地层电阻率仍可用于测井解释。处理结果显示，该井已射孔层段水淹程度较严重。其中，2608 ~ 2613.6m 和 2616.1 ~ 2627.9m 井段电阻率下降约 10Ω · m，饱和度分别下降 10.8% 和 11.6%，已属中等水淹；2640.8 ~ 2646.4m 过套管地层电阻率略受影响，过套管地层电阻率最低 4Ω · m 左右，饱和度下降 12.7%，属中等水淹；未射孔井段层 2577 ~ 2585.9m 和 2586.3 ~ 2590.3m 过套管地层电阻率相比裸眼井电阻率下降约 10Ω · m，饱和度下降 12.5% 和 11.7%，均属中等水淹。

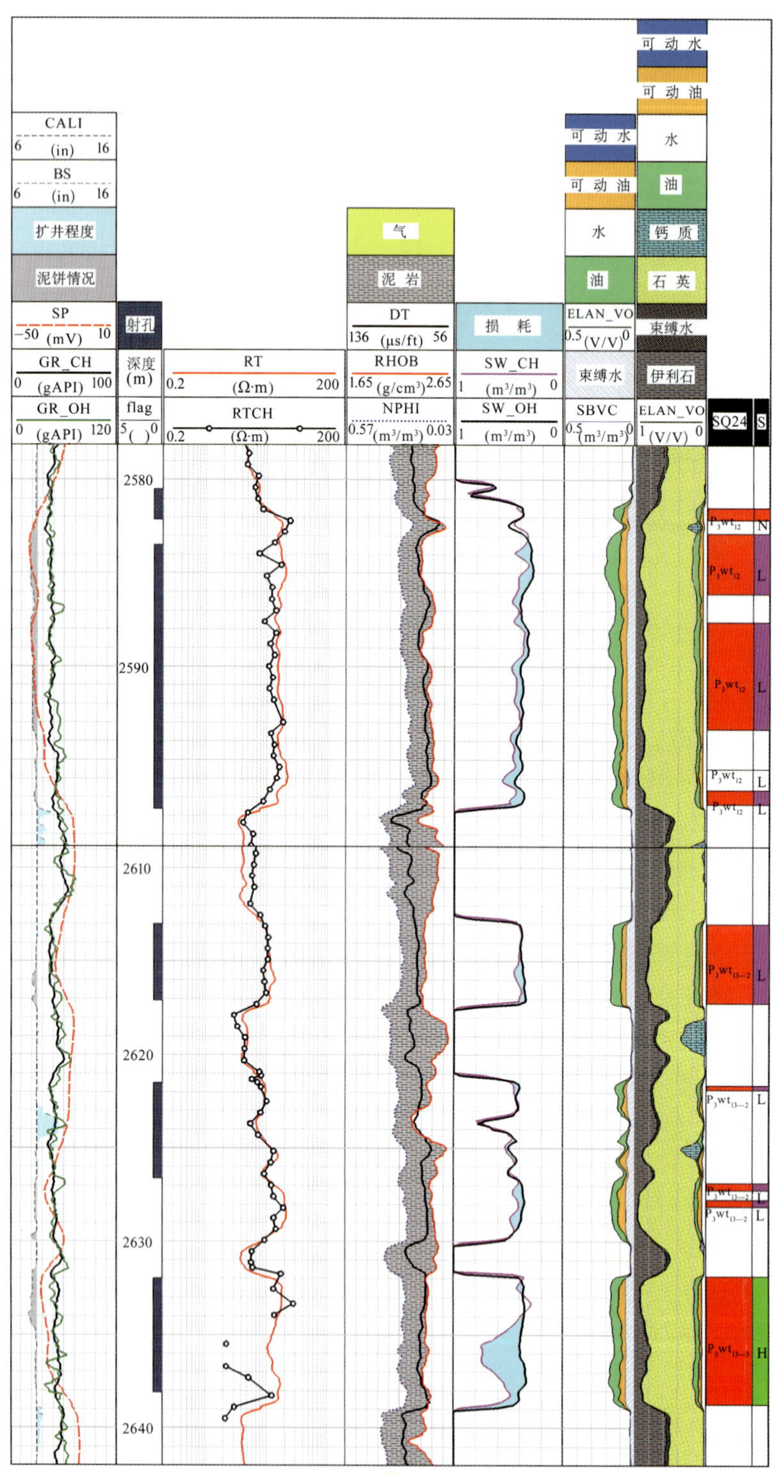

图 5-2-9　SQ240× 井 CHFR 过套管地层电阻率测井解释成果图

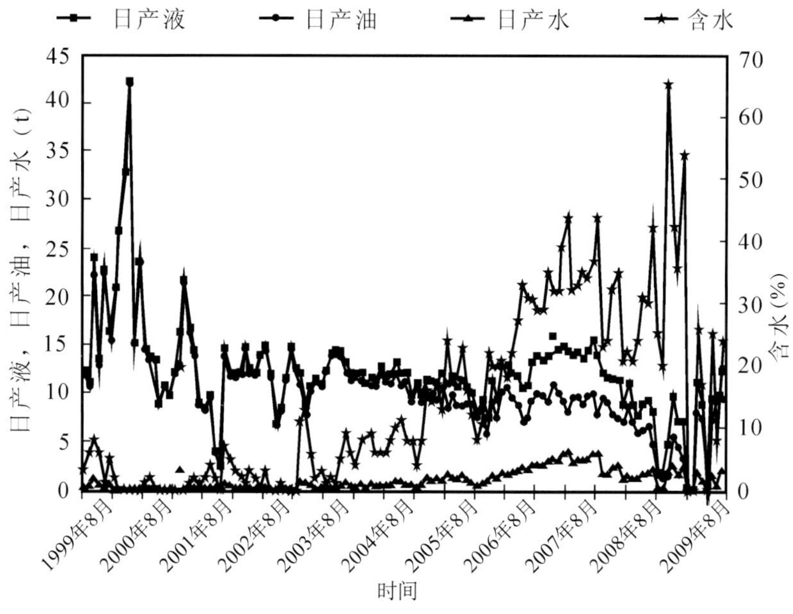

图 5-2-10　SQ243× 井产液情况图

图 5-2-12 为 SQ25×× 井过套管地层电阻率测井成果图。总体上讲，本井曲线质量良好，满足测井解释需要。过套管地层电阻率显示，射孔层段水淹程度不一，以 2575.6 ~ 2579.1m 井段为例，过套管地层电阻率相比裸眼井电阻率下降了 10Ω · m，饱和度下降了 11.8%，属中等水淹；但上部 2574.1 ~ 2574.9m 井段还保持较好潜力；未射开的 2531.3 ~ 2532.1m 井段过套管地层电阻率最大为 14Ω · m 左右，最大下降几个欧姆 · 米左右，饱和度裸眼井解释为 62.9%，下降量为 3.2%，仍保持较好的潜力。

在单井剩余油评价的基础上，通过对多井的剖面进行对比，发现剩余油分布具有一些规律。为了方便研究，按沙南油田由南向北的顺序，列举各井水淹状况。图 5-2-13 为区域内 4 口井对比剖面，可以看出 P_3wt_{12} 油层组已射孔层段都已存在不同程度的水淹，其中 SQ237× 已中等水淹，SQ240× 弱水淹。同时，水淹也波及了未射孔层段，SQ243× 井已中等水淹，但 SQ25×× 井由于层薄，受到水淹影响也较弱；P_3wt_{13} 油层组基本上都已射开，且存在不同程度的水淹，但在个别已射孔层位仍然存在个别弱水淹的潜力层；未开发层位水淹程度相对较低。SQ240× 井 2631.9 ~ 2638.8m 已强水淹，但其他射孔层段仍然是弱水淹的潜力层。SQ243× 整个油层组均已中等水淹。纵向上，各油层组均已水淹；横向上，南部水淹严重，尤其 SQ243× 井各油层组基本都已中等水淹，北部水淹波及程度轻。

通过与水淹层测井解释方法结合，在过套管地层电阻率测井解释的含油饱和度的基础上，运用以下公式计算含水率，定量评价油藏的水淹级别：

$$\begin{cases} S_o = S_{och} - S_{ro} \\ S_w = 1 - S_{och} - S_{rw} \\ F_w = \dfrac{S_w}{S_w + S_o} = \dfrac{1 - S_{och} - S_{rw}}{1 - S_{ro} - S_{rw}} \end{cases} \tag{5-2-11}$$

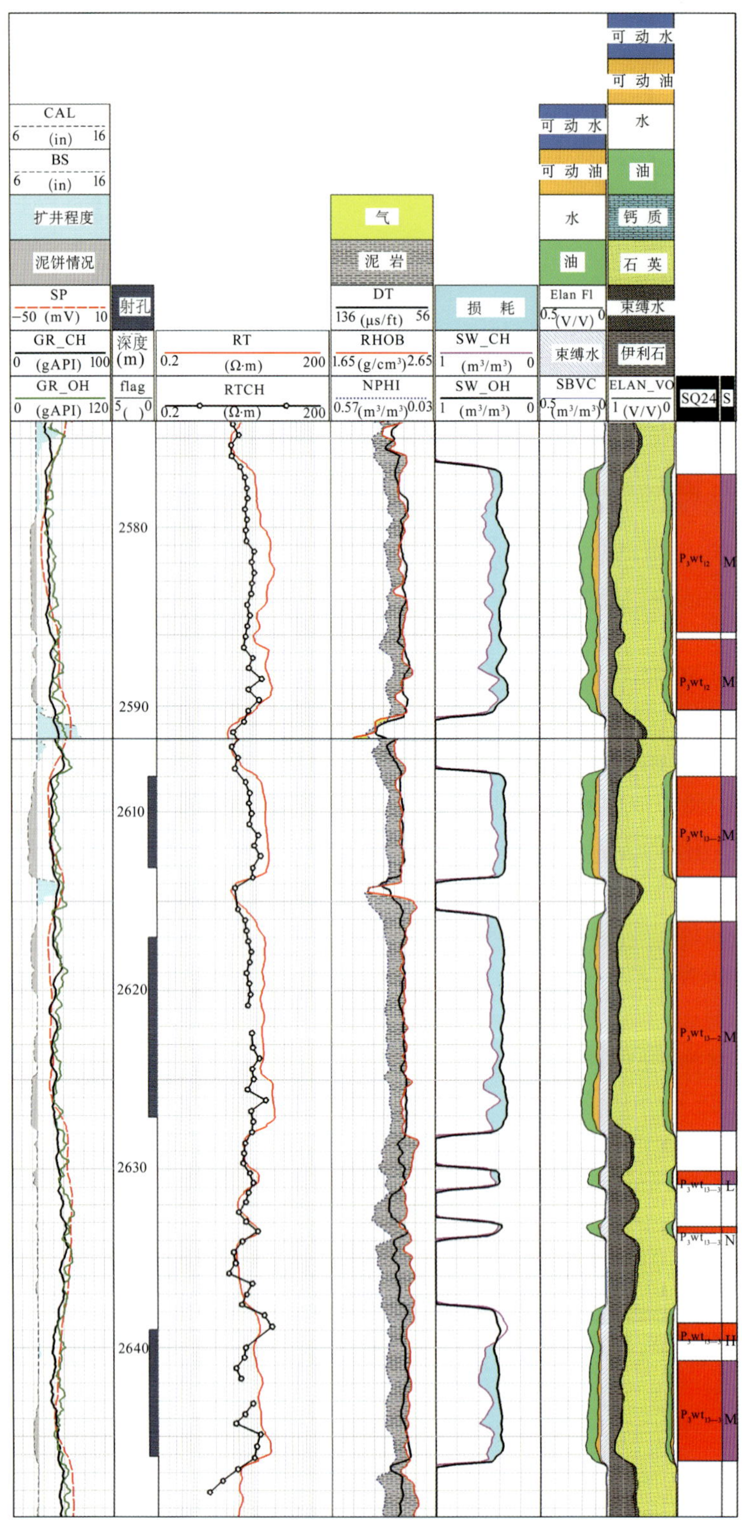

图 5-2-11　SQ243× 井 CHFR 过套管地层电阻率测井解释成果图

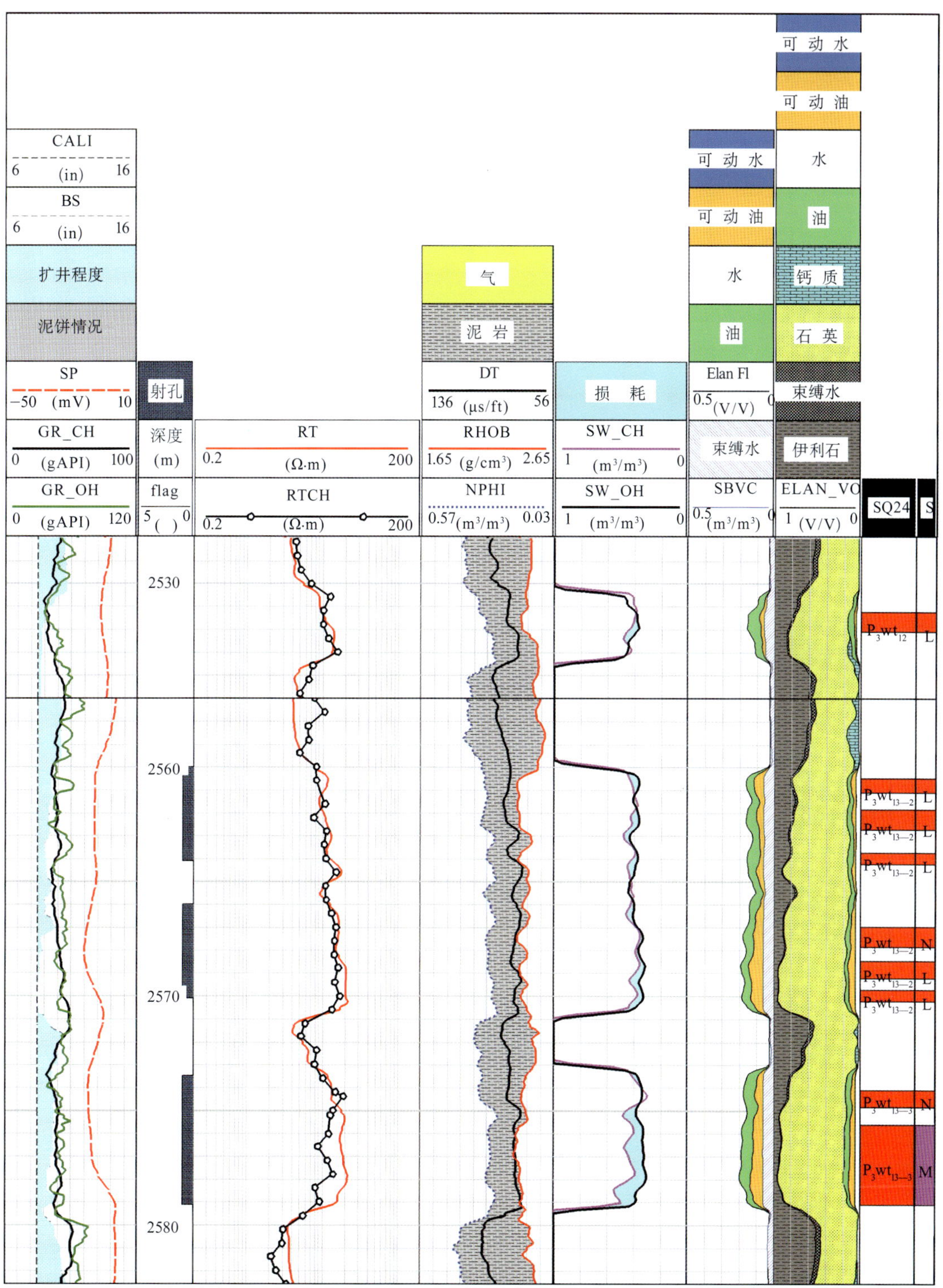

图 5-2-12　SQ25×× 井 CHFR 过套管地层电阻率测井解释成果图

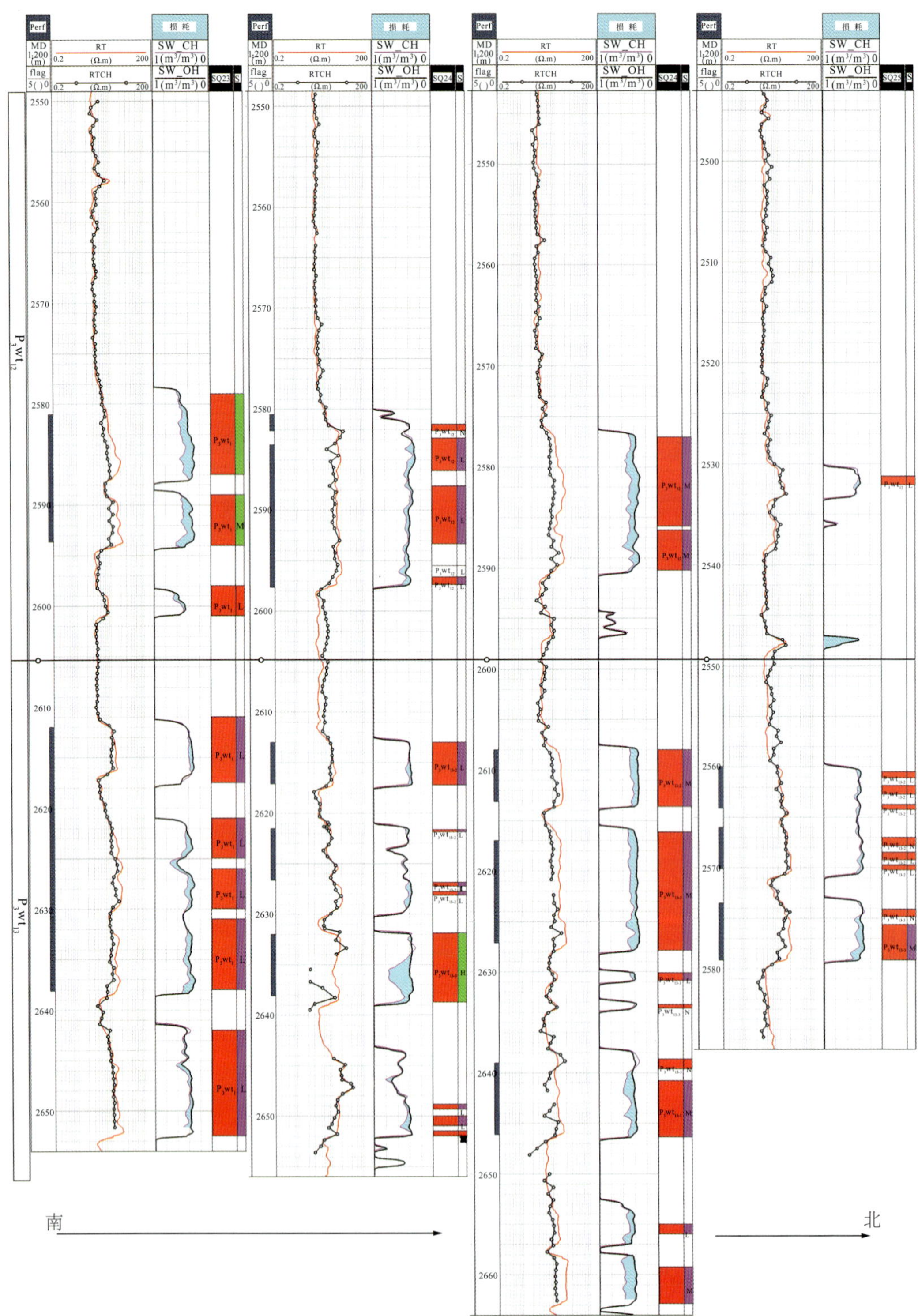

图 5-2-13　沙南油田 4 口井（SQ237× 井、SQ240× 井、SQ243× 井和 SQ25×× 井）CHFR 过套管地层电阻率测井水淹状况对比剖面

式中　S_{och}——过套管电阻率测井解释的含油饱和度；

S_{rw}——束缚水饱和度；

S_{ro}——残余油饱和度。

以百口泉油田百21井区克下组油藏为例，束缚水饱和度为40%，残余油饱和度为28%。从而确定了百口泉油田百21井区克下组油藏水淹层评价标准（表5–2–5）。

表5–2–5　百口泉油田百21井区克下组水淹层定量评价标准

水淹级别	CHFR剩余油饱和度（%）	CHFR含水率（%）
强水淹层	$S_o<34.4$	$F_w>80$
中水淹层	$34.4 \leqslant S_o<47.2$	$40<F_w \leqslant 80$
弱水淹层	$47.2 \leqslant S_o<56.8$	$10<F_w \leqslant 40$
未水淹层	$S_o \geqslant 56.8$	$F_w \leqslant 10$

第三节　油层动用情况与油水界面变化监测

在油田开发中，油层动用情况及油水界面变化情况一直受到广泛的关注，这直接关系到油田的稳产、增产和节省开支、延长开发年限等现实问题。过套管地层电阻率测井提供了一种新的监测油层动用情况及油水界面变化情况的方法。近年来，根据过套管地层电阻率测井获得的地层电阻率测井曲线，及由这种地层电阻率测井曲线导出的地层含有饱和度资料，在油层动用情况和油水界面变化监测方面获得了非常成功的应用。这种方法具有简单、快捷和直观的特点，易推广应用。本节以几个具体实例井为例，介绍过套管地层电阻率在监测油层动用情况及油水界面变化情况中的应用。

一、油层动用情况监测

在一口油井中往往有多个油层，第一次开发期间一般只选择其中的几个油层进行开采。当注水开采一段时间后，这些油层由于岩性、物性等因素的差异，它们的水淹程度并不一致。有的油层由于水淹程度严重，成为强水淹层，致使整个油井产液综合含水率较高，相应地，油井产油量大幅度减少。因此，这些强水淹层油层首先需要识别出来，然后采取措施进行封堵，以达到控水的目的。对于一个厚油层，由于地层的非均质性，在层内各小层的水淹程度也存在差异，将强水淹部分（小层）识别出来进行封堵，对未水淹的部分（小层）（称为“死油区”）实施压裂改造和补孔等措施，以产出其中的油气，达到增产的目的。

而对于第一次开发期间未动用的那些油层而言，可能其中有一些油层由于邻近生产井多年开采，使其含油饱和度大大地降低，变成了水淹层，从而丧失了开采价值。如果以后对这样的油层进行射孔开采（称为“补层”），将会出现所谓“补空”的情况，会造成人力和物力的浪费。

还有一种情况是，尽管储层原始的含油饱和度不高，但由于邻近注水井多年注水等因素，驱赶储层中的油气重新饱和，使其含油饱和度大增，成为具有开采价值的油层。如果仅根据原始的解释结论，就会漏失这样的油层。

过套管地层电阻率测井为解决上述问题提供了一种有效的方法。采用时间推移测井方式，利用当前过套管地层电阻率测井资料，对比裸眼井电阻率测井资料或前一个时期的过套管地层电阻率测井资料，根据地层电阻率的变化，或由这些电阻率测井资料导出的地层含油饱和度的变化情况，分析油井中各个储层的水淹程度，从而了解油层的动用程度。

据资料❶，准噶尔盆地内的砾岩油藏储量巨大，目前由于高含水或低产液而长期关停的井有1500余口，其中许多井具有动用程度低或仍未动用的潜力层。利用过套管地层电阻率测井测井技术找到这些潜力层进行挖潜利用，同时指导油藏的整体开发调整，将获得巨大的效益。百21井区根据2006年过套管地层电阻率测井测试结果，选择3口井于2006年11月至2007年5月实施验证措施，截至2008年4月底，累计增产原油2715t。其中137× 井是一口老开发井，该井于1982年7月投产，经过补孔、压裂改造措施后，高产期日产油量达到10t，此后产量逐渐下降，含水上升，到2006年初日产油量仅1.9t，含水77.4%。2006年8月采用斯伦贝谢公司的过套管地层电阻率仪器CHFR测量地层的电阻率，2108 ~ 2162m井段的测井解释成果如图5–3–1所示。从测试结果看，2145 ~ 2170m井段水淹程度较弱，2165 ~ 2169m井段过套管地层电阻率（30 ~ 40Ω · m）比原始电阻率高（10 ~ 20Ω · m）。2006年11月在2142m处隔上压下，改造2147 ~ 2168.4m井段，改造射孔厚度7.4m。措施后日增油3.3t，截至2008年4月底，累积增产油量820t，产液情况如图5–3–2所示。

针对多层合采的区块，随着开发的进行，将出现注采不均匀现象。当储层非均质性比较严重时，注采不均匀现象将更加明显，层间矛盾日益突出。新疆油田的储层多为砂砾岩，地层非均质性比较严重，在很多区块的井中射开的多段地层只有一层出油生产。经过一段长时间开发后，部分层位储量已经枯竭，而有些层位却还处在未动用的状态。各油田普遍存在同一生产层位动用程度不同的现象，这也严重制约着油田最终采收率。虽然使用产液剖面、钆测井等技术能在一定程度上识别并解决这类问题，但在低产液量井中存在解释精度和可信度等问题。过套管地层电阻率测井的出现为解决这类问题提供了一种新的途径。通过获取套管外地层的静态含油情况分析解决动态开发问题。油层只要被动用，地层中的含油饱和度一定会降低，而地层含油饱和度降低导致地层电阻率的变化。过套管地层电阻率测井可以准确地测量地层的电阻率，从而获得地层动用情况并以此指导油田的生产，对枯竭层进行有效的封堵，有利于增加油层的动用程度。

针对克拉玛依油田一中区克拉玛依组油藏，选择了2口井实施补孔压裂改造措施。其中T15– × 井位于油藏北部断层附近，于1996年12月投产，一直低产低能生产。该井过套管地层电阻率测试结果显示，1080 ~ 1083m井段过套管地层电阻率和裸眼井深探测电阻率幅度较大，幅度差较小，未被水淹，如图5–3–3所示。该井于2006年11月补层压裂，射孔厚度4m，日产油由0.2t上升到3.6t，12月冬关井，累积增产原油35.6t。

❶新疆油田分公司过套管电阻率测井评价技术应用，2007。

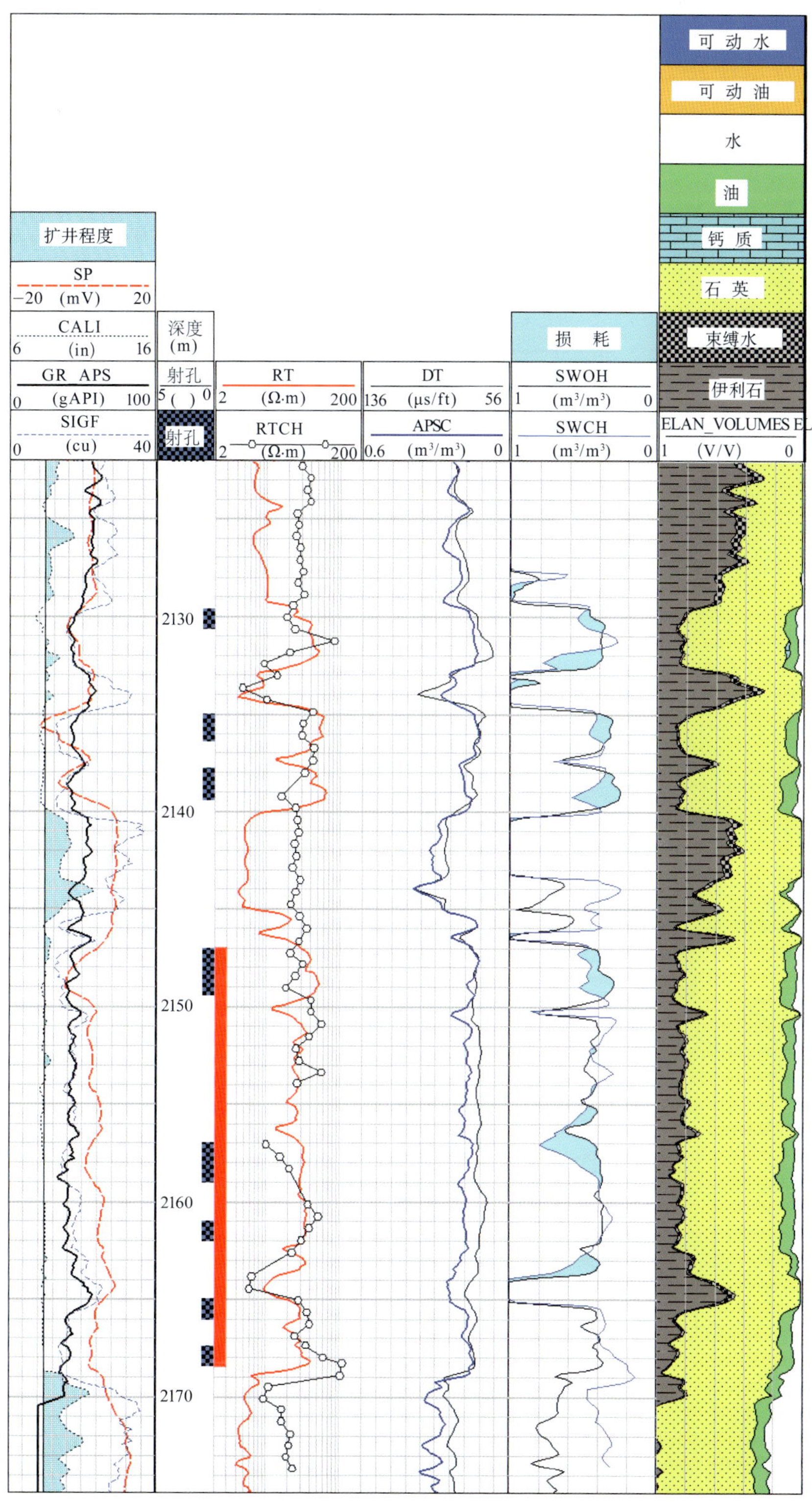

图 5-3-1 137×井过套管地层电阻率测井解释成果图

日产液
日产油
含水
日产液（t）
日产油（t）
含水（%）
25
20
15
10
5
0
100
80
60
40
20
0
2006年1月
2006年7月
2007年1月
2007年7月
2008年1月
时间

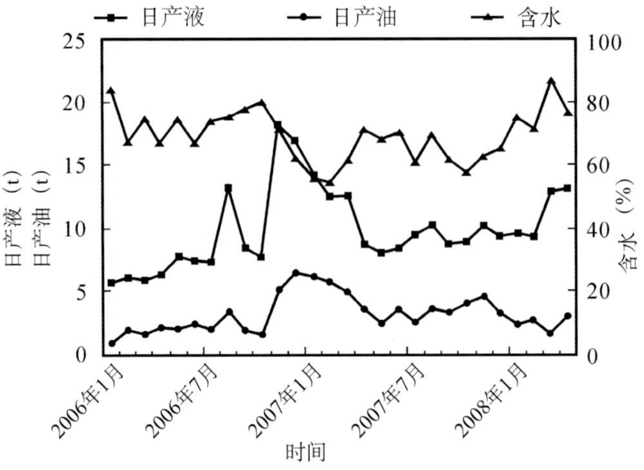

图 5-3-2　137× 井产液情况图

可 动 水
可 动 油
水
油
钙 质
石 英
束缚水
伊利石
扩井程度
泥 岩
损　耗
SP
−80　(mV)　20
GR
30　(gAPI)　130
CALI
6　(in)　16
深度
(m)
射孔
RT
2　(Ω·m)　200
RXO
2　(Ω·m)　200
RTCH
2　(Ω·m)　200
RHOB
1.85　(g/cm³)　2.85
NPHI
0.45　(m³/m³)　0.15
DT DT@ASCII_Loa
120　(μs/ft)　40
SWOH
1　(m³/m³)　0
SWCH
1　(m³/m³)　0
ELAN_VOLUMES EL
1　(V/V)　0
1070
1080
1090

图 5-3-3　T15-× 井过套管地层电阻率测井补层示意图

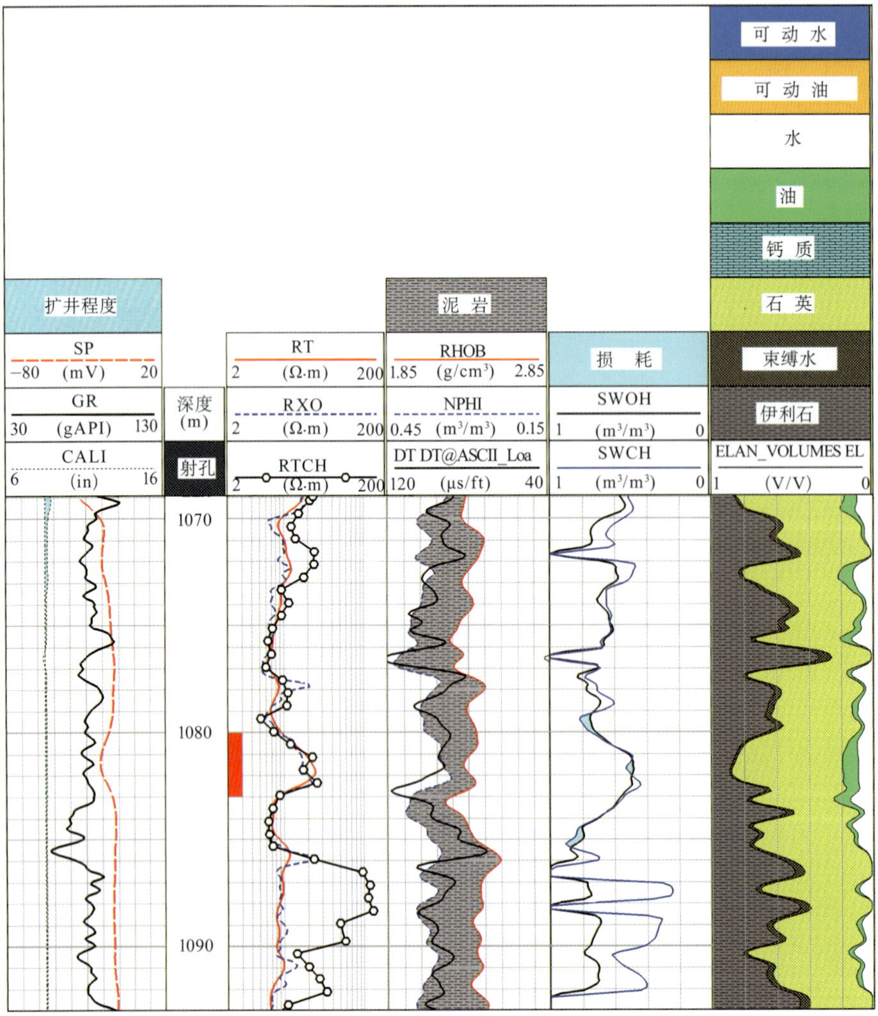

5−×SA 井位于油藏北部断层附近，于 1997 年 8 月投产，一直低产低能生产。该井过套管地层电阻率测试结果显示，657 ~ 659m 和 673 ~ 676m 井段过套管地层电阻率和裸眼井深探测电阻率幅度较大，幅度差较小，未被水淹，如图 5−3−4 所示。该井于 2006

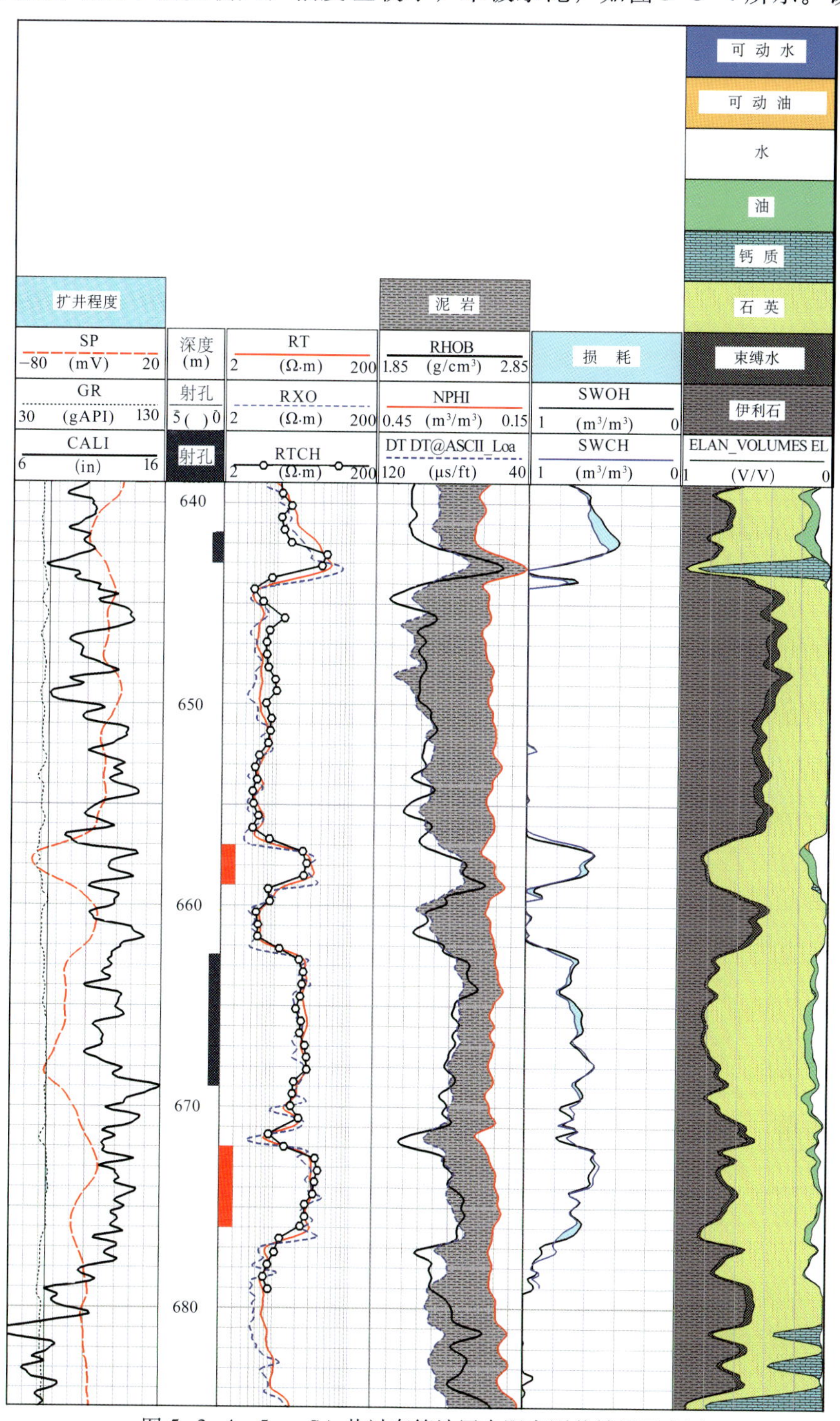

图 5−3−4　5−×SA 井过套管地层电阻率测井补层示意图

年 11 月补层压裂，射孔厚度 6m，日产油由 0.4t 上升到 1.5t，12 月冬关井，累积增产原油 29.4t。

另外，二中区的 T5110× 井在 2007 年 6 月 17 日完井测井，7 月 18 日进行过套管地层电阻率测井。该井区是由 514× 井到 T5110× 到 515× 井方向注水，虽然完井测井和过套管地层电阻率测井时间仅仅经过一个月，但是由于注水引起油藏内部压力变化，地层电阻率测井值发生了明显的变化。1619 ~ 1623m 储层电阻率下降幅度大，测井综合解释降水淹程度较高；1654 ~ 1657m 储层电阻率有所升高，测井综合解释该层未水淹。2007 年 10 月 25 日，射开 1619 ~ 1623m，产油量少，水淹程度高；在没有封堵 1619 ~ 1623m 储层条件下，2008 年 4 月 30 日射开 1643 ~ 1644.5m 和 1654 ~ 1657m，目前，该井月产油达到 24t，月产水 243m^3。图 5-3-5 为 T5110× 井及邻井测井曲线对比图。

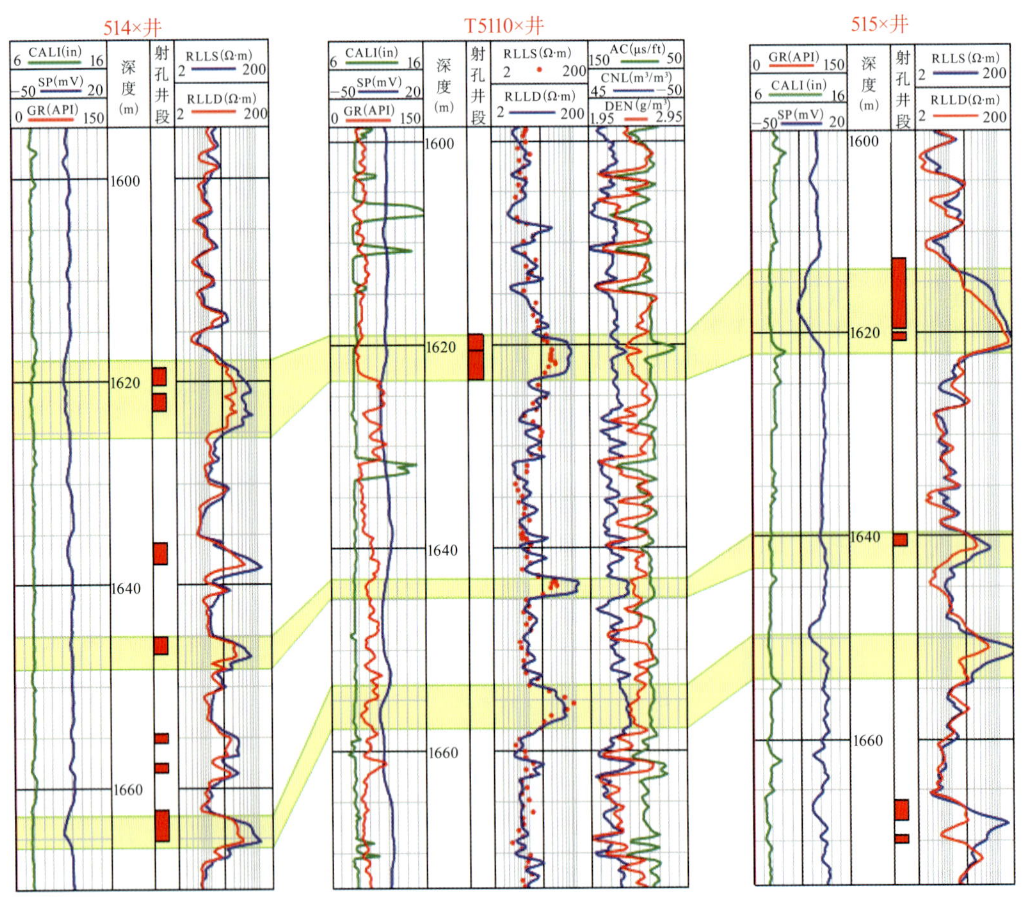

图 5-3-5　T5110× 井及邻井测井曲线对比图

图 5-3-6 为 LU714× 井过套管地层电阻率测井解释成果图。该井位于新疆陆梁油田，此区块采用多套井网开发不同层位。为了研究油层动用情况并且为该井确定补孔层段，于 2007 年 12 月初进行了利用俄罗斯仪器 ECOS 过套管地层电阻率测井。通过资料分析可以看出，1405 ~ 1415m 井段动用程度比较高，地层含油饱和度下降接近 15%，已经不具备补层

的可能性；而 1350 ～ 1360m 井段储层基本未动用，地层含油饱和度下降比较小，具备补层的潜力。

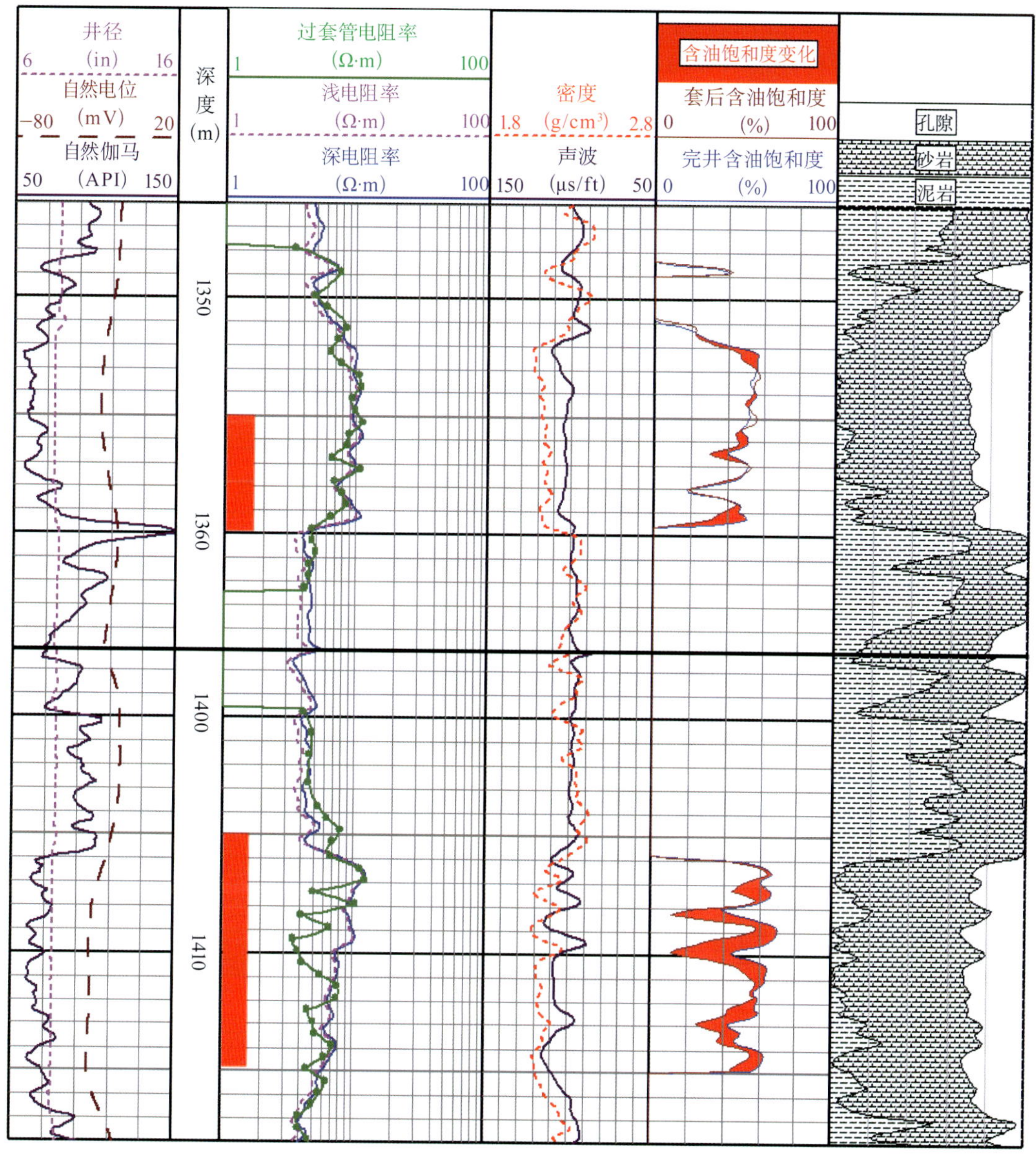

图 5-3-6　LU714× 井过套管地层电阻率测井解释成果图

二、油水界面变化监测

在带边水、底水的油藏开发中，油藏压力变化比较大，如果开采措施不当，很容易造成边底水上升，导致油井产量下降，甚至出现只产水、不产油的现象。此时，准确地识别生产井油水界面，采取适当的措施就显得很有必要。过套管地层电阻率测井技术能较好地解决这类问题。例如，利比亚许多油田生产井进入高含水期，严重降低了石油产量和储层注水开采效率。由于地层属低矿化度（30000mg/L）和中孔隙度（12%），传统的核测井技术很难达到理想的地层评价效果，因此，2002 年采用斯伦贝谢公司的过套管地层电阻率测井仪器 CHFR−PLUS 评价和时间推移监测套管后的储层情况。

A 井利用底水驱动，并且两个砂岩储层合采，产量降至日产油 34bbl，日产水 290bbl，含水率为 90%。为了确定油水界面和注水区域，评价储层开采程度，动态监测水驱油情况，2002 年 3 月利用 CHFR−PLUS 进行测试。由于部分地层的电阻率大于 100Ω · m，超出了仪器的测量范围，所以径向探测深度减小至 7ft（2.13m）。××68 ～ ××74ft 井段的测井成果如图 5−3−7 所示。图中第一道为裸眼井自然伽马曲线；第二道为深度值和射孔井段；第三道为过套管地层电阻率和裸眼井深探测电阻率曲线（1987 年 12 月测得）。上面的储层地层电阻率的变化突出了地层流体的重大变化，这也解释了高含水率与水的大量注入有关，××00 ～ ××02 ft 井段泥岩层的渗透性隔层的作用减弱，目前的油水界面位于 ××91ft 处，上升了 28ft；下面储层过套管地层电阻率与裸眼井深探测电阻率相近，可能是开采指数较低的原因。

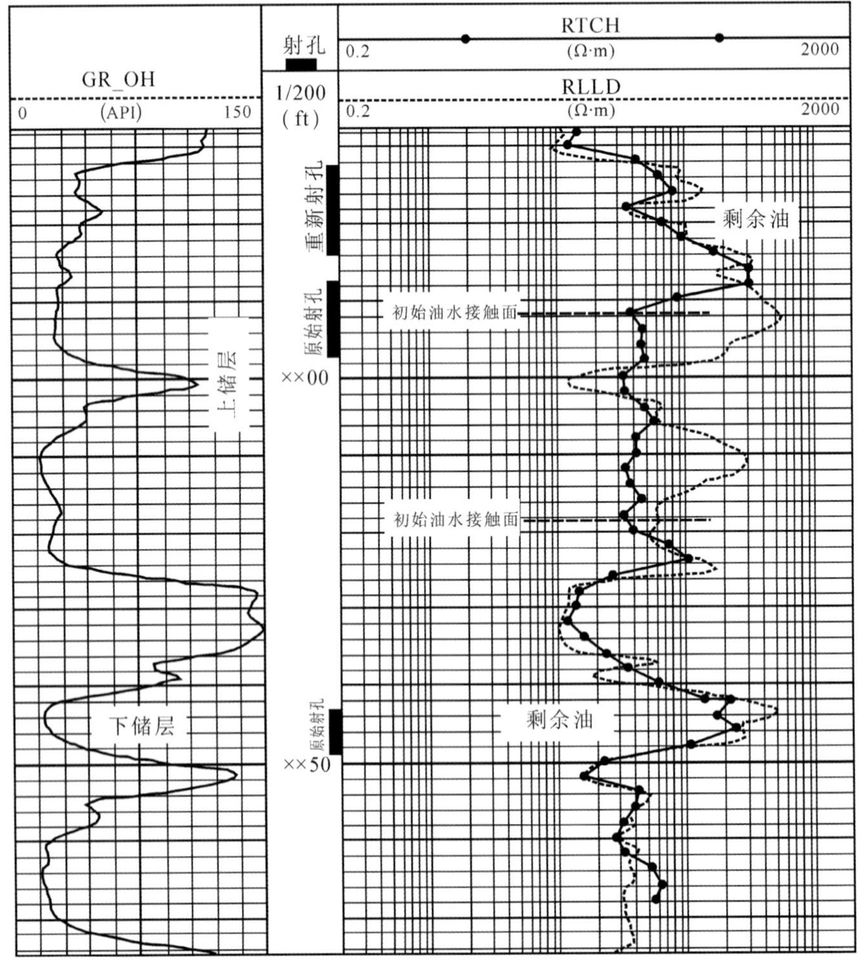

图 5−3−7　A 井过套管地层电阻率测井解释成果图（据 Mohamed T 等，2003）

根据过套管地层电阻率测井技术提供的结果，用水泥封堵上面储层的射孔井段（××87.5 ～ ××97ft），在剩余油富集区再次射孔（××72 ～ ××84ft），日产油提高到了253bbl，含水率降至0%。针对下面的储层设计了提高采油指数的措施。从整个区块取得的效果看，在油藏动态监测和油水界面变化识别中，过套管地层电阻率测技术提供了最佳的方法。

第四节　油藏剩余油分布研究

区域性获得多井的过套管地层电阻率测井资料后，就可以进行剩余油分布研究。 使用过套管地层电阻率资料，可以作出当前的油藏含油饱和度分布图；同油藏初期或储量计算时的油藏含油饱和度分布图对比，可以找出油藏流体饱和度变动情况及剩余油富集区，为油藏开发调整工作提供参考依据。此外，还可以根据过套管地层电阻率测井资料研究和分析油藏剩余油潜力及其分布形式，为区域水平井设计提供依据。本节以新疆油田百 21 井区克下组油藏为例，介绍斯伦贝谢过套管地层电阻率测井在剩余油分布研究中的应用。

一、油田概况

百 21 井区克下组油藏是百口泉采油厂的主力区块之一，地处新疆克拉玛依市百口泉区境内，距克拉玛依市区约 70km，区域构造位于准噶尔盆地西北缘克—乌断裂带下盘东北段，北面以百 19 井断裂为界，西面以克—乌断裂为遮挡，东南部向盆地延伸。油区内地势平坦，平均地面海拔 325m，相对高差 10m 左右。油藏主体平均埋深均小于 2200m，含油面积 $17.1km^2$，地质储量 1355×10^4t，储量丰度 $79.24\times10^4t/km^2$，属中浅层、低丰度的中型油藏。

1. 油田开发简况

该油藏于 1982 年采用 350m 井距反九点法面积注水井网投入开发，截至 2005 年 12 月，百 21 井区克下组油藏共采出原油 313.24×10^4t，采出程度为 23.12%，累积产水量 $402.53\times10^4m^3$，累积注水量 $940.99\times10^4m^3$。克下组共有油水井 175 口，其中采油井 133 口，注水井 42 口，单井日产油量 3.4t，单井日产液量 $15.23m^3$，单井日注水量 $47m^3$，月注采比 0.97，累积注采比 1.1。油藏开发经历了以下 6 个阶段：

（1）投产阶段（开始至 1982 年 12 月）：区块井数由 6 口增加到 89 口，日产油水平由 17t 上升到 556t，气油比 $86m^3/t$，方案设计的 30 口注水井投注 19 口，日注水量 519 m^3，阶段末采出程度 1.63%，综合含水 2.1%。

（2）高产稳产阶段（1983 年至 1985 年 8 月）：随着投产井数的增加，产量上升很快，同时含水也开始上升，含水率达 19%，含水上升速度 10%，1984 年产量达历史最高 25.34×10^4t，1985 年 8 月开始产量大幅递减。由于地层能量的亏空，开采方式由自喷向抽油转变，驱动方式从弹性—溶解气驱向注水驱转变。该阶段末，油井总数 77 口，平均单井日产油 6.6t；水井总数 30 口，平均单井日注水平 $45m^3$。

（3）异常生产阶段（1985 年 9 月年 1987 年）：区块年平均注水量为 $46.34\times10^4m^3$，注入速度 4.2%，油井地层压力由 21.40MPa 上升到 22.4lMPa，油井井底流压由 17.3MPa 上升到 17.45MPa，平均年产液 2623×10^4t，采液速度 1.3%，含水率由 24% 上升到 50.3%，阶段含水上升率 8.1%，阶段注采比 1.34。注入速度远远大于采出速度，含水上升迅猛，油井地层压力、流动压力继续上升，而年产液量、年产油量不断下降。

（4）综合治理阶段（1988 年至 1990 年）：针对异常生产阶段地层压力、综合含水率不断上升，而年产液量、年产油量却大幅度下降的不利局面，从 1988 年到 1990 年底，针对本区块进行了以分注、压裂、挤油、堵水等为主的综合治理。在这一阶段内，区块注水量由 1987 年的 $43.6\times10^4m^3$ 下降到 1990 年的 $33.77\times10^4m^3$，平均年注水量 $31.87\times10^4m^3$，注入速度 2.87%；平均年产油量 13.06×10^4t，平均年采油速度 1.18%；年综合含水率由 51.4% 上升到 52.6%，平均气油比 $83m^3/t$，含水上升率 0.34%。阶段注采比 0.98，地层压力由 22.60MPa 下降到 20.35MPa，年平均下降 0.75MPa。注入速度得到控制，油层能量得到利用，地层压力保持程度明显下降；含水上升速度得到控制；采液速度稳定，采油速度下降幅度降低，综合治理见到成效。

（5）中含水生产阶段（1991 年至 1995 年）：年平均注水量 $43.49\times10^4m^3$，注入速度 3.6%，地层压力稳定在 20.5MPa 左右，年平均采液量 25.29×10^4t，采液速度 2.09%；年平均采油量 10.24×10^4t，采油速度 0.85%；年平均综合含水率由 50% 上升到 67.3%，年均含水上升率 3.07%。可见本阶段含水急剧上升，油井地层压力稳定，采液、采油速度下降。

（6）中高含水生产阶段（1996 年至 2005 年 12 月）：年平均注水量 $39.39\times10^4m^3$，注入速度 3.26%，地层压力由 20.5MPa 下降到 19.30MPa 左右，年平均采液量 32.83×10^4t，采液速度 2.72%；年平均采油量 9.31×10^4t，采油速度 0.77%；年平均综合含水率由 67.3% 上升到 73.1%，年均含水上升率 0.75%。含水缓慢上升，地层压力缓慢下降，采液速度上升，采油速度略微下降。

通过对开发历史和现状分析，百 21 井区克下组油藏在开发中存在以下主要问题：

（1）油层动用程度低，层间矛盾突出。由于油藏油层跨度大（80 ~ 200m），剖面上 11 个小层，层间物性差异大。随着开发时间的延长，层间矛盾更加突出，油层动用状况一直较低，克下组产液剖面动用程度一直保持在 20% ~ 30%，储量动用程度仅 42%，储量动用程度偏低。

（2）压力保持程度高，采液采油指数低，憋压严重。2003 年、2004 年区块实施了分层隔压等措施，使区块地层压力由去年同期的 20.3MPa 下降为 19.12MPa，但压力保持程度仍然达到了 91.9%，平均生产压差高达 12.97MPa，注水压差 3.80MPa，油藏部分注采矛盾日益严重，地层能量得不到释放。

（3）套管破损严重。截至 2005 年 12 月，克下组套管变形、有落物等井下状况存在问题的井累积达到 51 口（油井 39 口，水井 12 口），目前已修复油井 12 口，仍有 27 口井存在问题。因井下套管变形或损坏严重，无法进行压裂作业，井下技术状况变差，增大了水井分注及油水井措施选井的难度，导致 3 口井不能分注，影响了油藏综合治理措施的实施。

（4）注采局部井网不完善。由于开采过程中油水井井况等原因，停产、报废井逐渐增多，井网不完善程度扩大。此外，近两年油藏南部扩边新井由于无注水补充，地层能量消耗大，油井普遍供液不足，产量递减较快，特别是百 21 扩边区油井于 2002 年底对比日产油水平下降 100t，因此应尽快完善扩边区注采井网，以保持该区域的合理开采。

（5）平面矛盾突出，非均质性较强，局部水淹严重。根据近几年抽油井状况调查来看，油井供液状况逐年下降，沉没度低导致油井普遍供液不足，但同一井组内由于层间矛盾差异，高含水井与供液不足并存，造成注入水在某些井组形成无效水循环，导致部分油井过早水淹。

2. 储层岩性及物性特征

据研究区百 21 等 4 口井近 50 块岩心粒度分析资料统计可知，本区克下组储层岩性较粗，同一样品中细砾、巨砂、粗砂乃至细砂同时存在。从全区来看，以细砾为主，平均含量达到 30.28%，其次为细砂 16.57%、中砾 13.68%。本组由下而上，岩性由粗到细再到粗，整体上具有复合旋回韵律沉积特征，S_7^1、S_6 砂层组岩性最粗。岩矿成分中，石英、长石的含量分别仅占 19.2% 和 13.4%，因此，本砂组的岩石成分以岩屑为主，其中非润湿性岩屑可达 47.1%，砂岩类型可定为岩屑砂岩。从上述岩性和成分资料可知，本区克下组储层岩石成分成熟度较低，反映了储层具有距物源较近且沉积速度较快的性质。储层结构成熟度也较低，胶结物含量 S_7 以泥质为主，平均 4.81%；其次为方解石，平均 2.02%。S_8 以方解石为主，平均 4.16%；其次为泥质，平均 3.66%。颗粒磨圆度以次圆状为主，分选性差。胶结类型以接触—孔隙式为主，胶结程度中等—致密。

目的层段总体上属于低渗透油藏，由下而上物性有变好的趋势。S_8^5—S_8^1 砂组中 S_8^3 砂组孔隙度最好，S_8^4 砂组、S_8^5 砂组次之，S_8^2 砂组、S_8^1 砂组最差。S_7^5—S_7^2 砂组中 S_7^3 砂组孔隙度最大，S_7^5 砂组、S_7^2 砂组次之，S_7^4 砂组最差。但总体上，随着扇中亚相，尤其是辫流带微相范围的扩大，S_7^5—S_7^2 砂组的孔隙度 S_8^5—S_8^1 砂组要有所变好。S_7^1 砂组和 S_6 砂组沉积属于扇顶亚相，粗粒度成分增多，分选差，孔隙度相应变差，分布的范围也变得更窄。S_8^5—S_8^1 砂组中 S_8^2 砂组渗透率最好，S_8^3 砂组、S_8^5 砂组次之，S_8^4 砂组、S_8^1 砂组最差。S_8^3 砂组为中孔低渗，是本区较好的储层。S_7^5—S_7^2 砂组中 S_7^3 砂组渗透率最好，S_7^5 砂组、S_7^4 砂组次之，S_7^2 砂组最差。S_7^3 砂组为中孔低渗，也是本区较好的储层。S_7^5 砂组和 S_6 砂组沉积属于扇顶亚相，粗粒度成分增多，分选差，渗透率相应变差。

二、剩余油分布研究

新疆油田 B21 井区克下组油藏沉积厚度大，全区沉积厚度 180 ~ 250m，平均为 230m，油藏中部沉积厚度最大；有效厚度大，平均为 16m；纵向小层多，储层纵向非均质性严重；层间干扰严重；剖面上的潜力没有得充分发挥，储量动用程度低。经计算，油藏中部剩余储量较大的区域剩余地质储量达 432×10^4t，区块目前剩余地质储量大于 15×10^4t 的油井共 17 口，主要分布在油藏中部的 4 个井组，采出程度为 18.9%，低于全区平均采出水平 22.2%，控制了区块剩余地质储量的 23.8%。

2004—2006 年利用斯伦贝谢公司的过套管地层电阻率测井仪 CHFR 在百 21 井区进行了集中测试，解释小层共 161 个，其中强水淹 64 个，占 39.8%；解释厚度 401.2m，其中强水淹 144.5m，占 36.0%。数据同时反映该区由于非均质性较强，平面、剖面上水洗差异大，部分层位强水淹，剩余油饱和度降至 34% 以下；但也有 30% 左右的层位水淹程度较弱，剩余油饱和度在 47% 以上。2005—2006 年在测试区实施细分层注水 3 井次，调水 12 井次，使测试区可采储量由措施前的 99.91×10⁴t 提高到措施后的 116.23×10⁴t，提高采收率 4.87%，改善了油藏开采形势，如图 5-4-1 所示。

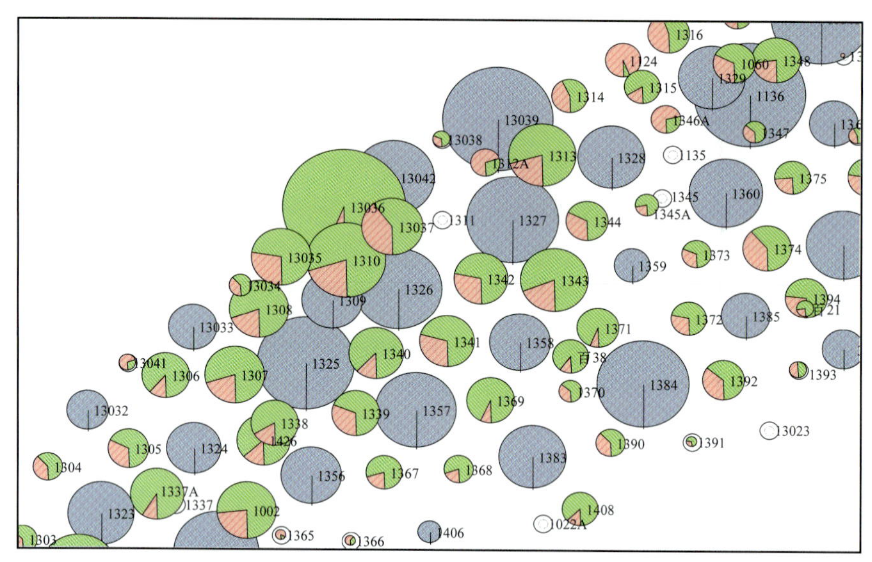

图 5-4-1　B21 井区克下组油藏中部区域生产现状图（2006 年 12 月）

过套管地层电阻率测井成规模的应用在整体上很好地评价了油藏剩余油分布状况，加深了对剖面、平面剩余油分布的认识。产量计算时绘制的数值模拟含油饱和度分布图很直观地反映了地层流体饱和度的变化，为开发调整提供了依据。根据过套管地层电阻率测井解释资料绘制了 S_7^{1-4}层、S_7^5+S_8 层含油饱和度图与数值模拟预测的含油饱和度图，含油饱和度规律性基本一致，如图 5-4-2、图 5-4-3 所示。

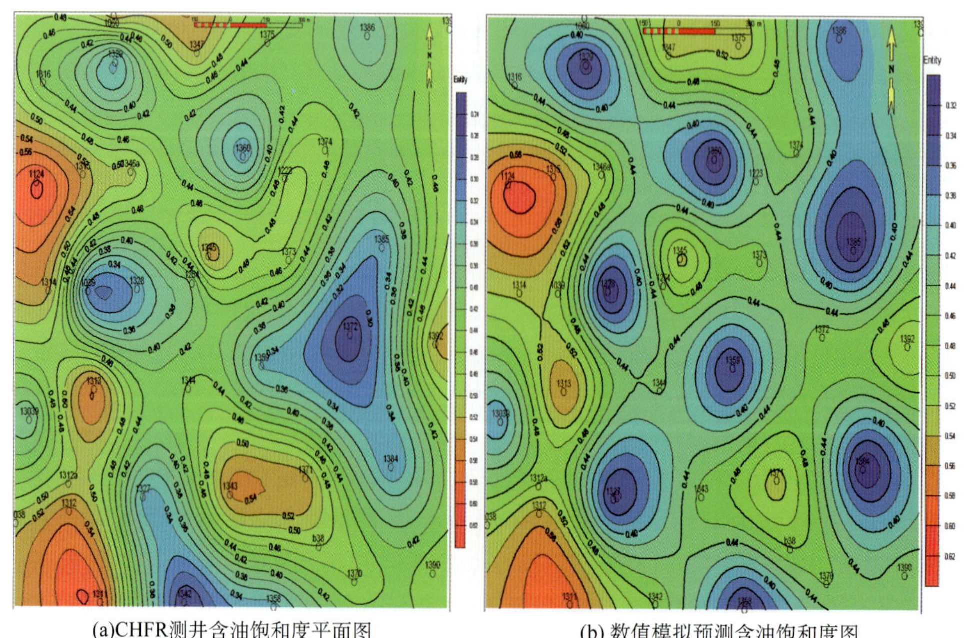

(a)CHFR测井含油饱和度平面图

(b) 数值模拟预测含油饱和度图

图 5-4-2　S_7^{1-4}层含油饱和度图与数值模拟预测含油饱和度图

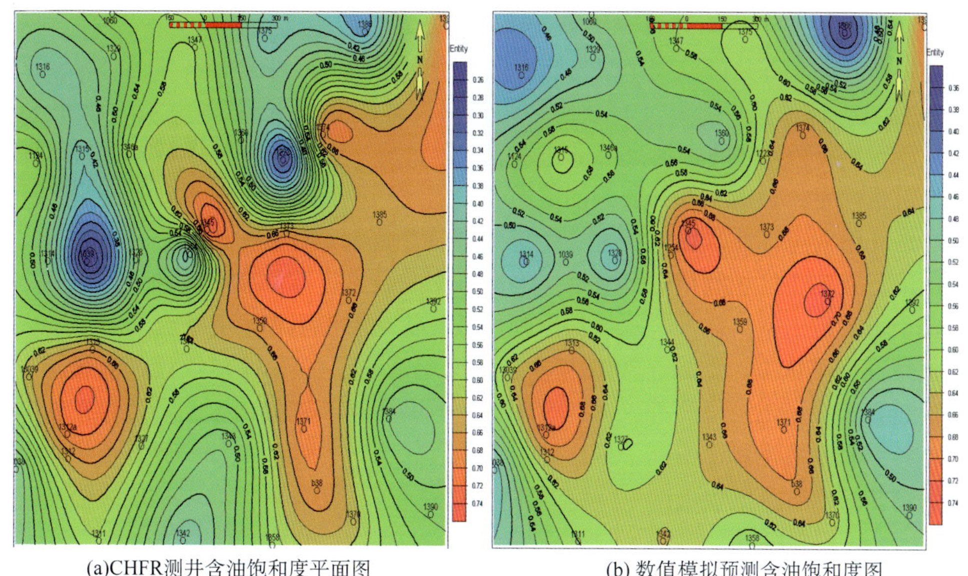

(a)CHFR测井含油饱和度平面图　　(b) 数值模拟预测含油饱和度图

图 5-4-3　$S_8^5+S_8$ 层含油饱和度图与数值模拟预测含油饱和度图

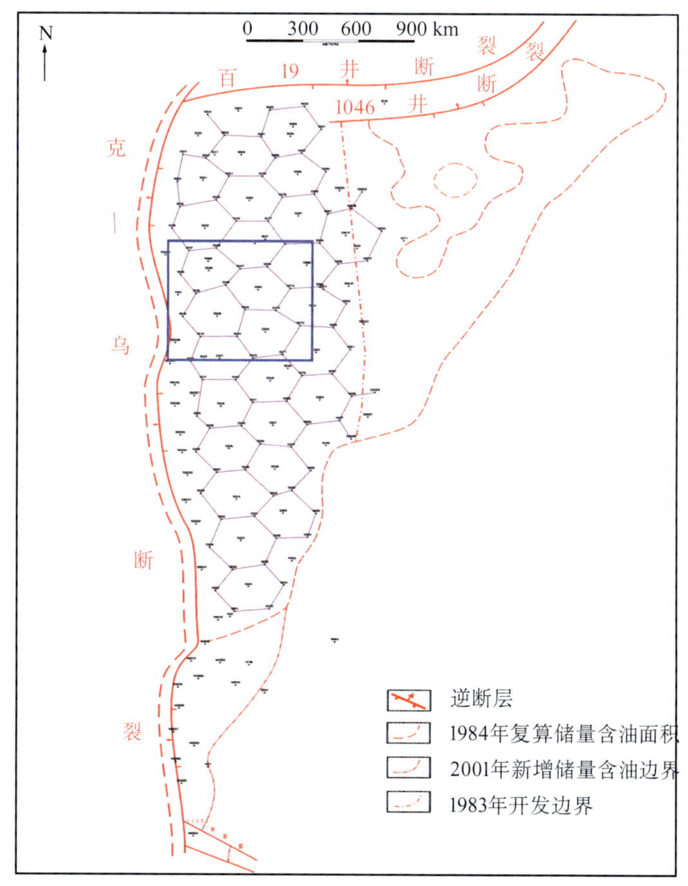

图 5-4-4　百口泉油田百 21 井区克下组油藏井分布图

结合过套管地层电阻率测井解释结果与该油藏开发中取得的认识认为，百21井区克下组采用一套井网开发，部分区域和小层未能有效得到水驱动用。可考虑分 S_7^{1-4}、$S_7^5+S_8$ 两套井网细分层系开发，选油藏中部的4个试验井组，在现井网井封下部 $S_7^5+S_8$ 层，单采 S_7^{1-4}层，对 $S_7^5+S_8$ 层另布一套开发井网。细分层系开采后，预计将有效缓解注采矛盾，改善区域开发效果，增加可采储量。目前正在开展该油藏的精细描述和调整可行性研究，进一步论证该区域的细分层系开采的可行性。百口泉油田百21井区克下组油藏井分布如图5–4–4所示。

新疆油田已在多个区块利用过套管地层电阻率测井技术进行油藏剩余油分布研究，为油藏开发提供了可靠地依据。此外，辽河油田利用过套管地层电阻率测井研究油藏分布，为区域水平井设计提供了依据。例如，2007年8月茨榆坨采油厂在茨34区块设计部署了3口井进行俄罗斯过套管地层电阻率测井仪ECOS测试。测井资料表明，该区剩余油存在着分布不均匀现象，局部剩余油饱和度较高。根据储层含油气状况，为该区设计、部署了7口水平井水，获得了较好的地质应用效果。

第五节　套管井储层流体识别方法探究

在过去的10多年里，尽管过套管地层电阻率测井技术主要应用于油气开发方面，但是其在油气勘探方面也将展现广阔的应用前景。

在裸眼井中，电阻率测井方法是发现和评价油气层不可或缺的方法，然而，由于在钻井过程中钻井液滤液不可避免地侵入到储层中，必然会造成对地层电阻率测井的影响。当钻井液侵入地层较深时，严重影响利用电阻率测井识别储层的流体性质（划分油水层）的有效性。采用时间推移测井往往可以有效地解决这种问题，许多油田在历年的油气勘探实践中都有一些成功的应用案例。在裸眼井中应用时间推移测井检测储层的侵入性质在油气层识别中已得到较好的应用，特别是在疑难的复杂储层流体性质的识别方面应用较为广泛。在一口井中从钻遇到目的地层至完钻要经历一段时间，在这段时间内的不同时刻，钻井液侵入到地层中的程度不同。所谓时间推移测井，就是在不同的时刻进行测井，并通过对比目的地层的电阻率测井值的变化，分析地层中流体的性质，即含油还是含水。

其实，在套管井中采用时间推移地层电阻率测井方法也是可行的。原因有2个：

（1）过套管地层电阻率测井技术已成熟；

（2）在套管井中，当下套管固井后，钻井液滤液从侵入过程转入一个相反的过程——地层恢复过程（钻井液滤液的消散过程）。

在井孔附近的储层中，钻井液滤液从开始消散到完全消散，钻井液侵入带将逐渐缩小，直至完全消失。在钻井液滤液的消散过程中的不同时刻，如果进行过套管地层电阻率测井，也可以通过对比目的地层的电阻率测井值的变化，分析地层中流体的性质。

本书作者将过套管地层电阻率测井技术推广应用到油气勘探领域做了一些探索性工作，具有原创性。利用新疆油田勘探的特点——一些探井完井后通常要冬停3个月以上，待第二年春季试油，首先进行了现场测井试验，2009年至2011年先后在5口新探井固井后4 ~ 5个月进行了过套管电阻率测井。从理论研究和实际资料分析两个方面，论证了在固井后油层在恢复过程中的各个阶段进行过套管地层电阻率测井识别储层流体的可行性。

一、钻井液侵入对过套管地层电阻率测井的影响分析

1. 钻井液滤液侵入地层的物理过程

钻井液滤液侵入地层的物理过程，就是钻井液滤液在正压差下驱替地层原始流体的过程。在这个过程中，还将同时伴随着水基钻井液滤液与地层水的混合，以及不同矿化度流体间离子的扩散。因此，钻井液滤液驱替地层中原始流体、相容流体间的混合和不同浓度溶液间的离子扩散，构成了钻井液滤液侵入地层的全过程，在径向上将形成驱替程度不同的 3 个区带：井壁附近受到强驱替的冲洗带、冲洗带外驱替较弱的过渡带、未驱替的原状地层。混合过程服从单相渗流传质方程，且这一过程仅发生在冲洗带和过渡带内。离子扩散过程是指不同浓度的盐溶液接触时，高浓度一方的盐类离子在渗透压的作用下向低浓度一方扩散的过程，这一过程服从扩散定律。

根据国内外文献报道，在孔隙性地层中，钻井液滤液侵入深度一般为 1 ~ 5m，内泥饼厚度约为 3cm，外泥饼厚度一般不超过 2cm。

对于孔隙性地层，如果忽略内泥饼的形成过程，那么钻井液侵入地层的过程可以看成钻井液滤液驱替地层孔隙中流体的过程。这一过程服从达西定律和多相渗流方程，并且侵入量主要取决于泥饼和地层的渗透性，其次与油气水的黏度和压缩性、钻井液柱与地层的压差、地层的孔隙度、含油饱和度、残余油和水饱和度、毛管压力特性及相渗特性等因素有关。

2. 钻井液侵入对过套管地层电阻率测井的影响分析

钻井液侵入对裸眼井电阻率测井的影响分析已有大量的研究，而对过套管地层电阻率测井的影响分析的研究报道却很少见。笔者采用数值模拟方法，在油层和水层在不同的侵入深度下，对过套管地层电阻率测井值的变化特征进行了分析。

图 5−5−1 为地层侵入简化模型。设地层为水平、均质，钻井液侵入时钻井液滤液在附近地层中垂直于地层面向前推进，即侵入前沿垂直于地层面。

1）油层中的钻井液侵入

设油层真电阻率 R_t=10.0Ω · m，冲洗带电阻率 R_{xo}=1.0Ω · m，油层厚度为 5.0m；围岩电阻率为 5.0Ω · m；钻井液为淡水型钻井液，其电阻率大于地层水电阻率。油层的过套管地层电阻率测井值（即视电阻率 R_a）随侵入深度变化的数值模拟结果如图 5−5−2 所示。从图中可以看出，此时油层为减阻侵入，即随着侵入深度的逐渐增加，油层视电阻率值 R_a 逐渐下降；侵入深度较小时，随侵入深度的增大，R_a 下降迅速，例如当侵入深度为 1.0m 时，R_a 从 10.0Ω · m 下降到 6.5Ω · m；侵入深度较大（2m 以上）时，R_a 下降速率趋缓。

2）水层中的钻井液侵入

设水层真电阻率 R_t=1.0Ω · m，冲洗带电阻率 R_{xo}=10.0Ω · m，水层厚度为 5.0m；围岩电阻率为 5.0Ω · m；钻井液为淡水型钻井液，其电阻率大于地层水电阻率。水层的过套管地层电阻率测井值（即视电阻率 R_a）随侵入深度变化的数值模拟结果如图 5−5−3 所示。从图中可以看出，此时水层为增阻侵入，即随着侵入深度的逐渐增加，油层视电阻率值 R_a 逐渐增大；侵入深度较小时，随侵入深度的增大，R_a 增大迅速，例如当侵入深度为 1.0m 时，

R_a 从 1.0Ω · m 增大到 4.5Ω · m；侵入深度较大（2m 以上）时，R_a 增大速率趋缓。

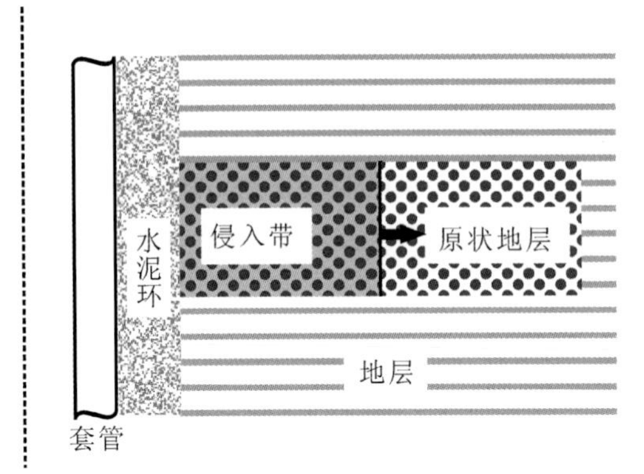

图 5-5-1　侵入简化模型示意图

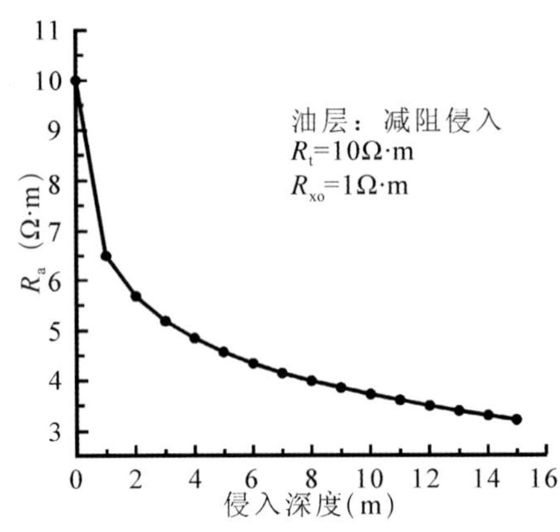

图 5-5-2　油层中侵入深度与过套管地层电阻率的关系

二、油层恢复中过套管地层电阻率测井值的变化分析

在裸眼井中，储层中的侵入带是被钻井液滤液侵入改变了的原状地层。固井完井以后，地层与井中流体被套管隔离，地层中的流体在毛细管力作用下及重力分异作用的驱使下，侵入带会逐渐消散，最后恢复至原状地层。同样，采用数值模拟方法，对油层恢复中的过套管地层电阻率测井值的变化特征进行了分析。

与地层侵入简化模型类似，图 5-5-4 为地层恢复的简化模型。设地层为水平、均质，固井后油层恢复时钻井液滤液在附近地层中垂直于地层面向井壁推进，即钻井液滤液前沿垂直于地层面。在该数值模拟的模型中，油层厚度为 4.0m，孔隙度为 20.0%，渗透率为 100mD，束缚水饱和度为 18.7%，残余油饱和度为 20%；地层水电阻率为 0.05Ω · m，钻井液滤液电阻率为 0.2Ω · m；围岩电阻率为 5.0Ω · m，油层真电阻率 R_t=27.0Ω · m，冲洗带电阻率 R_{xo} 为 =10.0Ω · m，钻井液为淡水型钻井液。

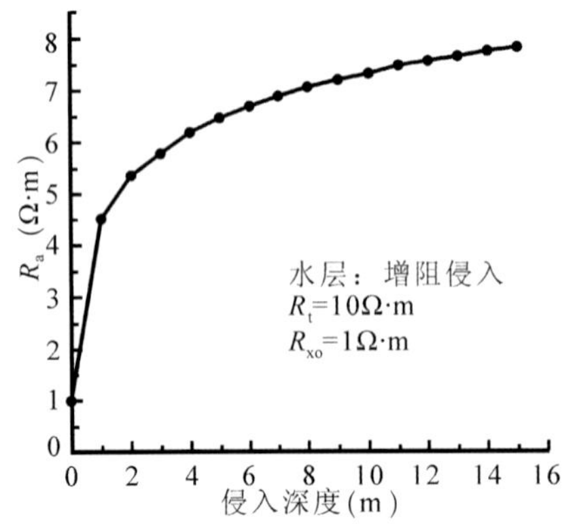

图 5-5-3　水层中侵入深度与过套管地层电阻率的关系

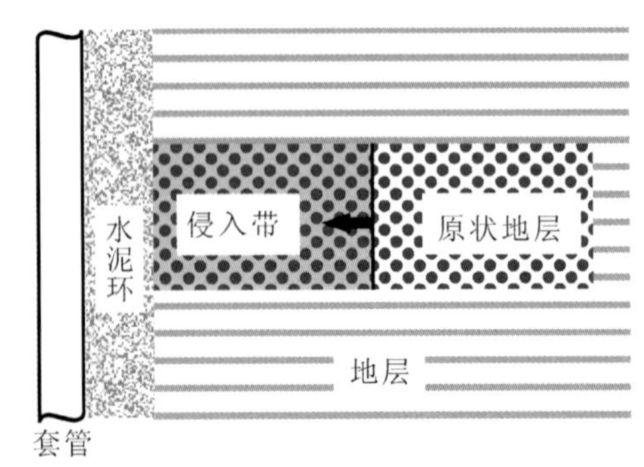

图 5-5-4　地层恢复简化模型示意图

油层的恢复时间与很多因素有关，除了地层参数外，还与钻井液侵入深度，侵入量等有关。这里假设油层的恢复时间为 12 个月。数值模拟计算的结果如图 5−5−5 所示，图中的电阻率变化量是固井后某个时间点测量的过套管地层电阻率的与固井时地层电阻率的差。从图中可以看出，油层恢复的时间段整体上可分为未恢复和已恢复时期。在地层未恢复时期内，油层恢复过程又可分为不同的 3 个阶段：固井后初期、中期和末期。在固井后初期，随着时间的推移，油层视电阻率的变化量基本没有变化；在固井后中期，视电阻率的变化量增大较明显；在固井后末期，视电阻率的变化量明显增加，特别是在接近地层恢复时间时，视电阻率的变化速率最大。达到油层恢复时间时，视电阻率值变化量最大；地层恢复时间后，视电阻率值变化量不再变化。

当其他条件相同、油层恢复时间不同时，过套管地层电阻率测井值的变化趋势相同，但其变化速率不同。图 5−5−6 为油层恢复时间分别为 12 个月、24 个月和 48 个月时的数值模拟计算结果。随着恢复时间的增大，在油层恢复过程中，过套管地层电阻率测井值的变化速率放缓。

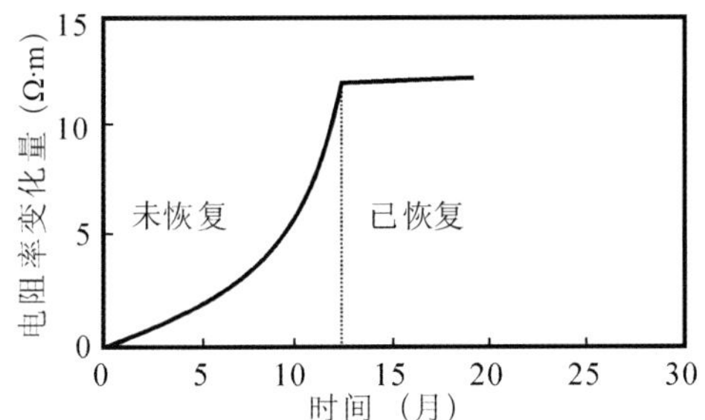

图 5−5−5　地层恢复过程中及恢复后过套管地层电阻率测井值的变化

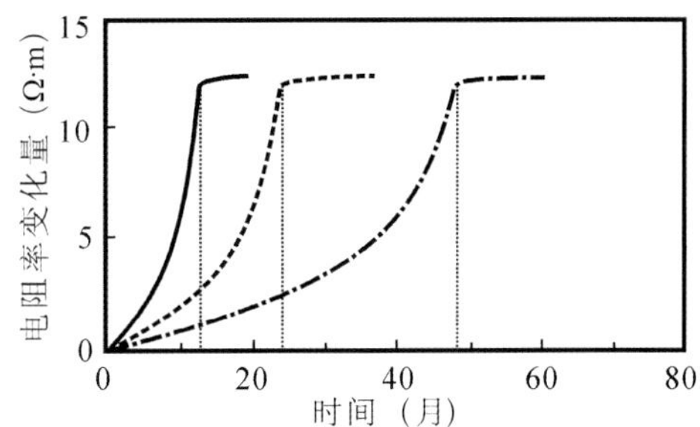

图 5−5−6　不同地层恢复时间的过套管地层电阻率测井值的变化

三、油层恢复过程中过套管地层电阻率测井曲线特征分析

以上的各个数值模型中均考虑钻井液侵入均匀且其前沿垂直于地层界面，然而钻井液侵入到油层中后，钻井液在地层垂向上的分布是不均匀的。固井后，在油层恢复的过程中，由于油水重力分异，导致油层下部含水饱和度升高，从而引起下部过套管地层电阻率下降。

为了利用数值模拟方法分析油层恢复中的过套管地层电阻率理论曲线，建立了相应的模型。由于钻井液侵入，油层在垂向上电阻率存在差异，设在固井后某个时间点时地层的流体分布如图 5−5−7 所示。设油层真电阻率 R_t=90.0Ω · m，油层的厚度为 5.0m；围岩电阻率为 8.0Ω · m；钻井液为淡水型钻井液，电阻率大于地层水电阻率；油层在该时间点按电阻率的差异在垂向上分为 5 个导电层，厚度均为 1.0m，电阻率从

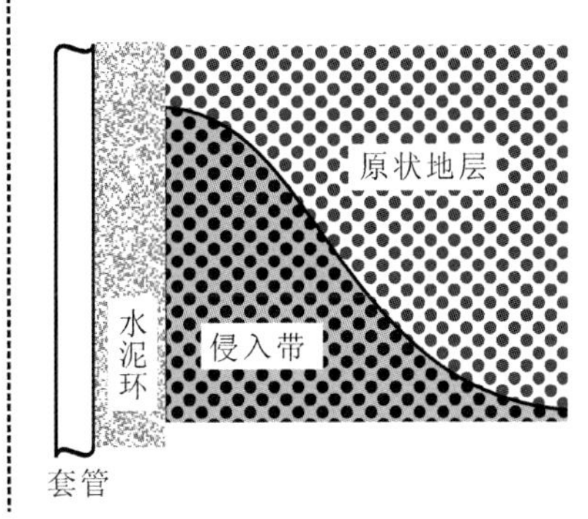

图 5−5−7　油层恢复中的侵入带示意图

上自下依次为 70.0Ω · m、60.0Ω · m、50.0Ω · m、40.0Ω · m 和 30.0Ω · m。此时油层的过套管地层电阻率测井值（即视电阻率 R_a）随侵入深度的数值模拟结果如图 5–5–8 所示。

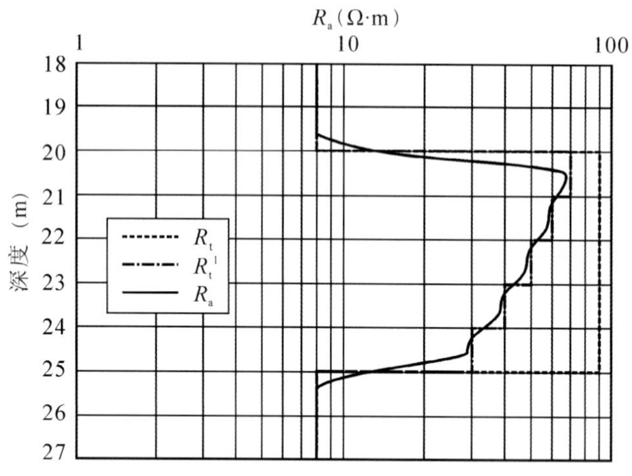

图 5–5–8　油层恢复中过套管地层电阻率曲线

从图 5–5–8 可以看出，在地层恢复的过程中，由于油层中侵入带在垂向上油水（钻井液滤液）分布不均匀，一般造成从上部到下部电阻率从大变到小。相应地，过套管地层电阻率测井曲线上也反映上部值较大，下部值较小。

以上仅分析了油层恢复全过程中某个时间点时的过套管地层电阻率理论曲线。图 5–5–9 是油层恢复全过程侵入带变化的示意图。计算了油层从开始恢复到完全恢复的全过程中的一组过套管地层电阻率理论曲线，如图 5–5–10 所示。图 5–5–10 中共计算了 8 个时间点，各

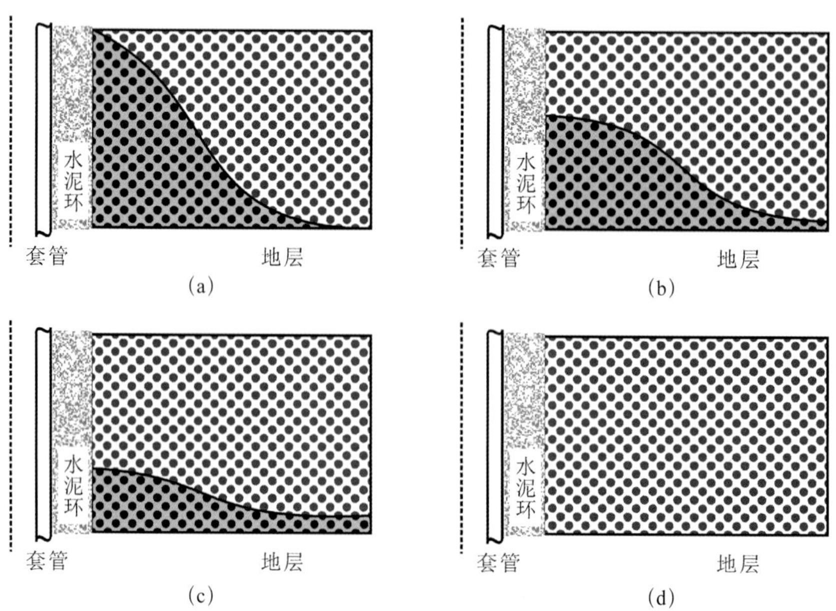

图 5–5–9　油层恢复过程不同时间点的侵入带示意图

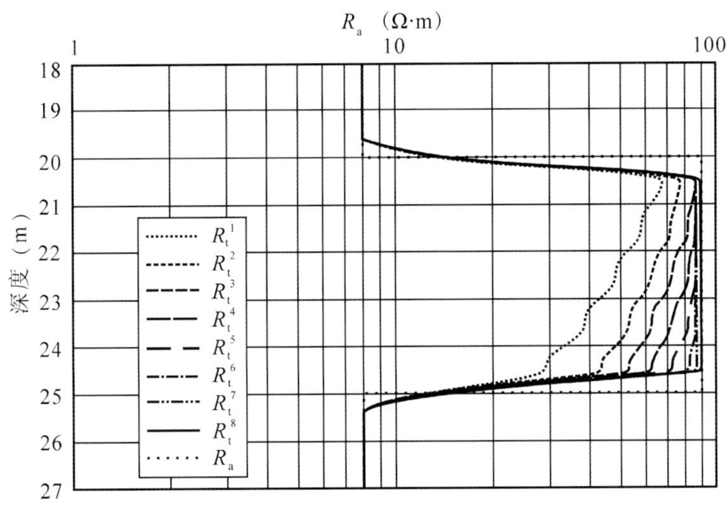

图 5-5-10　油层恢复过程不同时间点的过套管地层电阻率曲线

条过套管地层电阻率理论曲线在恢复中的曲线形态基本相似。随着时间的推移，下部的测井值与上部的测井值差异逐渐缩小，该 5 个导电层的电阻率均逐次增大，下部的测井值与上部的测井值差异逐渐缩小，直到最后均达到油层的真电阻率。

四、在地层恢复各阶段进行储层流体识别的可行性

油层的恢复时间一直是业界关心的一个重要问题。H.Scott Lane（1993）曾采用数值模拟的方法研究过水基钻井液侵入与消散全过程，并针对岩石孔隙度、渗透率、湿润性、流体的黏度、侵入率、侵入时间、重力分异、储层中流体的流动等因素对钻井液侵入和消散的影响进行了系统分析，模拟了固井后 3 个月的地层恢复过程。钻井液侵入和消散主要受滤液的流动性影响，滤液流动性跟液体的黏度、岩石的渗透率和相渗透率等有关。数值模拟的结论认为：

（1）固井后 4 周，井附近地层含钻井液滤液 10%；

（2）大多数油层的恢复时间在 3 个月以上；

（3）油层恢复的影响因素众多，如孔隙度、渗透率、润湿性、黏度。

此外，侵入带消散还与钻井液滤液的侵入率、侵入时间、油水的重力分异、储层中流体的流速和流向等因素有关。可见，侵入带消散是一个十分复杂的过程，油层恢复时间应依地层具体情况由试验确定。

油层恢复后，过套管地层电阻率测井值明显大于裸眼井电阻率测井值。过套管地层电阻率测井值经环境校正后就是原状地层的真电阻率。此时，利用过套管地层电阻率测井识别油层在理论上是毫无疑问的，实际操作中也是有效的。自从过套管地层电阻率测井技术诞生以来，在全世界大量的现场试验和生产测试表明，在老井（地层已恢复）复查中已成功找到了漏失的油层。这些老井可能固井后时间很长，如 20a、30a，甚至 60a，尽管不知道地层恢复的具体时间，但经历这么长时间后地层已恢复是肯定的。

与地层恢复后的情况相似，在油层恢复的末期和中期，过套管地层电阻率测井值也明显

大于裸眼井电阻率测井值。油层在恢复的末期和中期进行过套管地层电阻率测井识别储层流体的也是可行的。

在油层恢复过程的初期，过套管地层电阻率测井值与裸眼井电阻率测井值无差异或差异较小。但是，同时期的油层和水层的过套管地层电阻率测井曲线特征不同，水层的过套管地层电阻率测井值与裸眼井电阻率测井值有明显差异。

在下套管后，地层侵入带的变化速率因原地层中的流体不同存在差异。水层恢复速率明显大于油层，主要原因有：

（1）水层中钻井液滤液和地层水为单相、相容，在毛细管力作用下，水在地层中的渗透率大，使侵入带变化较快；

（2）油层中钻井液滤液和油为两相、不相容，钻井液滤液在地层中的渗透率小，使侵入带变化较慢。

采用向地层里注入示踪剂的方法，在注示踪剂前后进行 3 ～ 4 次测井。对比几次测井的结果，就可以看出侵入带的变化情况，从而判断出是油层还是水层。已经通过实验表明，在利用侵入带消失的速率差异来划分油层和水层时，中子测井结果与地层水的矿化度无关，主要决定于由井筒进入地层的滤液中所含指示剂的选择及其浓度。测量是在将地层与井筒中的液体隔离之后进行的，所以尽管中子测井方法的探测深度相对来说不大，即使产生很深的侵入带，也不至于影响油、水层的划分。

例如，苏联曾有人在钻井液中加入特殊的水溶性示踪剂，示踪剂随钻井液滤液侵入储集层，完井后，采用时间推移测井技术观测侵入带地层示踪剂浓度的变化，进而判断油层的水淹状况。在 20 世纪 70 年代进行了 100 多口的现场试验，并在罗马什金和新叶尔霍夫等油田 2m 以上的大好厚油层中取得了成功率不低于 80% 的显著效果。图 5–5–11 是苏联一口井的

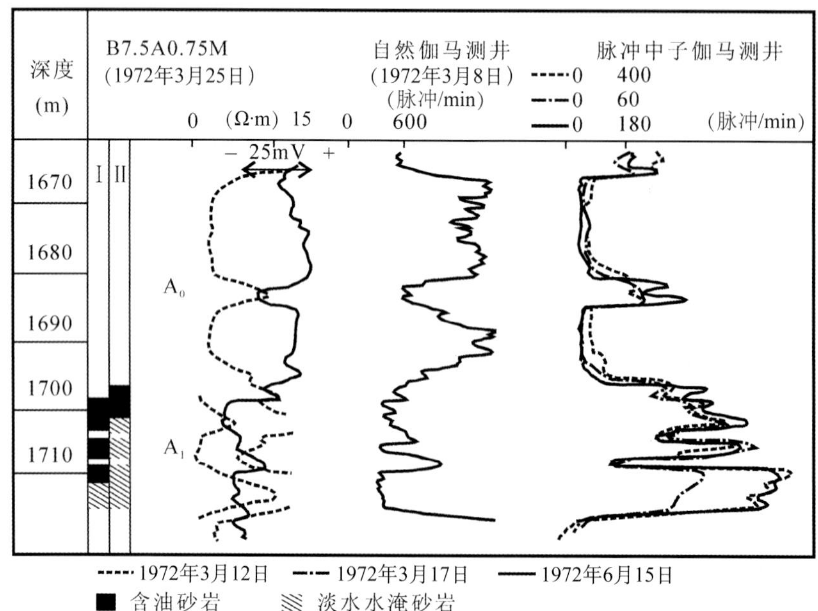

图 5–5–11　苏联一口井的试验结果

Ⅰ—标准测井系列解释结论；Ⅱ—脉冲中子测井解释结论

测试结果。对比图中含油砂岩层和淡水水淹层不同时期硼中子伽马测井曲线可知，淡水水淹层的伽马值变化比含油砂岩层的大。

又如，图 5–5–12 为大庆油田萨北 3–5– 丙 28× 井的试验结果。对比图中不同时期的热中子宏观俘获截面相对值曲线可以发现，在强水淹层内，各个时期的热中子宏观俘获截面相对值曲线与固井后第一次（第一天）测得的侵入带示踪测井曲线差异较大。因此，地层侵入带恢复时，水层比油层恢复快。

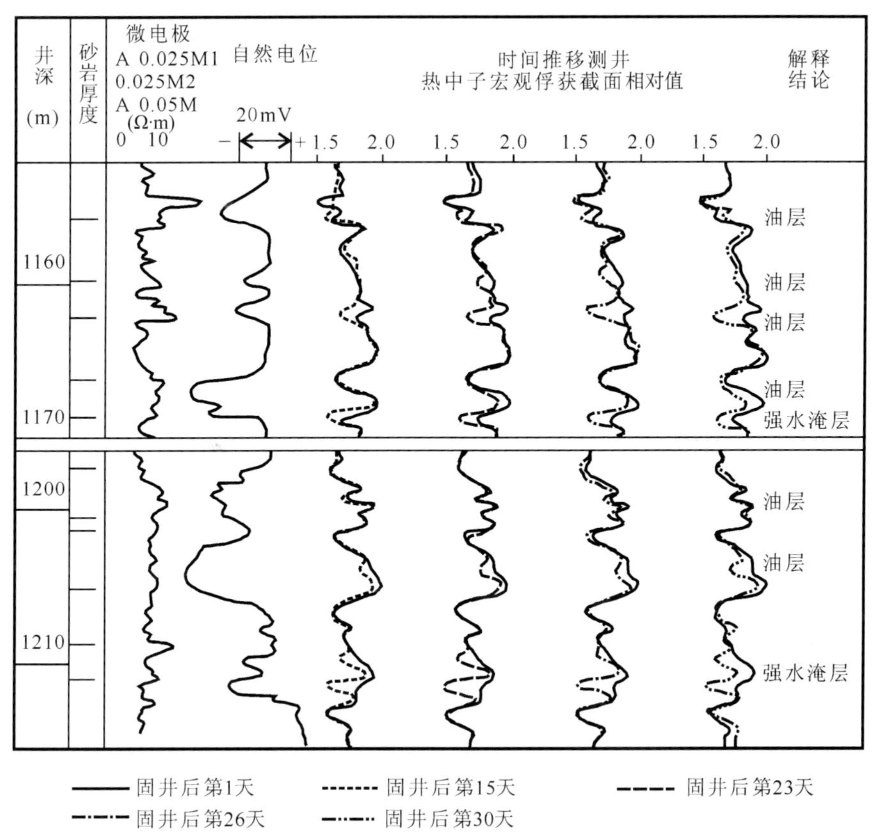

图 5–5–12　大庆油田一口井的试验结果

五、地层已恢复时油层电阻率明显增大的实例

理论分析和油田实践表明，油层恢复后过套管电阻率测井值达到最大。在老探井和老开发井中，油层经过 10a 以上已恢复，利用过套管电阻率测井进行复查可以找到过去因技术原因漏失的油气层。下面介绍两个利用过套管电阻率测井补层成功的实例，这里的目的是考察地层恢复后油层过套管地层电阻率变化的具体情况。

1. 113× 井的补层情况

113× 井是百口泉油田百 21 井区的一口老开发井，完钻于 1989 年 7 月。在 2005 年 7 月采用斯伦贝谢公司的过套管地层电阻率仪器 CHFR 测量地层的电阻率。图 5–5–13 是该井 2267 ～ 2305m 井段的测井曲线图，测试结果显示，在 2291 ～ 2295m 井段的过套管地层电

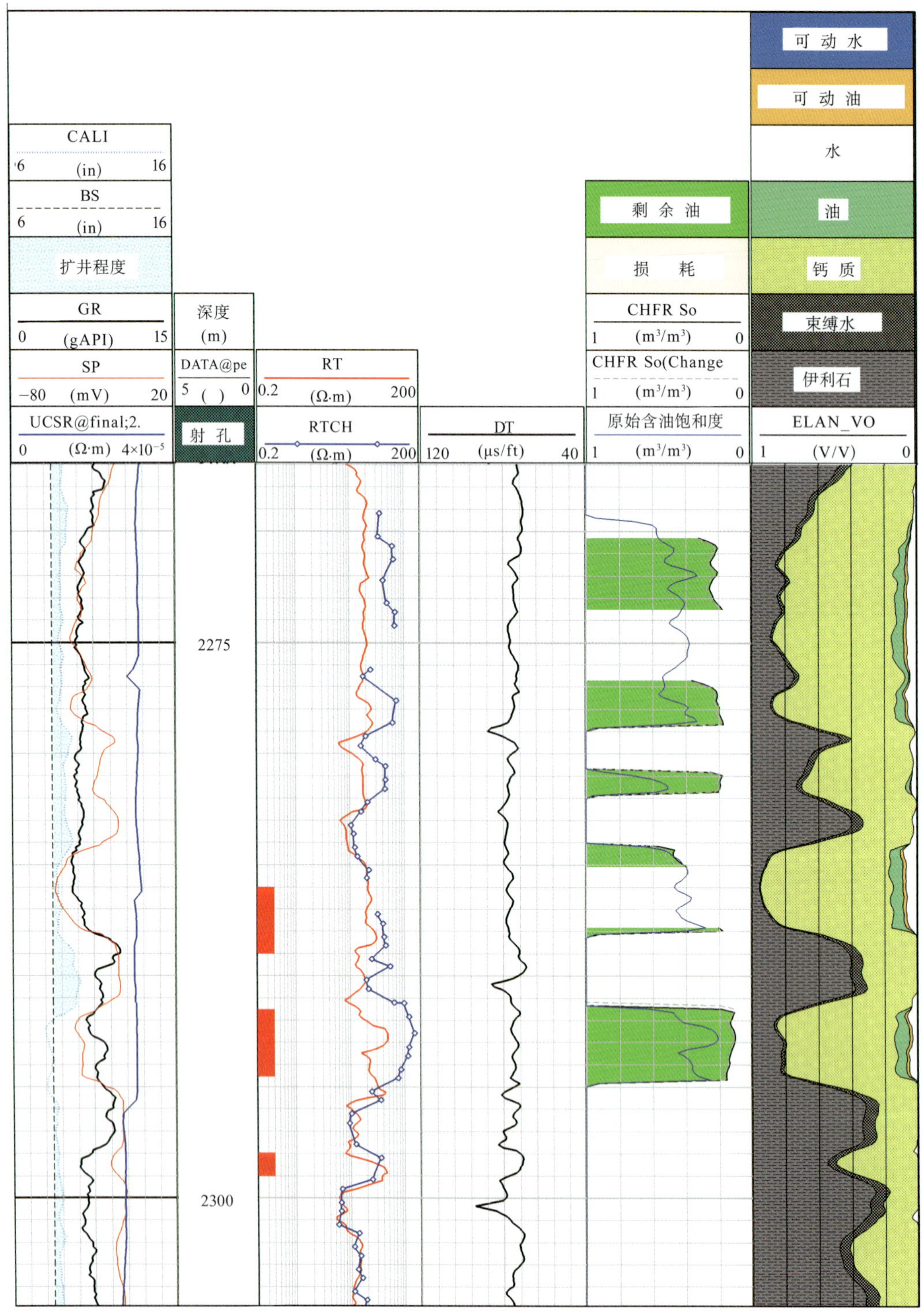

图 5-5-13　113× 井过套管地层电阻率测井补层段测井曲线图

阻率值达到 147.8Ω · m，但裸眼井深侧向电阻率仅 50.3Ω · m，足足增大了 97.5Ω · m。固井以后，随着漫长的时间等待（过套管电阻率测井与固井的时间间隔 192 个月左右），侵入的钻井液滤液逐渐消散，使得地层已完全恢复。

利用过套管地层电阻率探测得到的地层电性特征及其他特征确定 2286 ~ 2299.5m 井段为适应的补层段，2006 年 2 月射开该井段内的 3 个层段，封隔上部油层单采，压裂后日产油 4.3t，含水 1.6%，累积增产原油 502t。相比措施前（日产油 2.3t，含水 17.9%）增产明显，产液信息见图 5−5−14。

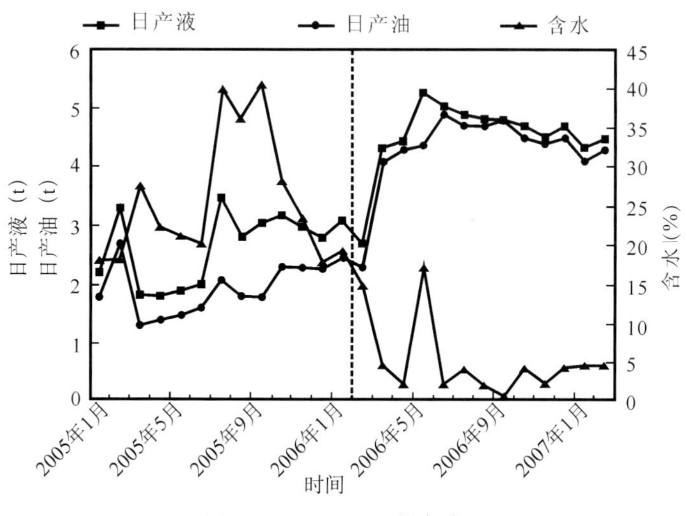

图 5−5−14　113×井产液图

2. 131× **井的补层情况**

131× 井是百口泉油田百 21 井区的一口老开发井，完钻于 1982 年 5 月。2006 年 8 月采用斯伦贝谢公司的过套管地层电阻率仪器 CHFR 测量地层的电阻率，2018 ~ 2040m 井段的测井解释成果如图 5−5−15 所示。该井 2025 ~ 2035m 井段过套管地层电阻率达到 25 ~ 40Ω · m，含油饱和度达到 60% 以上，具备未动用油层的电性特征。说明是由于钻井液滤液侵入到地层中，导致裸眼井深侧向电阻率偏低。过套管地层电阻率是在经历漫长的时间恢复期（291 个月）后测量的，地层电阻率增大明显。

2007 年 5 月实施大修后补开 2025 ~ 2029m 和 2031 ~ 2035m 井段后，日产液由 34.5t 降为 16.8t，日产油由 1.7t 上升为 5.2t。截至 2008 年 4 月底，累积增产油量 1718t，产液情况如图 5−5−16 所示。说明受钻井液侵入影响的地层，固井后会逐渐恢复。

此外，还有 Lu1147、Lu7115 和 T51103 等井都存在补层成功的层段，并且过套管电阻率曲线与深侧向电阻率相比均出现不同程度的增大现象，表明通常情况下，钻井液滤液侵入地层导致油层电阻率下降明显；但在经历一段时间后，钻井液侵入会逐渐消散，地层电阻率会明显增大。

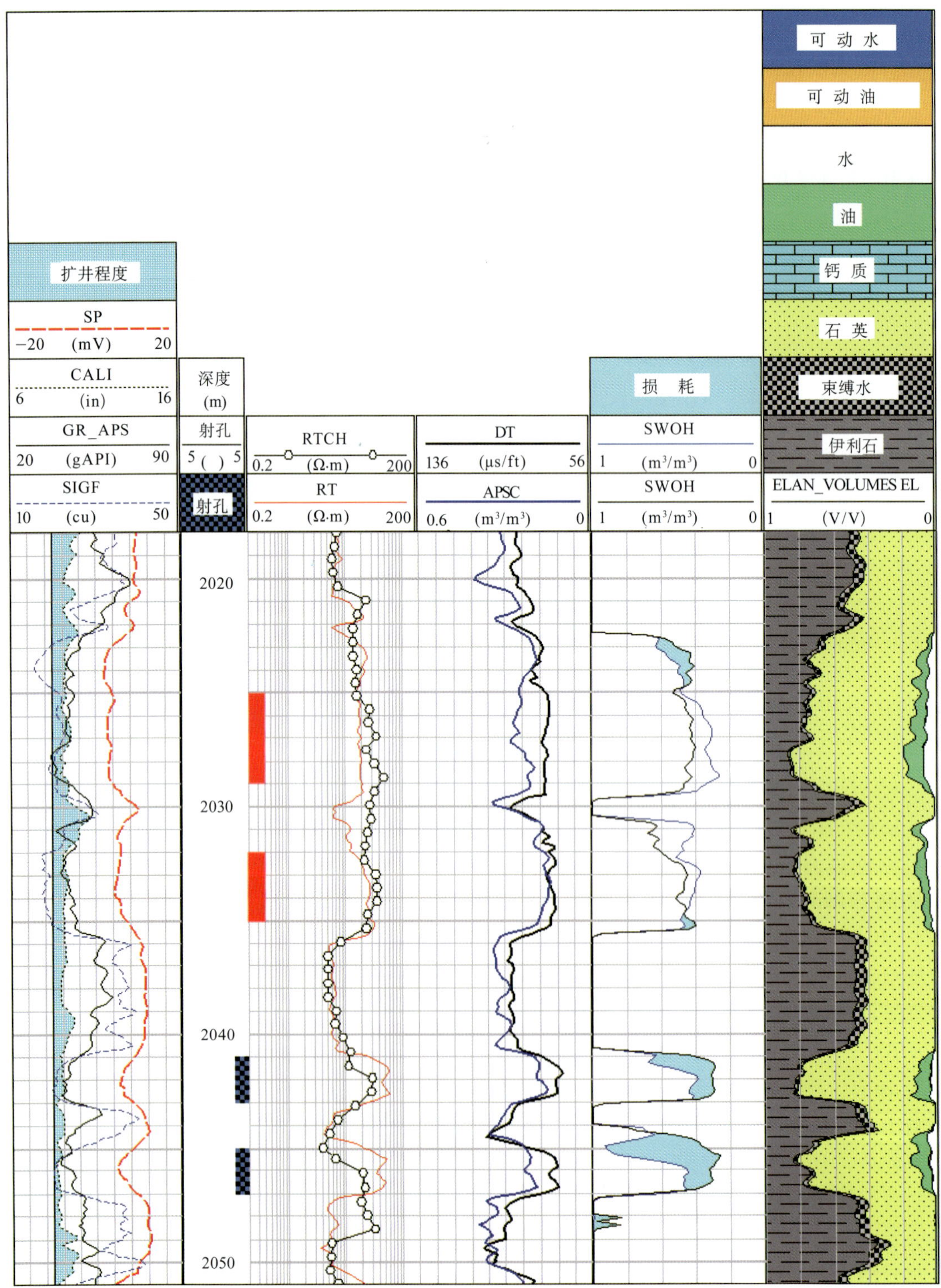

图 5-5-15 131×井过套管地层电阻率测井补层段测井曲线图

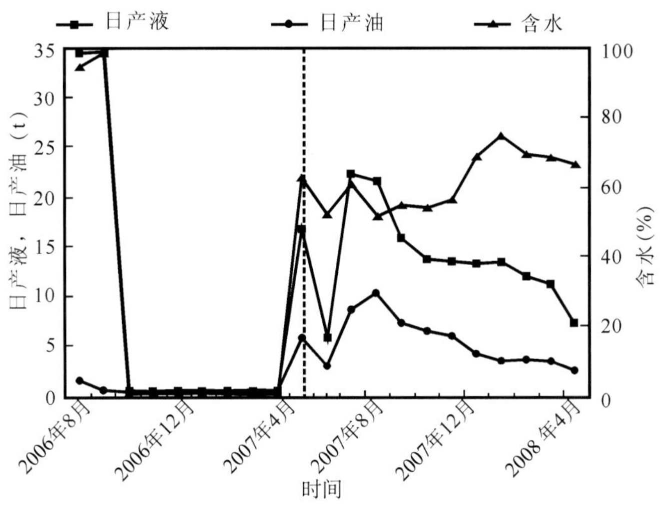

图 5-5-16 131× 井产液图

六、地层未恢复时油层和水层电阻率变化特征不同的实例

1. 地层恢复中油层的过套管地层电阻率测井曲线特征

1）Q9 井油层

Q9 井是一口 2009 年完钻的新探井。在 2010 年 3 月 24—25 日，采用俄罗斯过套管地层电阻率测井仪器 ECOS 在 1950 ~ 1995m 井段进行了测井，刻度井段为 2030 ~ 2034m。

Q9 井地理位置在新疆维吾尔自治区和布克赛尔县境内。构造上位于准噶尔盆地西部隆起乌夏断裂带东北端，在 2009 年 10 月 14 日开钻。钻井过程中，在 497 ~ 2210m 深度段所使用钻井液的滤液电阻率是 1.7Ω · m（15℃），并且未发生钻井液漏失现象；岩屑录井在 1990 ~ 1994m 有较好显示，为灰色荧光的砂砾岩；气测录井在 1963 ~ 1969m 和 1973 ~ 1979m 有很好的显示；在 1963.8 ~ 1977m 有井壁取心，以砂砾岩、中—细砂岩和粉—细砂岩为主。钻到 1957 ~ 1983m 井段的日期是 2009 年 10 月 30 日，2009 年 11 月 2 日完钻，然后在 2009 年 11 月 4 日采用 CSU 系列测井测量 494.5 ~ 2210m，其后在 2009 年 11 月 9 日下 ϕ 139.7mm（壁厚 7.72mm）的油层套管至 2208.55m，最后注入 G 级水泥返高 1400m，固井质量优。试油施工简况如下：

（1）新井上试：2010 年 2 月 24 日—3 月 15 日，接井，上设备，立修井机。

（2）试、探、提、测井：3 月 16 日，用清水洗净井筒，加深油管探得井底 2197.06m；用清水对采油树及井筒试压 20MPa，合格；后用清水将 4.0% 的 SC-2 液 $5m^3$ 正替至预射孔井段，3 月 17—21 日，提出井内全部油管底带 ϕ 115mm 通井规。3 月 24—25 日，过套管测地层电阻率，井段 1950 ~ 1995m。

（3）射孔、刮削：3 月 25 日，用 YD-89/60° 型射孔弹电缆传输射孔，在液面位于井口的清水及浓度 4% 的 SC-2 溶液中射开井段 1963 ~ 1965m、1973 ~ 1976m，16 孔 /m，实射 80 孔，射厚 5m/2 段，射后无显示。3 月 25—26 日，下油管底带 ϕ 139.7mm 套管刮削器

及 ϕ 115mm 通井规至 2008.26m，后在对段 1943 ~ 1996m 反复刮削 3 次，用清水洗净井筒，提出 ϕ 139.7mm 套管刮削器及 ϕ 115mm 通井规。

（4）地层测试：3 月 26—31 日，下地层测试器进行地层测试。本次测试采用三流二关方式，共流动 1688min，测试过程共产油 0.67m^3，回收水 0.06m^3；在平均流压 1.5476MPa（折算平均液面 1811.69m 处）下折日产油 0.5715m^3。原油密度为 0.8678g/cm^3，50℃黏度为 27.72mPa · s，凝点为 20℃，含蜡 5.47%。本次测试初关井最高地层压力为 20.578MPa，二次关井最高地层压力为 20.154MPa。对二次关井压力数据进行拟合分析求得，拟合油藏压力 20.583MPa，折算地层压力系数为 1.0656，内区储层渗透率 0.3971mD，内区地层系数 1.985mD · m，复合流度比 0.5 : 3.493，复合储能比 0.5 : 1.102，复合内区半径 2m，调查半径为 28m，井筒储集系数为 1.402×10^{-3}m^3/MPa，表皮系数为 7.85。分析结果表明，地层渗透性较差，且近井带地层有污染，在井深 1941.93m 处实测地层最高温度为 51.5℃。4 月 1 日，下油管底带 ϕ 42mm 油管鞋至 1949.54m；4 月 2—5 日，无油嘴观察不出，油压 0，套压 0。

（5）压裂：4 月 6 日，2000 型压裂车 1 组，总用羧甲基胍胶压裂液 190.4m^3（胍胶 173.67m^3，胶联液 16.73m^3）油管压裂，其中前置液 60m^3，携砂液 124m^3，加 0.6 ~ 1.25mm 的包衣砂 30m^3，加砂比 24.19%，顶替液 6.4m^3，泵压 42MPa—46MPa—42MPa，排量 12 m^3/min。井口压力 22MPa，破裂压力 46MPa；停泵油压 20MPa，套压 22MPa。

（6）退液：4 月 6—15 日，自喷 + 抽汲退液，退出压裂液 75.77m^3，日产油 0.77m^3，期间产油 3.44m^3，地层欠液 114.63m^3。4 月 10 日，测井车软探井底 2028m，井段不堵。4 月 16 日，提出 ϕ 42mm 油管鞋。

（7）套抽退液：4 月 17—26 日，套管抽汲退液，套抽 4 次，动液面 1457 ~ 1492m，日产油 0.77m^3（无明水，含水 9%），期间产油 6.58m^3，地层欠液量 110.61m^3。

（8）地层测试：4 月 27—5 月 3 日，下跨隔测试器对井段 1963 ~ 1965m 进行地层测试。本次测试采用三流二关方式，共流动 3037.5min。5 月 3 日，投杆打开反循环阀后抽汲，抽出油 0.31m^3，累计油 10.33m^3；原油密度为 0.8661g/cm^3，50℃黏度为 27.69mPa · s，凝点为 18℃，含蜡 6.32%。本次测试初关井最高地层压力为 15.911MPa，二次关井最高地层压力为 17.880MPa，对二次关井压力数据进行拟合分析，得到拟合油藏压力 19.182MPa，折算地层压力系数为 0.9959，内区储层渗透率 0.0418mD，内区地层系数 0.0836mD · m，复合流度比 0.5 : 0.8205，复合储能比 0.5 : 0.0123，复合内区半径 4m，井筒储集系数为 6.465×10^{-4} m^3/MPa，表皮系数为 −2.70。分析结果表明，地层渗透性较差，因为地层产出少，流体不能在压裂缝中有效流动，故在试井曲线中表现不出裂缝的特征，在井深 1948.79m 处实测地层最高温度为 51.9℃。

5 月 3 日，提出测试器，后下跨隔测试器（带两支电子压力计）对井段 1973 ~ 1976m 进行地层测试。本次测试为二流二关，共流动 1323min，5 月 8 日投杆打反循环阀抽汲，抽出油 0.703m^3，抽出液 7.7m^3（为测试座封后环空灌入 6% 的 SC−2 液）；原油密度 0.8660g/cm^3，50℃黏度 22.91mPa · s，凝点 16℃，含蜡 6.51%。本次测试初关井最高压力 14.473MPa，终关井最高压力 17.035MPa。对终关井数据进行拟合分析，得到拟合油藏压力 20.731MPa，折算地层压力系数为 1.0706，渗透率 0.3129mD，井筒储集系数为 4.481 mD/MPa，表皮系数为 −1.31，内区半径 1m，复合流度比 1/2:0.041，复合储能比 0.5：2.616，探测半径 23m。结果表明，地层渗透性变化不大，压裂效果差，在井深 1970.65m 处实测地层最高温度为 51.2℃。5 月 9 日，下油管底带 ϕ42mm 油管鞋至 1948.73m。5 月 10 日—6 月 12 日，无油嘴开井观察不出，油压 0，套压 0。

（9）酸化：6 月 13 日，用清水洗井返出原油 6.01m³，累产油 17.04m³。后用 700 型压裂车、总用液 65m³（主体酸 55m³，防膨液 10m³）进行酸化压裂，其中正替主体酸 5m³，泵压 4 ～ 5MPa，排量 0.83m³/min。关套管阀门，用醇基酸 50m³ 正挤，泵压 21MPa−24MPa，排量 0.2 ～ 0.4m³/min，后用防膨液 10m³ 正挤，泵压 21 ～ 22MPa，排量 0.2 ～ 0.4m³/min，停泵油压 21MPa。

（10）退酸：6 月 13 日，自喷退出酸液 7.85m³ 后不出。6 月 14—24 日，油管抽汲退液，日抽汲 5 次，动液面 1350 ～ 1470m，日退液 1.54m³，累退液 58.67m³，地层欠液 6.33m³，退液期间见油花。

（11）刮削、下封隔器：6 月 25 日，用清水正替，返出原油 1.08m³，后用清水洗净井筒，提出 ϕ42mm 油管鞋，下 ϕ139.7mm 套管刮削器及 ϕ115mm 通井规通刮至 1999.3m，用清水洗净井筒，提出 ϕ139.7mm 套管刮削器及 ϕ115mm 通井规。6 月 26 日，下 KCPSQ/TJ115 × 38 脱接喷砂器 +KCSL8Z/115 × 60 水力锚 +KCY211/115 × 50−120/50 封隔器 +ϕ115mm 通井规，加压坐封，喷砂器位 1968.44m，水力锚位 1969.44m，封隔器位 1969.74m，通井规位 1970.45m，用清水正反打压验封，合格。6 月 27—30 日，无油嘴开井观察不出。

（12）分层压裂：6 月 30 日，用 2000 型压裂车一组、防膨水基胍胶压裂液 138.2m³（胍胶 127.7m³，交联 10.5m³）对井段 1973 ～ 1976m 进行油管压裂，前置液 55.8m³，前置液中加暂堵剂 70kg，携砂液 76m³，加粒径为 0.45 ～ 0.9mm，顶替液 6.4m³，加砂比 19.74%，泵压 50MPa−42MPa，排量 9 ～ 12m³/min，破裂压力 50MPa，停泵压力 22.4MPa。投 ϕ45mm 钢球打开脱节喷砂器。

用 2000 型压裂车一组、防膨水基胍胶压裂液 163.5m³（胍胶 150.9m³，交联 12.6m³）对井段 1963 ～ 1965m 进行油管压裂，前置液 89.1m³，前置液中加暂堵剂 80kg，携砂液 68m³，加粒径为 0.45 ～ 0.9mm，顶替液 6.4m³，加砂比 22.06%，泵压 47MPa−43MPa，井口压力 31MPa−25MPa，排量 12m³/min，破裂压力 47MPa，停泵油压 22.4MPa，套压 22MPa。

（13）退液、打捞封隔器：6 月 30 日—7 月 2 日，自喷退液，退出压裂液 77.16m³。7 月 2—3 日，用清水洗净井筒，提出 KCPSQ/TJ115 × 38 脱接喷砂器，用可退式对扣打捞矛打捞出 KCSL8Z/115 × 60 水力锚 +KCY211/115 × 50−120/50 封隔器 +ϕ115mm 通井规，下油管底带 ϕ42mm 油管鞋至 1948.73m。

（14）抽汲退液：7 月 4—13 日，油管抽汲，抽汲 8 次，抽深 1500m，动液面 1240 ～ 1410m，日产油 1.08m³，日退液 2.01m³，累退液 128.3m³，地层欠液 173.4m³，期间产油 4.92m³。7 月 13 日，提出 ϕ42mm 油管鞋。

（15）套抽求产：7 月 14 日—8 月 1 日，套管抽汲，套抽 6 次，抽深 1400m，动液

1220 ～ 1360m，日产油 2.46m³（无明水，含水 5%），累计油 55.12m³，扣除井筒上空容积，地层欠液量 187.16m³。取油样分析原油密度为 0.8639g/cm³，50℃黏度为 23.24mPa · s，凝点为 15.0℃，含蜡 6.89%。

（16）完井：8 月 2 日，下 ϕ73mm 外加厚油管底带 ϕ42mm 油管鞋至 1948.73m 坐采油树，完井。

图 5-1-17 是 Q9 探井 1957 ～ 1983m 井段的过套地层管电阻率分析图。图中主要储层测井综合解释成果见表 5-5-1。针对过套管地层电阻率影响因素进行了校正处理，从储层段套管电阻曲线上看，无明显套管非均质性（套管接箍）的影响；固井水泥的电阻率取 5Ω · m（相对目的层的电阻率较小），储层段水泥环的厚度不大，约 3.81cm（1.5in），则水泥环影响不大，经校正后的地层电阻率略有增大。1 号和 4 号储层的厚度均大于俄罗斯仪器的分辨率（1m），则围岩影响相对较小；3 号储层的厚度小，为薄层，受上、下围岩影响较大。俄罗斯仪器受 *K* 因子影响，已知刻度段（2030 ～ 2034m）电阻率 6Ω · m，则储层电阻率经仪器 *K* 因子影响的校正处理结果会变小。储层段过套管电阻率影响因素校正处理前后结果见表 5-4-2。

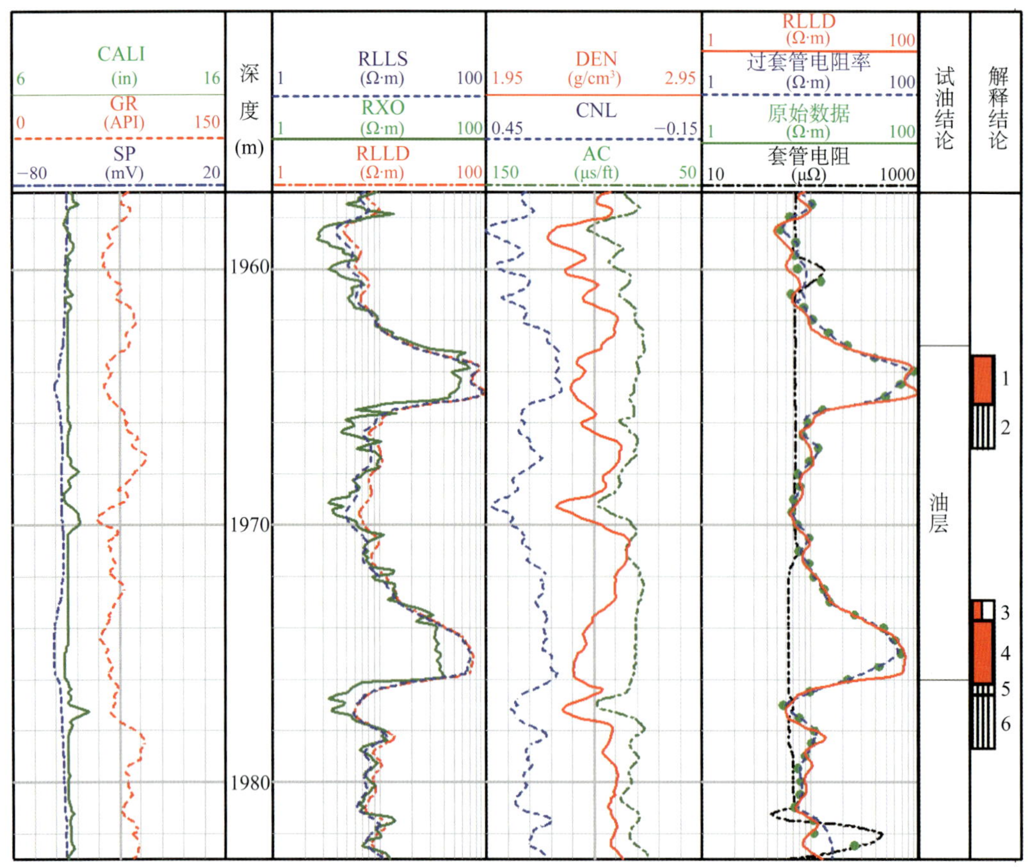

图 5-5-17　Q9 井过套管地层电阻率分析图

表 5–5–1　主要储层测井综合解释成果表

层号	井段 (m)	厚度 (m)	电阻率 (Ω·m)	声波时差 (μs/ft)	密度 (g/cm^3)	处理孔隙度 (%)	含油饱和度 (%)	解释 结论
1	1963.4 ~ 1965.3	1.9	72.5	81.0	2.38	14.6	50.7	油层
3	1972.9 ~ 1973.7	0.8	23.1	79.9	2.48	15.1	16.3	含油层
4	1973.7 ~ 1976.2	2.5	56.9	81.3	2.39	16.8	51.3	油层

表 5–5–2　过套管地层电阻率校正处理

层号	原始测量点深度 (m)	过套管电阻率原始数据 (Ω·m)	过套管电阻率校正后 (Ω·m)
1	1964.5	69	63.5
3	1973.5	26.3	25.3
4	1975	69.9	64.2

从图 5–1–17 中可以发现，储层的深、浅侧向电阻率曲线几乎完全重合，但与冲洗带电阻率曲线的差异明显。与深侧向电阻率曲线相比，油层的过套管地层电阻率整体变化不明显，具体表现为在上部这两条曲线基本重合，而下部存在一定的差异，并且差异的大小越接近油层底部越明显。这表明在地层恢复中油层在垂向上的油水的分布有仍有差异。过套管地层电阻率测井是在固井后 135d 进行的，曲线特征整体变化不明显，这说明地层恢复速率较慢。

2）D20 井油层

D20 是一口 2009 年 10 月 14 日开钻、2009 年 10 月 31 日完钻的新探井。在 2010 年 3 月 22—23 日，采用俄罗斯仪器过套管地层电阻率测井仪器 ECOS 在 1380 ~ 1410m 深度段进行了测井，目的是评价可疑油气藏（测井解释为含油水层和含油层）。

D20 井地理位置位于新疆维吾尔自治区阿勒泰地区福海县境内，构造位置位于准噶尔盆地陆梁隆起滴 18 井北侏罗系八道湾组（J_1b_1）断层—地层圈闭上（图 5–5–18）。在 1380 ~ 1410m 深度段使用的钻井液滤液电阻率是 0.52Ω · m（15℃），并无明显的钻井液漏失现象。在 1388 ~ 1398m 深度段的岩屑录井显示，其岩性为灰色荧光砂砾岩。2009 年 10 月 28 日在 1398.5m 停钻取心，在 1389 ~ 1391.6m 深度取心，收获 0.58m 灰色油迹砂砾岩岩心。钻到 1389 ~ 1399m 地层的日期是 2009 年 10 月 28—29 日，在 2009 年 10 月 31 日完钻，然后于 2009 年 11 月 1 日采用 CSU 测井系列进行测井 300.19 ~ 1530m 井段。在 2009 年 11 月 2 日下直径为 139.70mm（壁厚 7.72mm）的油层套管至 1530m，注入水泥返 800m，固井质量优。

在井段 1389 ~ 1391.16m 钻井取心，岩心长度为 2.16m，其中含油气岩心长度为 0.58m。砾石成分以变质岩块为主，火成岩块次之，一般粒径 3 ~ 10mm，最大粒径 15 ~ 30mm；砂粒成分以石英为主，长石、岩屑次之，粒径 0.1 ~ 1mm，分选差，半圆—半棱状，泥质胶结，加酸不起泡。距顶 8cm 见厚 7cm 的灰色细砂岩条带，距顶 35cm 见厚 6cm 的灰色泥质

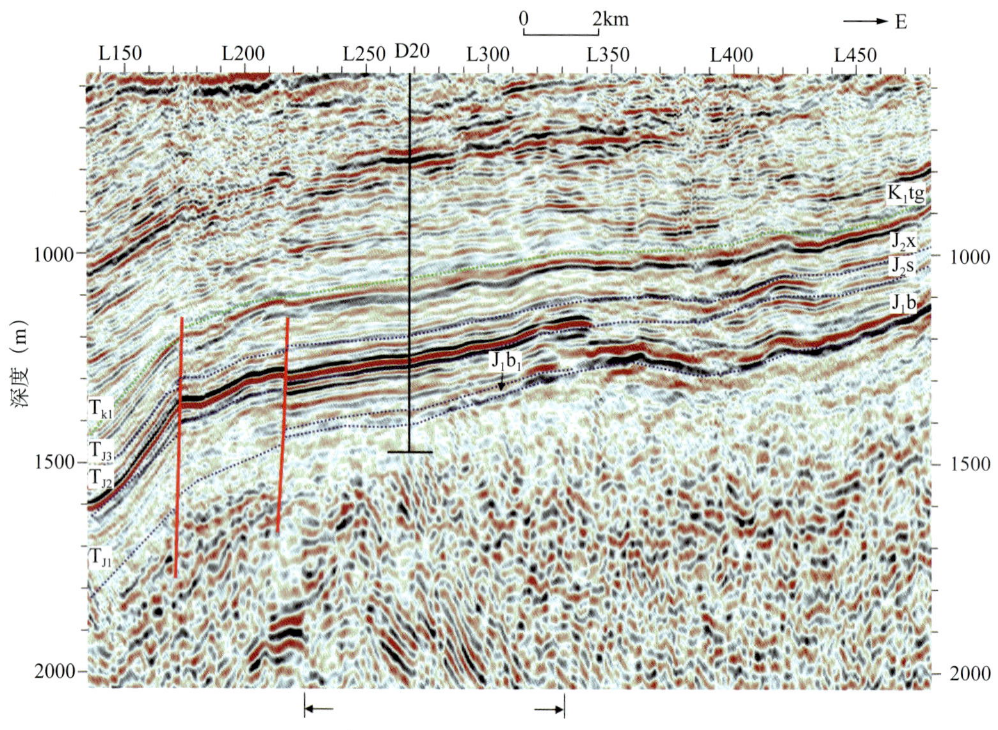

图 5–5–18　过 D20 井 XLine477 测线地震地质解释剖面图

细砂岩条带，表断面可见碳化植物碎屑，呈点状—线状分布，显现水平层理及交错层理。岩心出筒时油气味较浓，个别外渗浅褐色轻质油，易挥发，油脂感弱，不染手，含油不饱满，分布不均匀，呈星点状分布，含油面积 3% ～ 5%，岩心潮湿，滴水速渗—缓渗。试油施工简况如下：

（1）新井上试：2009 年 11 月 8—11 日，上设备，立井架，后因冬停收设备；11 月 12 日，抽汲降液 600m。2009 年 11 月 12 日—2010 年 2 月 21 日，关井冬停；2 月 22 日—3 月 18 日，推雪；3 月 18—19 日，上设备，立井架。

（2）探、试、替、提、测井：3 月 19 日，加深油管探得井底 1517.18m；用清水洗井干净，对井筒及套管大四通试压 20MPa，试压合格；将浓度 4% 的 SC–2 液 $5m^3$ 正替至预射孔井段。3 月 20 日，提出井内全部油管底带 ϕ 115mm 通井规。3 月 22—23 日，过套管地层电阻率测井。

（3）射孔：3 月 23 日，电缆传输射孔，用 YD–89 型射孔弹在液面位于井口的清水及浓度 4% 的 SC–2 液中射开 J_1b 层，井段 1388 ～ 1396m，厚度 8.0m/ 段，孔密 16 孔 /m，实射 128 孔，发射率 100%，射后无显示。

（4）下管鞋、破堵、退液、诱喷：3 月 23—24 日，下 ϕ 42mm 油管鞋至 1376.05m；3 月 24—25 日，用浓度 6% 的 SC–2 液 $10.0m^3$ 正挤破堵，破开压力 10.0MPa；3 月 25—26 日，开井不出，抽汲退出全部破堵液；后抽喷，累积抽出油 $9.39m^3$，累积抽出水 $4.60m^3$（为井筒水）。

（5）试产、PVT 取样：3 月 26 日—4 月 8 日，分别用 6mm、2mm 油嘴试产。其中，

6mm 油嘴试产，油压 0.63 ~ 0.45MPa，套压 0.76 ~ 0.85MPa，日产油 17.25m³，日产气 285m³，累产油 112.2m³，流压 9.72MPa，流压梯度 0.78MPa/100m，流温 54.43℃；2mm 油嘴试产时于井深 1350m 取 PVT 样 4 支，饱和压力 10.49MPa。

（6）关复压：4 月 8 日—5 月 5 日，数据显示关井压力恢复异常，在关井 21.9h 达到一个阶段的压力峰值 11.5208MPa，随即开始下降；到 40.83h 出现关井期间的最低压力 11.4565MPa，后快速上升；到 47.62h 关井达到最高压力 11.5685MPa，随又开始下降，出现波动；到关井 96h 后，波动渐趋平稳，一直到关井结束。取关井最后 96h 的数据分析，压力较稳定，实测地层静压为 11.8752MPa。

（7）试油评价建议为：本层岩性为灰色荧光砂砾岩，井段 1389.2 ~ 1396.3m，地层电阻率 22.75 ~ 43.21Ω · m，密度 2.33 ~ 2.37g/cm³，自然伽马 66.92 ~ 71.11API，孔隙度 2.28% ~ 14.93%，含油饱和度 20.85% ~ 46.24%，声波时差 252.21 ~ 276.23μs/m，测井解释为“含油层、油水同层”，如图 5–5–19 所示。

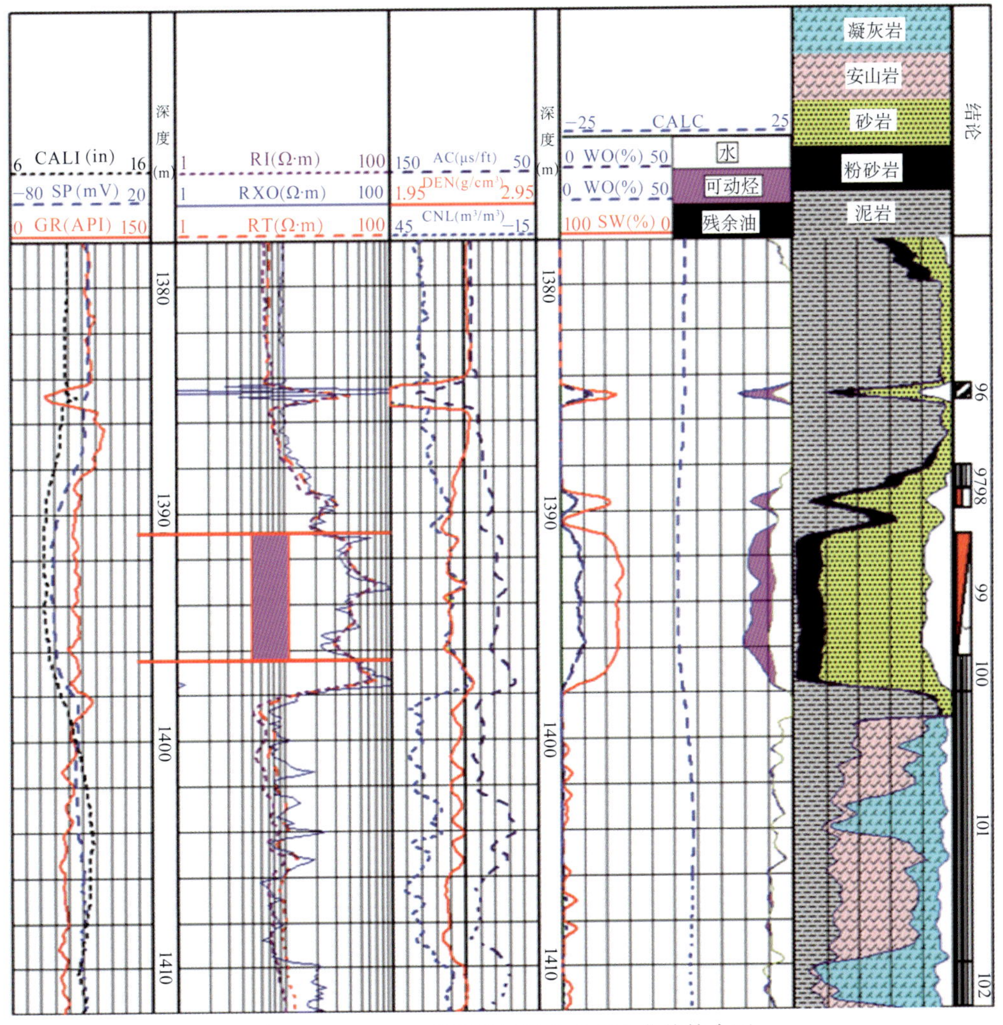

图 5–5–19　D20 井建议试油井段测井曲线综合图

该层电缆传输射孔后无显示，经破堵、油管抽汲诱喷后，分别用 6mm、2mm 油嘴试产，其中 6mm 油嘴，油压 0.63 ~ 0.45 MPa，套压 0.76 ~ 0.85MPa，日产油 15.32t，日产气 285m³，累产油 99.62t，流压 9.72MPa，流压梯度 0.78MPa/100m，流温 54.43℃；实测静压 11.8752MPa，静压梯度 0.776MPa/100m。在井深 1350m 取 PVT 样 4 支，饱和压力 10.49MPa。取得油样分析原油密度 0.8879g/cm³，50℃黏度 44.36mPa · s，凝点 −25℃，含蜡 3.46%。气样分析相对密度 0.6132，甲烷含量 89.84%。根据所取资料综合分析，本层定名为“油层”。试油结论高于地质预期。工艺上，D20 井经抽汲诱喷后自喷试产，试油方案是合理的，试油彻底，试油结论可靠。取全取准了各项应取试油资料，达到了试油地质目的。

图 5−5−20 是 D20 探井 1380 ~ 1405m 井段的过套管地层电阻率测井分析图。图中主要储层测井综合解释成果见表 5−5−3。针对过套管地层电阻率影响因素进行了校正处理，从储层段套管电阻曲线上看，无明显套管非均质性（套管结箍）的影响；固井水泥的电阻率取 5Ω · m，储层段水泥环的厚度约 3.81cm（1.5in），则水泥环影响的校正效果会略微升高。5 号和 6 号储层厚度均大于俄罗斯仪器的分辨率（1m），则围岩影响相对较小；3 号储层厚度较薄，需要进行围岩影响的校正处理；俄罗斯仪器受 *K* 因子影响，已知刻度段（3082 ~ 3084m）电阻率 7.2Ω · m，则储层电阻率经仪器 *K* 因子影响的校正处理结果会变小。储层段过套管电阻率影响因素校正处理前后结果见表 5−5−4。

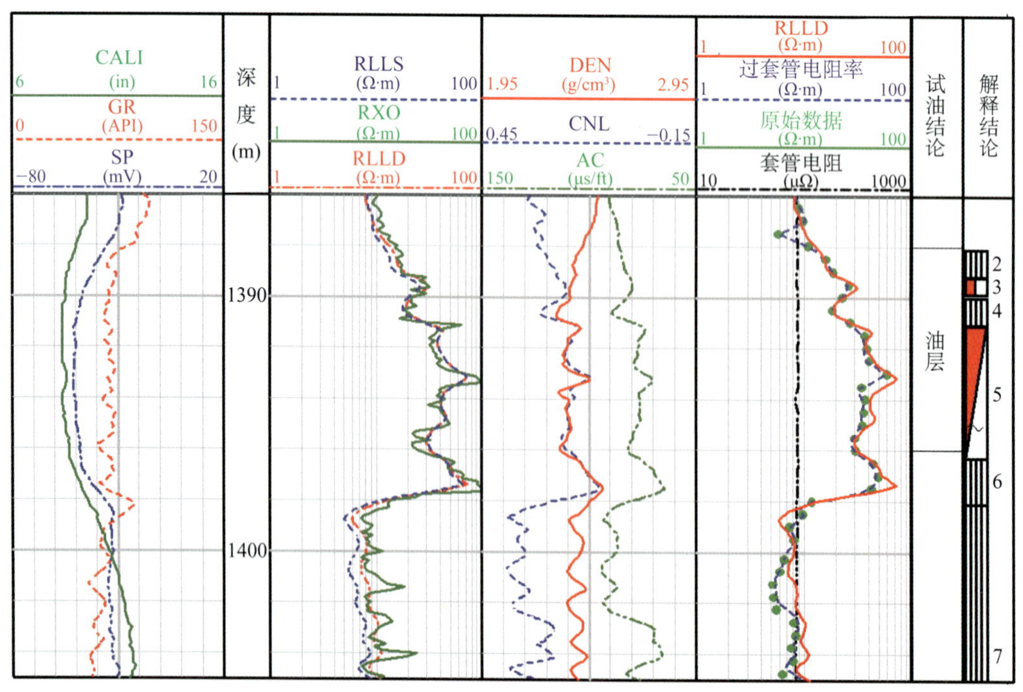

图 5−5−20　D20 探井中油层的过套管地层电阻率测井分析图

从图 5−5−20 中可以发现，储层的深、浅侧向电阻率曲线近似完全重合，但与冲洗带电阻率曲线略有差异。与深侧向电阻率曲线相比，储层的过套管地层能电阻率整体变化不明显，具体表现为上部两曲线重合较好，仅下部存在差异，并且差异的大小越接近油层底部越明显。

表 5–5–3　主要储层测井综合解释成果表

层号	井段 (m)	厚度 (m)	电阻率 (Ω · m)	声波时差 (μs/ft)	密度 (g/cm³)	处理孔隙度 (%)	含油饱和度 (%)	解释 结论
3	1389.1 ~ 1390	0.9	26.1	80.8	2.37	12.8	29.8	含油层
5	1391 ~ 1396.5	5.5	43.3	76.8	2.36	17.4	50.1	油水同层
6	1396.5 ~ 1398.1	1.6	44.7	71.4	2.46	9.6	26.1	干层

表 5–5–4　过套管地层电阻率校正处理

层号	原始测量点深度 (m)	过套管电阻率原始数据 (Ω · m)	过套管电阻率校正后 (Ω · m)
3	1389.5	26.5	25.5
5	1392.5	41.2	38.6
6	1397	50.2	47

2. 地层恢复中水层的过套管地层电阻率测井曲线特征

1）A7 井水层

A7 井是一口 2008 年完钻的新探井。在 2009 年 4 月 14—21 日，采用俄罗斯过套管地层电阻率测井仪器 ECOS 在 3082 ~ 3097m 和 3116 ~ 3290m 深度段进行了测试。

A7 井位于沙湾县安集海镇南 5km，构造上属于准噶尔盆地南缘山前冲断带霍玛吐背斜带西段安集海背斜。A7 井在 2008 年 5 月 28 开钻。钻井时在 3064 ~ 3401m 深度内使用的钻井液滤液电阻率是 0.064Ω · m（23℃），未发现明显的钻井液漏失现象。在 3105.3 ~ 3108.2m 和 3149 ~ 3154m 深度取心，以无油气显示的粉砂岩为主，孔隙度 7.2% ~ 13.6%，水平渗透率 0.142 ~ 2.16mD。钻到 3082 ~ 3097m 和 3116 ~ 3290m 深度段地层的日期分别是 2008 年 10 月 8—11 日和 2008 年 10 月 14—23 日。A7 井完钻于 2008 年 11 月 2 日，然后在 2008 年 11 月 6 日对 3062 ~ 3401m 深度段进行裸眼井测井。A7 井在 2008 年 11 月 10 日下直径 139.70mm（壁厚 12.09mm）油层套管至井深 3400m，注入 G 级水泥，水泥充填合格。

图 5–5–21 是 A7 探井 3190 ~ 3215m 井段的过套管地层电阻率测井曲线图。图中主要储层都是水层，具体见表 5–5–5。首先对 17 号水层的双侧向测井进行井眼和层厚校正，然后再利用双侧向电阻率校正图版计算出侵入地层的深度为 0.48m，地层真电阻率为 3.57Ω · m。用相同的方法求取 23 号水层时发现，地层电阻率值之间差异小及本身值都很

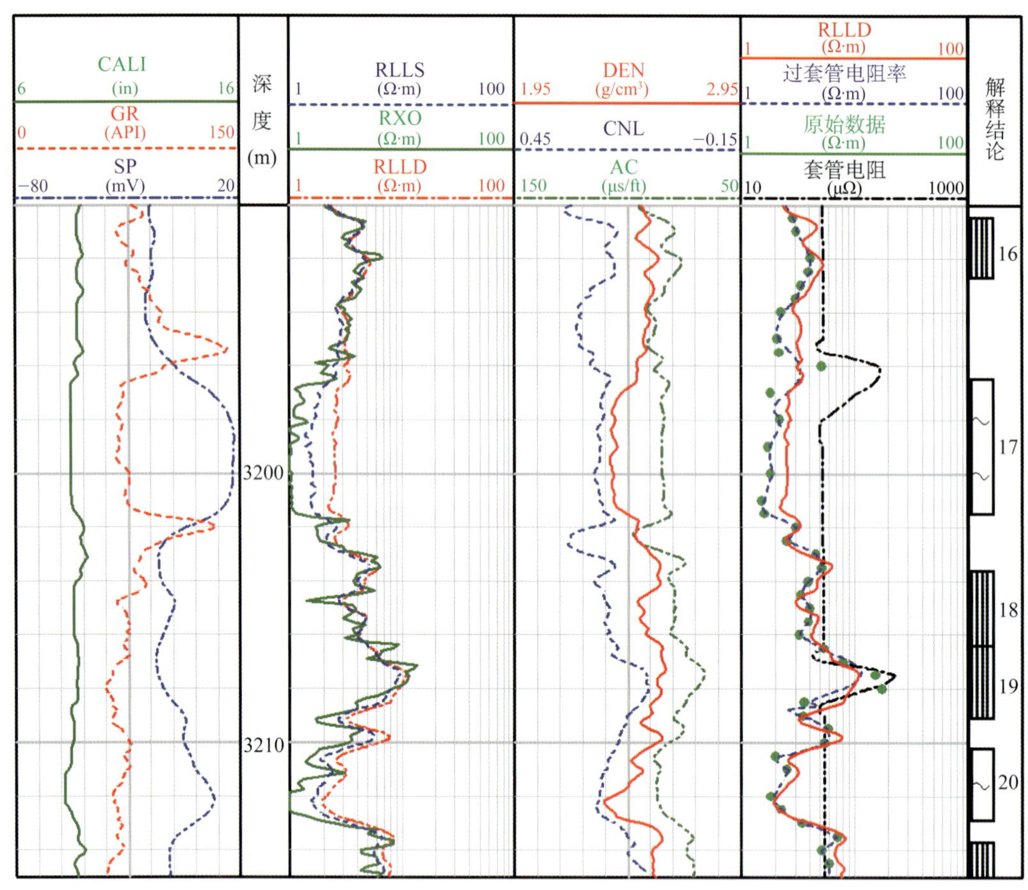

图 5−5−21 A7 井过套管地层电阻率测井曲线图

小，导致使用侵入图版校正时误差较大。针对过套管地层电阻率影响因素的校正进行了处理。从储层段套管电阻曲线上看，17 号的顶部受套管非均质性（套管结箍）的影响，固井水泥（无特殊添加剂）的电阻率取 5Ω · m，储层段水泥环的厚度约 3.68cm（1.45in），则水泥环影响校正后效果是略微降低；17 号和 20 号储层厚度均大于俄罗斯仪器的分辨率（1m），则围岩影响相对较小。俄罗斯仪器受 *K* 因子影响，刻度井段（3280 ~ 3290m）的电阻率 3.2Ω · m，则储层电阻率经仪器 *K* 因子影响的校正处理结果会变大。储层段过套管地层电阻率影响因素校正处理前后结果见表 5−5−6。

表 5−5−5 主要储层测井综合解释成果表

层号	井段 (m)	厚度 (m)	电阻率 (Ω · m)	声波时差 (μs/ft)	密度 (g/cm³)	处理孔隙度 (%)	含油饱和度 (%)	解释 结论
17	3196.5 ~ 3201.5	5.0	2.6	2.40	276.1	10.0	3.9	水层
20	3210.2 ~ 3212.9	2.7	2.7	2.44	282.5	10.7	1.2	水层

表 5–5–6 过套管地层电阻率校正处理结果

层号	原始测量点深度 (m)	过套管电阻率原始数据 (Ω · m)	过套管电阻率校正后 (Ω · m)
17	3199	1.73	1.78
17	3200	1.83	1.88
20	3211	2.58	2.61

从图 5–5–21 中可以发现，储层的过套管地层电阻率与深侧向电阻率曲线相比差异明显，具体表现为两曲线完全不重合，并且过套管地层电阻率比深侧向电阻率曲线值小。过套管地层电阻率测井是在固井后 155d 进行的，曲线差异明显说明消散速率高。水基钻井液侵入水层中，固井后侵入带消散时属于单相流体运动，自由扩散速率相对较快且与矿化度差异有关系。从自然电位和电阻率曲线可以看出，地层水矿化度低于钻井液滤液的矿化度，导致地层电阻率下降明显。过套管电阻率低于深侧向电阻是因为高矿化度导致过套管电阻率探测深度低于深侧向电阻率的探测深度。该井水层的过套管电阻率与裸眼井深侧向电阻率曲线相比有明显差异。

2）× ×15 井水层

× ×15 井是一口 2010 年 11 月完钻的新探井，在 2011 年 4 月 14 日采用俄罗斯仪器 ECOS 进行了过套管电阻率测井，测量井段为 2710 ~ 2750m，其中井段 2739.5 ~ 2747.3m 为水层。

× ×15 井位于新疆维吾尔自治区和布克赛尔县境内，构造位置为准噶尔盆地陆梁隆起夏盐凸起 × ×3 井南断块圈闭。2010 年 11 月 23—28 日进行一次性完井测井，测井项目包括常规测井和特殊项目。常规测井为 EXCELL–2000 测井系列，测井项目为常规测井、井斜方位。特殊项目测井为 MAXIS–500 测井系列，测井项目为核磁共振（CMR）、偶极子横波（DSI）、模块式地层动态测试（MDT）和井壁取心（MSCT），如图 5–5–22 所示。测量井段 498 ~ 2904m。根据本井测井曲线响应特征及邻井对比，本井钻揭的地层有白垩系艾里克湖组、连木沁组、胜金口组、呼图壁组、清水河组，侏罗系头屯河组、西山窑组、三工河组（未穿）。

其中，井段 2739.5 ~ 2747.3m 地层厚 7.8m，属侏罗系三工河组。该储层的岩性为中砂岩，电阻率值为 9.2Ω · m，密度值为 2.43g/cm^3，核磁共振测井自由流体孔隙度为 8%，核磁共振测井渗透率为 3.0mD，处理孔隙度值为 11.2%，含油饱和度为 17.4%；气测见微弱异常，岩屑见荧光。在 2746.32 ~ 2747.32m 取第二筒心，观察为 0.68m 荧光级岩心，浅灰色荧光中砂岩，新鲜断面具湿润感，见零散斑点状碳屑。在 2744m 处井壁取心见微弱荧光，干照 1%。

MDT 在该段设计压力测试点 6 个，实际测试点 6 个，回归得到地层流体密度为 0.85 g/cm^3；由上部 4 点回归得到地层流体密度为 0.95g/cm^3。分析认为，该地层流体密度更接近真实值。测井综合解释该段为含油水层。

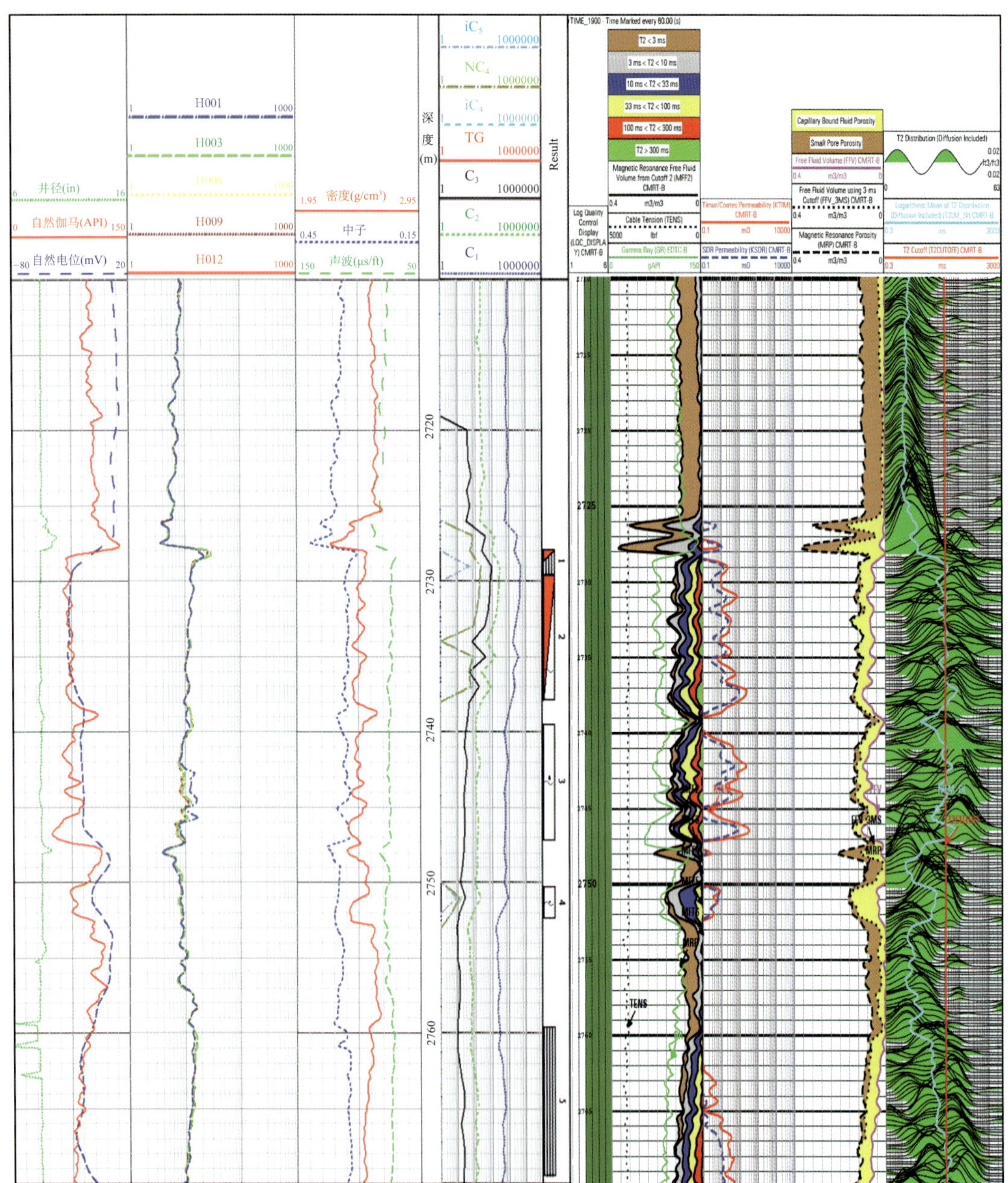

图 5-5-22　××15 井测井曲线及解释成果图

该井段过套管地层电阻率测井结果如图 5-5-23 所示，可以发现储层的过套管地层电阻率比深侧向电阻率小。

3）××16 井水层

××16 井是一口 2011 年 4 月 28 日完钻的新探井，2011 年 8 月 10—11 日采用国产仪器 XCRL 进行了过套管地层电阻率测井，测量井段为 2620 ~ 2660m，其中井段 2642 ~ 2653m 为水层。

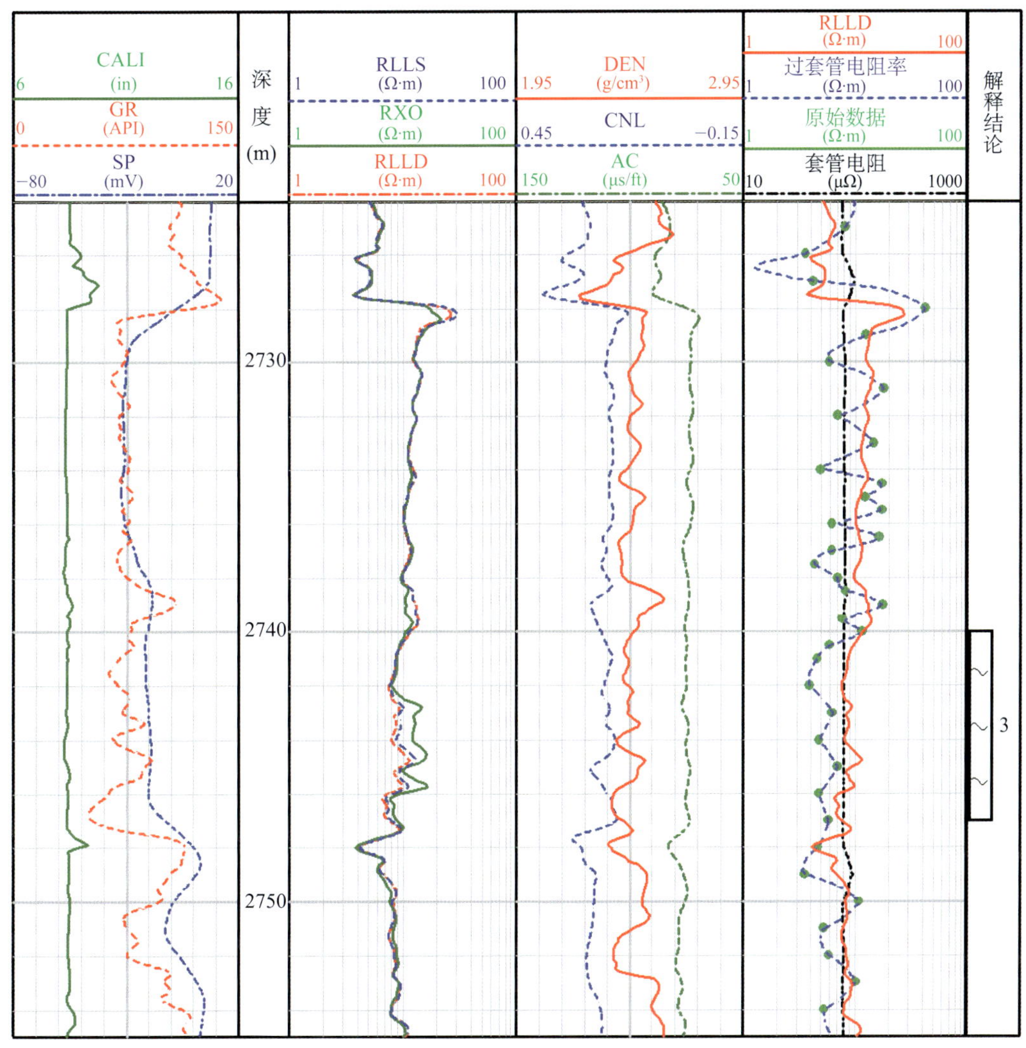

图 5-5-23 ××15 井过套管地层电阻率测井曲线

该井位于新疆维吾尔自治区和布克赛尔县夏子街盐池东北直线距离约 15.3km，构造位置为准噶尔盆地陆梁隆起夏盐凸起 ××3 井北断块圈闭。

本井为一次性完井测井，测量项目包括常规测井和特殊项目测井。常规测井采用 EXCELL−2000 系列，测井时间为 2011 年 4 月 30 日。特殊项目测井采用 MAXIS−500 测井系列，测井时间为 2011 年 5 月 1 日，包括核磁共振测井（CMR）、地层倾角测井、旋转式井壁取心（MSCT）和模块式地层测试（MDT）。2011 年 5 月 12 日采用 EXCELL−2000 系列进行固井质量检测。

本井 2242 ~ 2265.3m 储层属侏罗系三工河组。其岩性为粉—细砂岩，电阻率值约为 5 ~ 12Ω · m，密度值为 2.37 ~ 2.48g/cm³，常规测井处理孔隙度为 10% ~ 18%，核磁共振测井有效孔隙度 9% ~ 16%，含油饱和度为 0 ~ 58%。该套储层整体表现为上粗下细的反韵律特征，底水特征比较明显。测井将该层上部 2642 ~ 2648m 解释为油水同层，2648 ~ 2651.5m 解释为含油水层，2651.5 ~ 2653m 解释为水层，如图 5-5-24 所示。

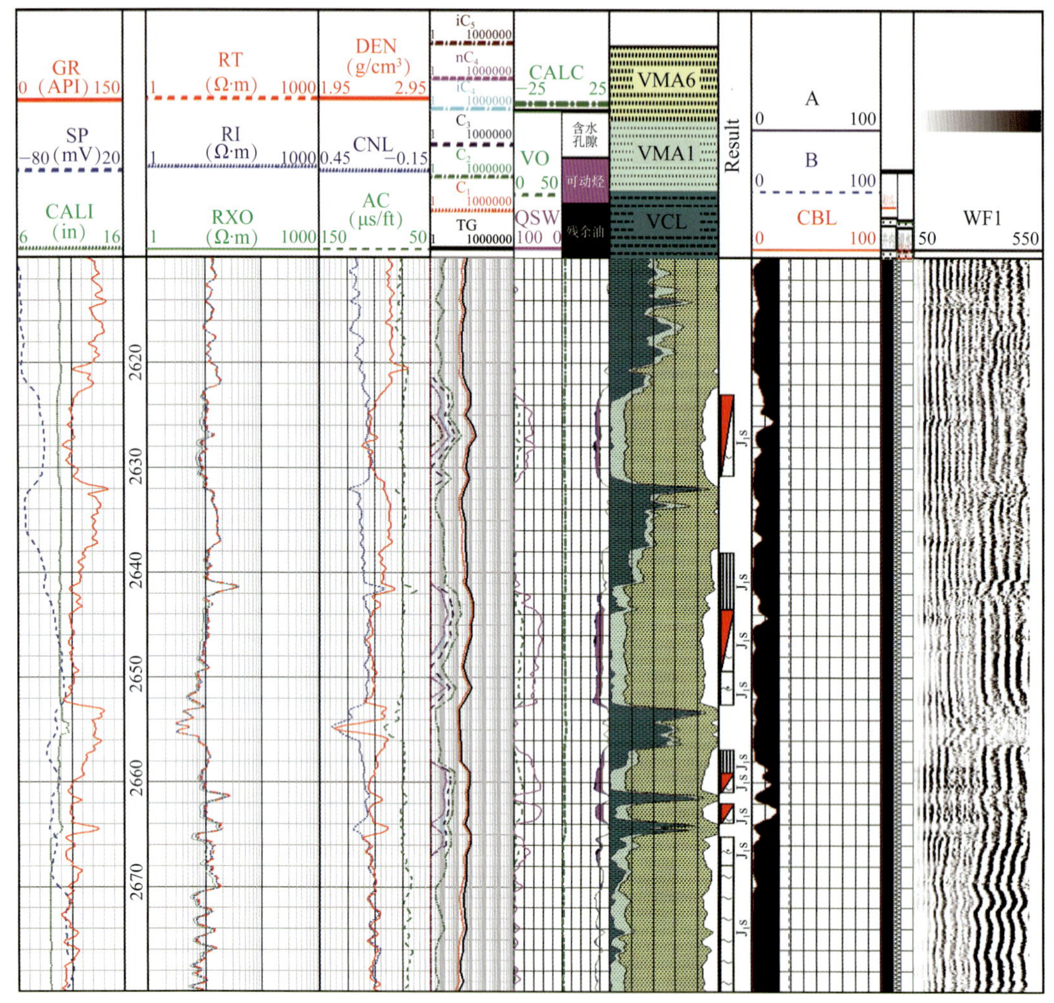

图 5-5-24 ××16 井测井曲线及解释成果图

该井段过套管地层电阻率测井结果如图 5-5-25 所示。图中 4 号储层（2642 ~ 2653m）为水层，其上紧邻一干层（2638 ~ 2653m）。在干层处，过套管地层电阻率测井曲线与裸眼井中测量的地层电阻率曲线基本重合，表明尽管下套管后经过一段时间后，该地层的电阻率几乎没有变化。而对于 4 号储层，过套管地层电阻率测井曲线与裸眼井中测量的地层电阻率曲线明显分离，表明过套管地层电阻率测井曲线与裸眼井中测量的地层电阻率曲线存在明显的差异。尽管下套管后只经历了一小段时间（3 个月），但该地层的电阻率却发生了明显的变化。该层在下套管 3 个月后，地层电阻率测井值明显下降，为水层显示特征。

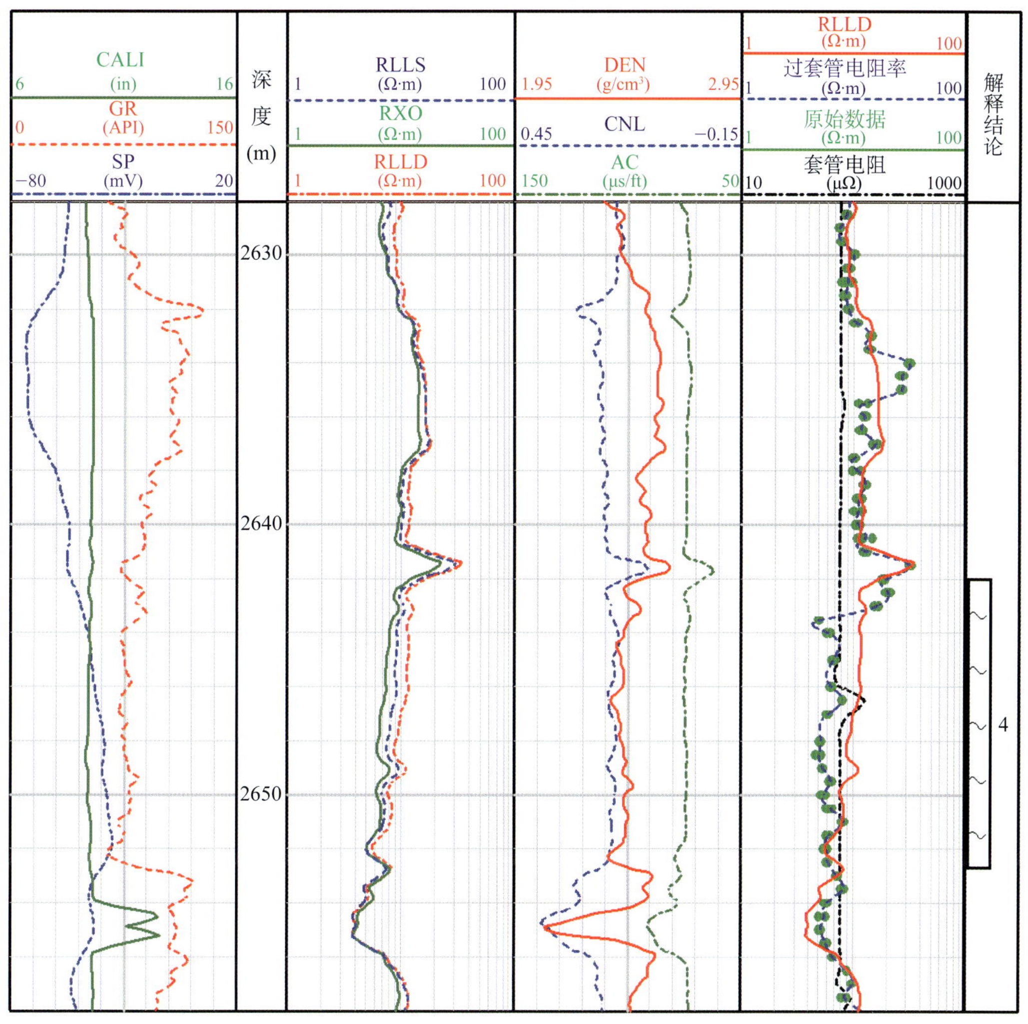

图 5−5−25　××16 井过套管地层电阻率测井曲线

七、利用开发井和探井油层测井资料进行的初步分析

利用新疆油田已测过套管地层电阻率资料的 65 口开发井，分析未动用层的套管井电阻率与裸眼井中电阻率之间的差异随时间的变化情况，希望得到与恢复时间相关的认识。测井资料解释结论以油层、油水同层、水层和干层较为常见，但射孔试油、开采、邻井注水开发等都对过套管地层电阻率恢复影响较大。因此，只选用未动用的油层为分析对象，利用未动用油层资料分析。

利用 10 口开发井未动用的油层，分析油层过套管地层电阻率相对变化随时间变化的趋势关系，如图 5−5−26 所示。图中数据点分布反映地层恢复过程和恢复后过套管地层电阻率变化的趋势（如图中曲线所示），与理论分析的趋势相同。地层未恢复时，可分为两个阶段，在接近地层恢复时如图中在固井后 50 ~ 100 个月，过套管地层电阻率迅速增大；而在固井后不久如图中在固井后 1 ~ 10 个月，过套管地层电阻率缓慢增大。地层恢复后（100 个月后)，过套管地层电阻率基本不变。图 5-5-26 的不足之处是缺少时间段 10 ~ 60 个月的数据点，有待补充和完善。

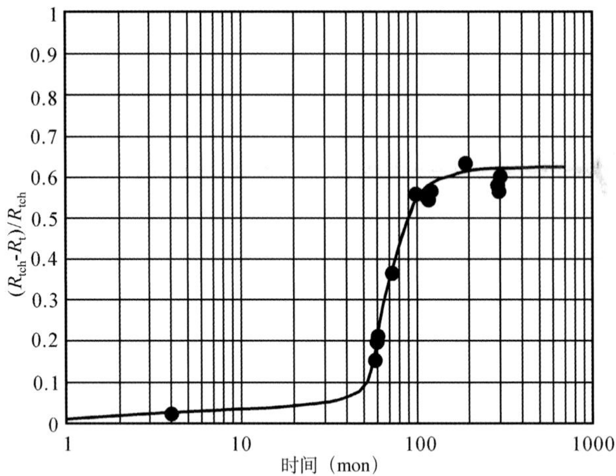

图 5-5-26　油层恢复中和恢复后过套管地层电阻率相对变化量关系

参 考 文 献

A 科恩，M 科恩 . 1987. 数学手册 . 北京：工人出版社 .

Кривоносов РИ, Кашик А С . 2006. Эксплуатационные испытания технологииЭКОС–31–7// 第四届中俄测井国际学术交流会论文集 . 北京：石油工业出版社 .

P 格里维 . 1984. 高频传输线的物理基础 . 上海：上海科学技术出版社 .

程希 . 2009. 套管井电阻率测井技术研究及在油藏检测中的应用 . 西北大学博士学位论文 .

褚人杰，孙德明，姜文达 . 1995. 确定水驱油藏地层混合液电阻率的方法 . 测井技术，19（2）：117 ~ 125.

邓勃 . 1995. 分析测试数据的统计处理方法 . 北京：清华大学出版社 .

范宜仁，邓少贵，刘兵开 . 1998. 淡水驱替过程中的岩石电阻率实验研究 . 测井技术，22（3）：153 ~ 155.

高杰，刘福平，包德洲，等 . 2008. 非均匀套管井中的过套管电阻率测井响应 . 地球物理学报，51（4）：1255 ~ 1261.

高杰，刘福平，包德洲，等 . 2008. 过套管电阻率测井数值模拟研究 . 中国科学，38（I）：186 ~ 190.

国家能源局 . 2010. SY/T 6790–2010 过套管电阻率测井作业规范 . 北京：石油工业出版社 .

何国伟 . 1978. 误差分析方法 . 北京：国防工业出版社 .

贾忠伟，杨清彦，兰玉波，等 . 2002. 水驱油微观物理模拟实验研究 . 大庆石油地质与开发，21（1）：46 ~ 49.

李庆扬，王能超，易大义 . 2006. 数值计算 . 武汉：华中科技大学出版社 .

连汉雄 . 1990. 电磁场理论中的数学方法 . 北京：北京理工大学出版社 .

林纯增，周渤然，张和平 . 1988. 油田开发时期测井评价的实验研究 . 第一届测井年会论文集，北京：石油工业出版社 .

林为干，符果行，等 . 1984. 电磁场理论（第一版）. 北京：人民邮电出版社 .

刘福平，高杰，孙宝佃，等 . 2007. 实际井眼条件下过套管电阻率测井响应的传输线方程正演算法 . 地球物理学报，50（6）：1905 ~ 1913.

刘胜建 . 2003. 过套管电阻率测井在垦东六断块油藏动态监测中的应用 . 测井技术，27（2）：162 ~ 165.

刘正锋，王天波 . 2005. 复杂注水条件下储层电性物性变化机理实验研究 . 测井技术，29（4）：293 ~ 298.

茆诗松，程依明，濮晓龙 . 2004. 概率论与数理统计教程 . 北京：高等教育出版社 .

聂锐利，谢进庄，李洪娟，等 . 2004. 过套管电阻率技术在大庆油田剩余油饱和度评价中的应用 . 大庆石油学院学报，28（5）：16 ~ 19.

牛超群，张守谦，韩有信 . 1989. 水淹层岩心电阻率变化规律的研究 . 测井资料的地质应用，北京：石油工业出版社 .
申辉林，方鹏 . 2011. 水驱油地层电阻率变化规律数值模拟及拐点影响因素分析 . 中国石油大学学报（自然科学版），35（3）：58 ~ 62.
施蓝姆伯格技术公司 . 套管井所穿过地层的电阻率的测定方法和装置 . 中国，00806781.3. 2002–5–8.
孙德明，褚人杰 . 1992. 利用自然电位测井资料求水淹层地层水电阻率 . 测井技术，16（2）：142 ~ 146.
孙中春，罗兴平，周继宏，等 . 2011. 过套管电阻率测井资料预处理方法 . 测井技术，35（2）：151 ~ 154.
田中元，穆龙新，孙德明，等 . 2002. 砂砾岩水淹层测井特点及机理研究 . 石油学报，23（6）：50 ~ 55.
威宣，田霖，王智，等 . 2009. 过套管电阻率测量仪的总体结构设计 . 机械制造，47（4）：76 ~ 78.
魏斌，张友生，杨贵凯，等 . 2002. 储集层流动单元水驱油实验研究 . 石油勘探与开发，29（6）：72 ~ 76.
徐春华，侯加根，赵喜元，等 . 2008. 过套管电阻率测井在克拉玛依低渗储层的应用 . 西南石油大学学报（自然科学版），30（4）：55 ~ 59.
杨景海，刘福平，谢进庄，等 . 2009. 过套管电阻率测井仪器的径向探测特性 . 地球物理学进展，24（6）：2215 ~ 2219.
雍世和，张超谟 . 2007. 测井数据处理与综合解释 . 东营：中国石油大学出版社 .
俞军，史謌，王伟男 . 2005. 高含水期地层水电阻率求取方法 . 北京大学学报（自然科学版），41（4）：534 ~ 541.
俞军，王伟男，耿昕，等 . 2008. 淡水驱替过程中岩石电性实验研究 . 大庆石油地质与开发，27（6）：140 ~ 142.
原海涵，赵渝萍 . 1996.“U”形曲线的解释——岩心水驱油实验的导电机理 . 水驱油田开发测井 96’国际学术讨论会论文集，北京：石油工业出版社 .
岳喜洲 . 2009. 过套管井电阻率测井解释方法研究 . 中国石油大学（华东）硕士学位论文 .
张国杰，张崇军，赵国瑞，等 . 2008. 过套管电阻率测井在 11 断块水淹层评价中的应用 . 测井技术，32（5）：451 ~ 454.
张金钟 . 1995. 水泥环对套管井电阻率测井的影响 . 测井技术，19（6）：406 ~ 410.
张中明 . 2009. 钢套管井中测量地层电阻率方法研究 . 吉林大学硕士学位论文 .
赵文杰 . 1995. 水淹层岩石电阻率特性的实验研究 . 油气采收率技术，2（4）：32 ~ 36.
赵忠军 . 2007. 百 21 井区克下组油藏剩余油分布与挖潜措施研究 . 西南石油大学硕士学位论文 .
周渤然，林纯增，田中原 . 1996. 注水开发中岩石物理性质的实验研究 . 水驱油田开发测井 96’国际学术讨论会论文集，北京：石油工业出版社 .
周继宏，袁瑞 . 2012. 过套管电阻率测井异常测量值的自动检验方法 . 地球物理学进展，27